夏のよい空

YAMADA TAKASHI の 天文コンパクトブックス ❷

星座につよくなる本
夏の星座博物館

山田 卓

地人書館

夏の星座

まえがき

★星は美しい そしてきれい

野尻抱影・星の先生のこと
のじり ほうえい

　野尻さんの，星の名前や伝説に関する貴重な研究と，星と人とのかかわりを実感として伝えてくれる天文随筆に，どれほど多くの人々が，星の世界へ誘われたことだろう．

　野尻さんは，天文学者と書いて"天の文学者"と呼ぶか，あるいは"星の先生"と呼ぶのがふさわしい．

　「ぼくなんか，ずい分おしゃべりでねえ，話をはじめるってえと，自分の舌がとまらなくて，なんともしょうがなくなるんです(笑)」

　いかにも楽しそうにはなされる先生の話の中に，自然にたいする愛の言葉が，いくつもてれくさそうにかくれている．

　ぼくは志賀さん(志賀直哉)と，ずい分親しくしたんですが，志賀さんの文章の影響をうけてますねえ，簡潔に，簡潔にって……．志賀さんも，はなしてるときは，冗談いったりおもしろいことをいう人だったけどねえ．文章では形容詞とか，副詞といったものを，あの人は非常にひかえている．だから，美しいとか，きれいって言葉はなかなか言わない人だった．でもねえ，ぼくが"星三百六十五夜"を書いたとき，ぼくんとこへ初めてきたんですが，望遠鏡のぞかせたら"これは美しい，これはきれいだっ！"っていった，ハハ，それがね，ぼくはとても愉快だった．ハッハハハ…

　1976年の4月，このとき，先生は91歳であった．

●目次

夏の星座……2　　目　次……4　　星座の名前……6
プトレマイオスの48星座…8　　ギリシャ文字…42　　あとがき…230

●まえがき
星は美しい　そして　きれい …………………………………… 3

●これだけは知っておきたい
星座をみつける前に………………………………………………… 9

●星座めぐりのコツいろいろ
星の旅はうらがえしの世界旅行？…………………………………10
まず星空への旅じたくを…10　星は丸天井のふし穴？…11　便利で不便な？地平座標…12　天球座標はうらがえしの地球？…13　星にも戸籍が…14　変化する星の戸籍…16　南中した星はつかまえやすい…18　赤経の差は南中時刻の差…19　恒星時は南中した星の赤経…20　恒星時を知る方法…21　南中時刻と南中高度…28　機能・目的別に星の住所表示もいろいろ…29　星座は星空の地名？…30　星図を楽しむ…31　片手でつかめるカシオペヤ？…33　57センチあれば1cmは1°？…36　双眼鏡の視界をコンパスに…37　旅には地図はつきもの…38　肉眼・双眼鏡のための全天星図…39　全天星図…39　全天恒星図…40　新標準星図…41　NORTON'S　STAR　ATLAS…41

●いもづる式
夏の星座のみつけかた　トラの巻……………………………………43
まずさそり座の赤いアンタレスを…43　夏のよい空マップ…45

1. てんびん座………………………………………………………………46
てんびん座のみりょく…46　イラストマップ…47　星座写真…48　星図…49　みつけかた…50　歴史…52　中国の星空…53　名前…54　みどころ…55　伝説…56
＊じょうぎ座 ……………………………………………………………55

2. さそり座…………………………………………………………………58
さそり座のみりょく…58　イラストマップ…59　星座写真…60　星図…61　みつけかた…62　歴史…64　名前…66　中国の星空…67　伝説…70　みどころ…75
＊さいだん座 ……………………………………………………………69

3. へびつかい座……………………………………………………………78
へびつかい座のみりょく…78　イラストマップ…79　星座写真…80　星図…81　みつけかた…82　歴史…84　名前…85　中国の星空…87　伝説…88　みどころ…90　話題…92

4. へび座……………………………………………………………………98
へび座のみりょく…98　イラストマップ…99　星座写真…100　星図…101　みつけかた…104　名前…104　みどころ…105

5. ヘルクレス座…………………………………………………………106
ヘルクレス座のみりょく…106　イラストマップ…107　星座写真…108

星図…109　みつけかた…110　歴史…112　名前…113　伝説…114　歳差のいたずら…115　みどころ…118　中国の星空…118

6．こぐま座 ……………………………………………………………………… 122
こぐま座のみりょく…122　イラストマップ…123　星座写真…124　星図…125　みつけかた…126　歴史…128　中国の星空…128　名前…129　伝説…132

7．りゅう座 ……………………………………………………………………… 134
りゅう座のみりょく…134　イラストマップ…135　星座写真…136　星図…137　みつけかた…138　歴史…140　名前…141　伝説…144　中国の星空…144

8．いて座・みなみのかんむり座 ……………………………………………… 147
いて座・みなみのかんむり座のみりょく…147　イラストマップ…149　星座写真…150　星図…151　みつけかた…152　歴史…154　名前…155　伝説…158　中国の星空…161　みどころ…163

*ぼうえんきょう座 ……………………………………………………………… 167

9．こと座 ………………………………………………………………………… 168
こと座のみりょく…168　イラストマップ…169　星座写真…170　星図…171　みつけかた…172　歴史…174　名前…175　伝説…176　みどころ…184　中国の星空…186

10．はくちょう座 ………………………………………………………………… 188
はくちょう座のみりょく…188　イラストマップ…189　星座写真…190　星図…191　みつけかた…192　歴史…194　名前…195　伝説…196　みどころ…199　中国の星空…199

11．や座・こぎつね座・いるか座 ……………………………………………… 202
や座・こぎつね座・いるか座のみりょく…202　イラストマップ…203　星座写真…204　星図…205　みつけかた…206　歴史…208　名前…209　伝説…210　中国の星空…211　みどころ…214

12．わし座・たて座 ……………………………………………………………… 216
わし座・たて座のみりょく…216　星座写真…218　星図…219　みつけかた…220　イラストマップ…222　歴史…223　名前…224　伝説…225　中国の星空…227　みどころ…229

● **磯貝文利の星座写真術** ……………………………………………………………… 96
● **幻の星座シリーズ**
　ポニアトフスキーのおうし座…77　ケルベルス座…116　へきめんしぶんぎ座…142　アンティノウス座…217
● **星座絵のある星図**
　ケルグルスの星図…95　フラムスチード星図…120　デューラー星図…131　エジプトの星図…148　アラビア星図…187

● 協力　磯貝文利／星座写真・星座絵　浅田英夫／星図

星座の名前一覧表（ＡＢＣ順）

略符	学　　　　名		日　本　名	面　積 （平方度）	20時ごろ 中心が南中	掲載 ページ
And	Andromeda	アンドロメダ	アンドロメダ	722.28	11月下旬	
Ant	Antlia	アントリア	ポンプ	238.90	4月中旬	
Aps	Apus	アプス	●ふうちょう	206.33		
Aql	**Aquila**	**アクイラ**	**わし**	**652.47**	**9月上旬**	**216**
Aqr	Aquarius	アクアリウス	みずがめ	979.85	10月下旬	
Ara	**Ara**	**アラ**	**※さいだん**	**237.06**	**8月上旬**	**69**
Ari	Aries	アリエス	おひつじ	441.40	12月下旬	
Aur	Auriga	アウリガ	ぎょしゃ	657.44	2月中旬	
Boo	Bootes	ボーテス	うしかい	906.83	6月下旬	
Cae	Caelum	カエルム	ちょうこくぐ	124.87	1月下旬	
Cam	Camelopardalis	カメロパルダリス	きりん	756.83	2月上旬	
Cap	Capricornus	カプリコルヌス	やぎ	413.95	9月下旬	
Car	Carina	カリナ	※りゅうこつ	494.18	3月下旬	
Cas	Cassiopeia	カシオペイア	カシオペヤ	598.41	12月上旬	
Cen	Centaurus	ケンタウルス	※ケンタウルス	1060.42	6月中旬	
Cep	Cepheus	ケフェウス	ケフェウス	587.79	10月中旬	
Cet	Cetus	ケトゥス	くじら	1231.41	12月中旬	
Cha	Chamaeleon	カマエレオン	●カメレオン	131.59		
Cir	Circinus	キルキヌス	●コンパス	93.35		
CMa	Canis Major	カニス・マヨル	おおいぬ	380.12	2月下旬	
CMi	Canis Minor	カニス・ミノル	こいぬ	183.37	3月中旬	
Cnc	Cancer	カンケル	かに	505.87	3月下旬	
Col	Columba	コルンバ	はと	270.18	2月上旬	
Com	Coma	コマ	かみのけ	386.48	5月上旬	
CrA	**Corona Austrina**	**コロナ・アウストリナ**	**みなみのかんむり**	**127.70**	**8月下旬**	**147**
CrB	Corona Borealis	コロナ・ボレアリス	かんむり	178.71	7月中旬	
Crt	Crater	クラテル	コップ	282.40	5月上旬	
Cru	Crux	クルクス	●みなみじゅうじ	68.45		
Crv	Corvus	コルブス	からす	183.80	5月下旬	
CVn	Canes Venatici	カネス・ベナティキ	りょうけん	465.19	6月上旬	
Cyg	**Cygnus**	**キグヌス**	**はくちょう**	**803.98**	**9月下旬**	**188**
Del	**Delphinus**	**デルフィヌス**	**いるか**	**188.55**	**9月下旬**	**202**
Dor	Dorado	ドラド	※かじき	179.17	1月下旬	
Dra	**Draco**	**ドラコ**	**りゅう**	**1082.95**	**8月上旬**	**134**
Equ	Equuleus	エクウレウス	こうま	71.64	10月上旬	
Eri	Eridanus	エリダヌス	※エリダヌス	1137.92	1月中旬	
For	Fornax	フォルナクス	ろ	397.50	12月下旬	
Gem	Gemini	ゲミニ	ふたご	513.76	3月上旬	
Gru	Grus	グルス	つる	365.51	10月下旬	
Her	**Hercules**	**ヘルクレス**	**ヘルクレス**	**1225.15**	**8月上旬**	**106**
Hor	Horologium	ホロロギウム	※とけい	248.89	1月下旬	
Hya	Hydra	ヒドラ	うみへび	1302.84	4月下旬	
Hyi	Hydrus	ヒドルス	●みずへび	243.04		
Ind	Indus	インドゥス	※インデアン	294.01	10月上旬	

❖太字の星座は本書でとりあげた夏の星座

略符	学名	日本名	面積(平方度)	20時ごろ中心が南中	掲載ページ
Lac	Lacerta ラケルタ	とかげ	200.69	10月下旬	
Leo	Leo レオ	しし	946.96	4月下旬	
Lep	Lepus レプス	うさぎ	290.29	2月上旬	
Lib	**Libra リブラ**	**てんびん**	**538.05**	**7月上旬**	**46**
LMi	Leo Minor レオ・ミノル	こじし	231.96	4月下旬	
Lup	Lupus ルプス	おおかみ	333.68	7月上旬	
Lyn	Lynx リンクス	やまねこ	545.39	3月中旬	
Lyr	**Lyra リラ**	**こと**	**286.48**	**8月下旬**	**168**
Men	Mensa メンサ	●テーブルさん	153.48		
Mic	Microscopium ミクロスコピウム	けんびきょう	209.51	9月下旬	
Mon	Monoceros モノケロス	いっかくじゅう	481.57	3月中旬	
Mus	Musca ムスカ	●はい	138.36		
Nor	**Norma ノルマ**	**※じょうぎ**	**165.29**	**7月中旬**	**55**
Oct	Octans オクタンス	●はちぶんぎ	291.05		
Oph	**Ophiuchus オフィウクス**	**へびつかい**	**948.34**	**8月上旬**	**78**
Ori	Orion オリオン	オリオン	594.12	2月上旬	
Pav	Pavo パボ	●くじゃく	377.67		
Peg	Pegasus ペガスス	ペガスス	1120.79	10月下旬	
Per	Perseus ペルセウス	ペルセウス	615.00	1月上旬	
Phe	Phoenix フォエニクス	※ほうおう	469.32	12月下旬	
Pic	Pictor ピクトル	※がか	246.74	2月上旬	
PsA	Piscis Austrinus ピスキス・アウストリヌス	みなみのうお	245.38	10月中旬	
Psc	Pisces ピスケス	うお	889.42	11月下旬	
Pup	Puppis プピス	とも	673.43	3月下旬	
Pyx	Pyxis ピクシス	らしんばん	220.83	3月下旬	
Ret	Reticulum レチクルム	※レチクル	113.94	1月中旬	
Scl	Sculptor スクルプトル	ちょうこくしつ	474.76	11月下旬	
Sco	**Scorpius スコルピウス**	**さそり**	**496.78**	**7月下旬**	**58**
Sct	**Scutum スクツム**	**たて**	**109.11**	**8月下旬**	**216**
Ser	**Serpens セルペンス**	**へび**	**636.93**	**7月中旬(頭)**	**98**
Sex	Saxtans セクスタンス	ろくぶんぎ	313.52	4月中旬	
Sge	**Sagitta サギッタ**	**や**	**79.93**	**9月中旬**	**202**
Sgr	**Sagittarius サギッタリウス**	**いて**	**867.43**	**9月上旬**	**147**
Tau	Taurus タウルス	おうし	797.25	1月下旬	
Tel	**Telescopium テレスコピウム**	**※ぼうえんきょう**	**251.51**	**9月上旬**	**167**
TrA	Triangulum Australe トリアングルム・アウストラレ	●みなみのさんかく	109.98		
Tri	Triangulum トリアングルム	さんかく	131.85	12月中旬	
Tuc	Tucana ツカナ	●きょしちょう	294.56		
UMa	Ursa Major ウルサ・マヨル	おおぐま	1279.66	5月上旬	
UMi	**Ursa Minor ウルサ・ミノル**	**こぐま**	**255.86**	**7月中旬**	**122**
Vel	Vela ベラ	※ほ	499.65	4月下旬	
Vir	Virgo ビルゴ	おとめ	1294.43	6月上旬	
Vol	Volans ボランス	●とびうお	141.35		
Vul	**Vulpecula ブルペクラ**	**こぎつね**	**268.17**	**9月上旬**	**202**

●印は北緯35°(東京は35°.65)で見えない星座. ※印は一部みえない星座.

●プトレマイオスの48星座●

①アルゴ座（ギリシャ神話に登場するアルゴ船，現在はりゅうこつ座／とも座／ほ座／らしんばん座に四分割された）／②アンドロメダ座／③いて座／④いるか座／⑤うお座／⑥うさぎ座／⑦うしかい座／⑧うみへび座／⑨エリダヌス座／⑩おうし座／⑪おおいぬ座／⑫おおかみ座／⑬おおぐま座／⑭おとめ座／⑮おひつじ座／⑯オリオン座／⑰カシオペヤ座／⑱かに座／⑲からす座／⑳かんむり座／㉑ぎょしゃ座／㉒くじら座／㉓ケフェウス座／㉔ケンタウルス座（半人半馬の奇妙な種族）／㉕こいぬ座／㉖こうま座／㉗こぐま座／㉘コップ座／㉙こと座／㉚さいだん座（祭壇）／㉛さそり座／㉜さんかく座／㉝しし座／㉞てんびん座／㉟はくちょう座／㊱ふたご座／㊲ペガスス座／㊳へび座／㊴へびつかい座／㊵ヘルクレス座／㊶ペルセウス座／㊷みずがめ座／㊸みなみのうお座／㊹みなみのかんむり座／㊺や座／㊻やぎ座／㊼りゅう座／㊽わし座

　2世紀のなかごろ，ギリシャの天文学者プトレマイオスが天文学の大系（メガレ・シンタクシス Megale Syntaxis，後にアラビア語訳されてアルマゲスト Almagest）をまとめたが，その中に48の星座がとりあげられた．

　プトレマイオスの48星座は星座の古典である．48星座内訳：人物14星座（いて，ケンタウルスを含む．みずがめ座はみずがめをかつぐ人）／動物24星座／器物・その他10星座

●これだけは知っておきたい
星座をさがす前に

　星座や星をさがすとき,そして,その星座や星をより興味深くみるために,いくつかの天体のしくみや,天文学上の約束ごとなど,基礎的な知識はあったほうがいい.すくなくとも常識的なことがらについては,知っていてソンはない.

　このシリーズは,春,夏,秋,冬と4分冊にしたので,基礎編も4分割することになった.したがって,あと先が逆になってしまうところもいくつかあるが,お許しいただきたい.

　さて,この夏の星座編では

●星座めぐりのコツいろいろ
星座はうらがえしの世界旅行?

- 星空への旅じたく
- 星は丸天井のふし穴?
- 便利で不便? 地平座標
- 天球座標はうらがえしの地球?
- 星にも戸籍が
- 変化する星の戸籍
- 南中した星はつかまえやすい
- 赤経の差は南中時刻の差
- 恒星時は南中した星の赤経
- 恒星時を知る方法
- 南中時刻と南中高度
- 機能・目的別に星の住所表示もいろいろ
- 星座は星空の地名?
- 星図を楽しむ
- 片手でつかめるカシオペヤ?
- 57センチあれば1cmは1°?
- 双眼鏡の視界をコンパスに
- 旅には地図はつきもの
- 肉眼・双眼鏡のための全天星図

以上を掲載した.

星の旅は うらがえしの世界旅行？

星座めぐりのコツいろいろ

★ 星空への旅じたく

星にはみな名前がある．

星を友だちにする早道は，まず名前を知ることだ．

一度知った星は，何度も何度も，機会があるごとに眺めるといい．ながくつきあううちに，ひと目顔をみただけで，名前がおもいだせるようになる．星はそれぞれ顔つきもちがうし，スタイルもちがうからだ．

赤ら顔の大男もいれば，細おもての色白美人もいる．仲間と手をつないで楽しげな星もいれば，ひとりポツンと寂しげな星もある．小さな子どもたちを大勢かかえて大わらわな星もある．

初対面のとき，どれもみな同じ顔にみえた星が，つきあってみると，それぞれ豊かな個性をもっている．しばらく見なかった星をひさしぶりにみつけて，ひどくなつかしく感じることさえある．

こうした星の友だちをみつけるのに，その星の住所（位置）がはっきりわかることが大切だ．

名前を知っても，その星の位置のあらわしかたがわからなければみつけることができない．逆に気にいった星がみつかっても，その位置がわからなければ，その星の名前をしらべることができない．

星の住所（位置）がはっきりわかれば，地図（星図）をつかって，目的の星をたずねることもかんたんにできる．

地図（星図）をたよりに，星空の散策としゃれてみるのも楽しいし，あるていどの旅仕度（双眼鏡）をして，星空の冒険の旅にでるのも悪くはない．

旅なれてくると，星図をみるだけでイメージの旅を楽しむことすら可能になる．

星と楽しくつきあうために，なにはともあれ，星の住所（位置）のあらわしかたを，知っておくことにしよう．

★星は丸天井のふし穴？

「ほらあの星だよ」といって指でさし示しても，となりにいる人がかならず，その星をみつけてくれる保障はない．

プラネタリウムのように矢印でさししめすこともできないので，近くに同じような星がいくつかあると，「ああ，あれね」と，となりの人はとなりの星をみているのかもしれない．

こんなとき，あなたならどんな手をつかうだろうか？

星の位置をあらわす方法はいろいろあるが，共通している点は，空を大きな大きな丸天井にみたて，星を天井のふし穴のように，天の球面上の位置としてあらわすようにしていることだ．

それぞれの星までの距離のちがいを無視して，天の球面上にならべると，星は丸天井のふし穴になる．

球面上の星の位置は，地球上のそれと同じように，平面的な地図上にあらわすことができるので，たいへんつかいやすく便利だ．星の住所表示も簡単になる．

目的の星をたずねるとき「まっすぐ300メートル進み，つきあたりを左にまがって，30メートルいったところ」というように，たてよこ2方向への指定があれば，たどりつけるからだ．

面の世界（二次元の世界）の一点をあらわすには，面上で直角にまじわった二本の基線（x軸とy軸）をつかえばいい．

x軸方向にいくつ，y軸方向にいくつ，という二つの数字をつかって一点をあらわす方法は，中学1年生の数学でだれもが一度はお目にかかる手だ．天空でも同じ手をつかえばいい．

仮定されたとてつもなく大きな丸天井を"天球"と呼ぶことにした．地球のまわりを大きくとりまく天の球という意味だ．

星はいずれも距離が遠すぎて，左右両眼とも同じ方向にみえ，遠近を感じることはない．たとえその両眼の間が1億5千万キロメートル（地球—太陽間）離れていたとしても，もっとも近い恒星のケンタウリの視差（年周視差）が，わずか 0.76秒にしかならない．つまり，もっとも近い恒星を，地球の公転軌道の両端でみたとき，みかけの位置のちがいは，たった1.5秒（1度の2400分の1）しかないということになる．したがって，星を天球上の位置だけであらわしても，まったく不便を感じることはないのだ．

★便利で不便？ 地平座標

「ほら，日の出湯の煙突のすこし右からあおいでごらん．首いっぱい曲げたくらいのところに，赤い星があるでしょう」とか，「杉の木のすぐ上に，いちばん星ミーツケタッ」というように，星の位置を方位（方角）と地平線からの高度であらわすことができる．

私たちは知らず知らずのうちに，地平線を x 軸とし，高さの方向に y 軸をとって，天球上の星の位置をあらわしていたのだ．

地平線を基線にして，高度と方位角であらわす方法を"地平座標"という．

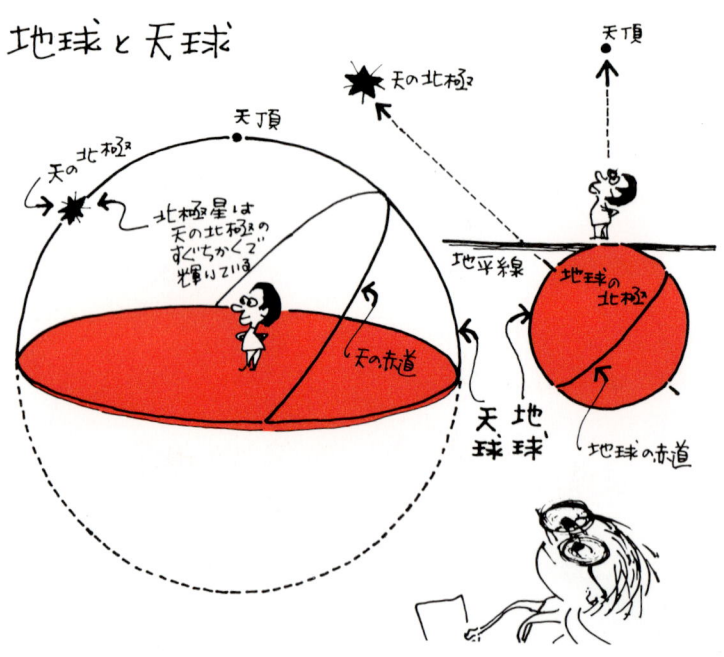

地球と天球

地平座標は，常識的でわかりやすいので，日常生活の中でよくつかわれるが，天文学的な星の住所表示としては，すこし具合がわるい．

　同じ場所にいる人が，同じ時刻につかうのにはたいへん便利だが，観測者が位置をかえても，観測時刻がかわっても，星の住所表示が相対的にかわってしまうからだ．

　庭の杉の木の上に見える星が，地球上のどこにいる人にも，その杉の木の上にみえるはずはないし，同じ位置からみても，星は時刻とともに日周運動でどんどん西に移動して，高度も方位もかえてしまう．

★天球座標はうらがえしの地球?

　その時，その場所でしかつかえない地平座標による表示の不便をなくすには，天球上に基線をひいてしまうといい．

　こうすれば，時刻と共に星が移動しても，天球ごと移動するのだから住所表示はかわらない．つまり，天球上にx軸とy軸をひっぱって，xとyの値で星の位置をあらわそうというのだ．

　xとかyとか，座標という言葉を聞いただけで，イヤーな予感がして敬遠したくなる人も，もうすこし我慢していただきたい．

　なぜなら，この章のくどくどしさは，数学ぎらいのあなたのためだけのものだからだ．

　それに拒否反応をおこすほど，むずかしいことではない．

　私たちは，地球上の位置をあらわすのに，緯線と経線をつかうことを知っている．

　赤道と平行にひかれた緯線と，北極と南極を結んだ経線が交わる1点を，二つの数値（緯度と経度）であらわすのだが，この方法をそっくりそのまま天球上でつかうことにしたのだ．

赤経と赤緯 —赤道座標—

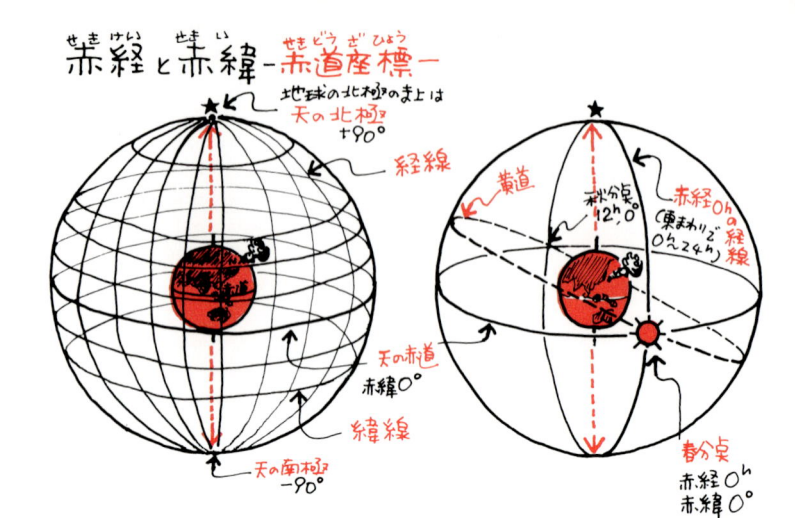

(図: 左＝地球と経線・緯線、天の北極+90°、天の赤道 赤緯0°、天の南極-90°。右＝天球上の赤道座標、黄道、秋分点12ʰ、赤経0ʰの経線(東まわりで0ʰ〜24ʰ)、春分点 赤経0ʰ 赤緯0°)

　今からあなたは自分の家の庭に穴をほることを想像することにしよう. どんどん掘って, ついに地球の中心に到着したとき, ふり返えると, ま上に自分の家があって, 日本がある.

　地球を内側からみているので, 地球の表面が丸天井のようにみえる. 日本から南へ目を移すと, およそ35°南へいったところに赤道がみえるし, 赤道から90°北へ行くと北極がみえる.

★ 星にも戸籍が

　あなたがイメージの旅で見た裏がえしの地球を, そっくりそのまま天球にやきつけてみよう.

　地球の北極のま上に"天の北極"があって, 南極のま上に"天の南極"がある.

　赤道のま上の"天の赤道"が x 軸の役わりをして, 天の北極と南極を結んだ経線が y 軸にあたるわけだ.

　天の赤道を基線にした座標を"赤道座標"という. この場合の経度・緯度を, それぞれ赤経・赤緯ということにしている.

　赤緯目盛は, 天の赤道を 0° として, 天の北極を +90°（地球上の緯度と混同しないように, 北緯はプラスであらわす）, 天の南極を -90° とした.

　赤経目盛は, 春分の太陽が輝く位置（春分点）を 0°（本初子午線, 地上の本初子午線はイギリスのグリニジ天文台を通る）として, 東まわりで 0°〜360° にめもった. ただし, 赤経目盛は, 日周運動で1日に1回転することから, 普通 360° を24時間に換算してあらわすことにしている.

　1時間（h）は15°, 1°は4分ということになる.

　空の春分点は, x 軸と y 軸の交わる原点にあたる. 赤道座標の最も重要なポイントである春分点だが, 実際の空にその印がみえるわけではな

い．星座（うお座）のどのあたりにあるのか，星図上で調べて知っておくといいだろう．

春分点から180°（12^h）はなれた春分点のま反対の位置は，秋分の日の太陽が輝くところで，秋分点（おとめ座）という．

おとめ座の主星スピカ（α星）は，赤経13^{h}25^{m}12^s（13時25分12秒），赤緯－11°09′41″（マイナス11度9分41秒）の位置で輝いている．スピカは天の赤道よりやや南，秋分点よりおよそ20°ほど東で輝いていることがわかる．

天の北極は赤緯＋90°だが，北極星（こぐま座α）は赤経2^{h}31^{m}50^s，赤緯＋89°15′51″で輝く．つまり，北極星は天の北極から約1°離れたところで輝いているのだ．

もうひとつ，オリオン座の三つ星のひとつであるδ星は，赤経5^{h}32^{m}00^s，赤緯－0°17′57″にある．つまり，この星はほとんど赤道のま上で輝く赤道星なのだ．

赤緯0°にちかいδ星は，日周運動でもっとも高くのぼった時（南中したとき），赤道であおぐと天頂に輝いてみえ，ハワイ（赤緯20°）であおぐと，南の地平線から90°－20°＝70°の高さに，北緯35°の名古屋では90°－35°＝55°の高さで輝いている．

同じように，赤緯が約－11°のスピカが名古屋のま南を通過するときの高度は，90°－35°－11°＝44°ということになる．

数字であらわす星の住所表示は，なれればけっこう便利で，むやみに毛ぎらいすることはない．

とくに，赤経・赤緯目盛のついた赤道儀式の天体望遠鏡をもっている人には，なくてはならない，これほど便利なものはない表示法なのだが，そういう人にも，やはり毛ぎらいされてか，ほとんどの人がせっかくの目盛環を使いこなしていないのは残念なことだ．

主な星の赤経・赤緯は，星空の地図や戸籍簿にあたる各種の星図や，星のカタログ（星表）で調べることができるし，毎年発行される天文手帳，理科年表，天文観測年表，天文年鑑などにも記載されている．

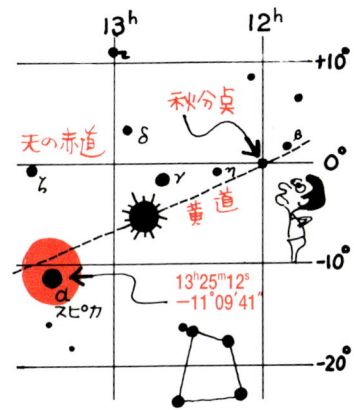

星の位置は **赤経と赤緯** であらわす

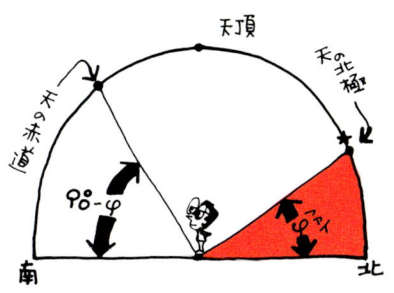

天の北極の**高度**は観測地の**緯度**φと同じ

★変化する星の戸籍

ところで、げん密にいうと、星の住所表示はわずかだが、年々変化している。天球上の春分点（原点）の位置が、すこしずつ移動するからだ。

原点の移動にともなって、赤経・赤緯の表示も変わるのだが、もちろん、それは非常に小さな変化なので実用上不便を感じることはない。

しかし、時々刻々と星の住所表示が変化している、ということだけは知っていてほしい。

したがって、星の位置を赤経・赤緯であらわすとき、正しくは、西暦何年の春分点を基準にしたかを示さなければいけない。

春分点が移動するのは、地球の自転軸が太陽に対して23.4°の傾きをもちながら、約2万5千800年の周期で大きく首ふり運動をしているせいでおこるのだ。地球の首ふり運動を"歳差"という。

歳差の影響は、100年も長生きしたとしても、ほとんど気がつかない程度でしかない。しかし、何千年もたつと歳差の影響も無視できないほど大きくなる。

たとえば、現在、うお座にある春分点は、2000年ほど前にはおひつじ座にあったし（星占いにでてくる12星座の筆頭が、おひつじ座なのはそのせいだ）、5000年ほど前には、りゅう座のα星が北極星で、こぐま座のα星は北極星ではなかった。

星図や星表（星のカタログ）には、かならず何年の春分点を使ったかを"1950.0年分点"というように記載してある。

一般に、星図や星表の分点は50年ごとに書きかえられる。本書（新装版）でも、新住所である2000.0年分点に変更した。

もっとも、その変更はとても小さくて、肉眼で星を探すのには、ほとんど影響がないほどなのだが…。

毎年発行される年表や年鑑には、歳差を補正して、発行年の分点で記載してあるものもある。

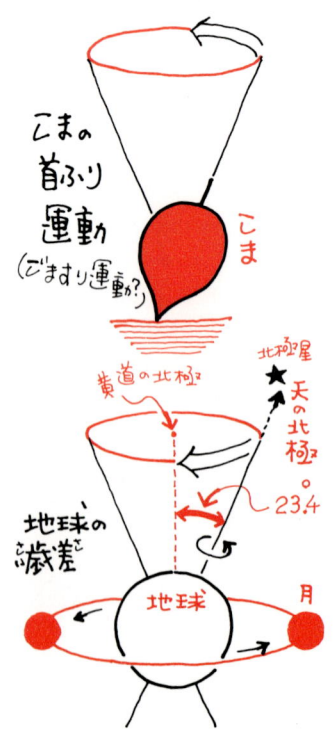

＊

　分点の移動による星の住所表示の変更は，番地や丁目の数字がかわるだけで，町や国の形が変形してしまうわけではない．それぞれの星の位置関係はかわらない．

　例えば，みなみのうお座のフォマルハウトの住所表示（赤経・赤緯）は，$22^h52^m・-30°9'$（1900.0年分点）が，$22^h55^m・-29°53'$（1950.0年分点）となり，さらに $22^h58^m・-29°37'$（2000.0年分点）にかわる．

　1950.0年分点の北極星は，赤経 1^h49^m・赤緯 $+89°02'$，2000.0年分点では赤経 2^h32^m・赤緯 $+89°15'$ となる．極付近では経線間の間かくがせまくなるので，経度表示はずい分大きくかわってしまう．

　もう一つ注目したいのは，50年間に赤緯で $13'$ ほど天の北極に接近していることだ．

　北極星は，歳差のおかげで，もっともっと現住所を天の北極にちかづけるのだ．

　2102年にはあと $27'6$ のところまでこぎつけ，もっとも北極星らしくなるが，その後はだんだん遠ざかる．そして，5000〜6000年後はケフェウス座の$α$星，8000年後ははくちょう座のデネブ（$α$星），1200年後にはこと座のベガが北極星づらをして，天の北極を支配していることだろう．

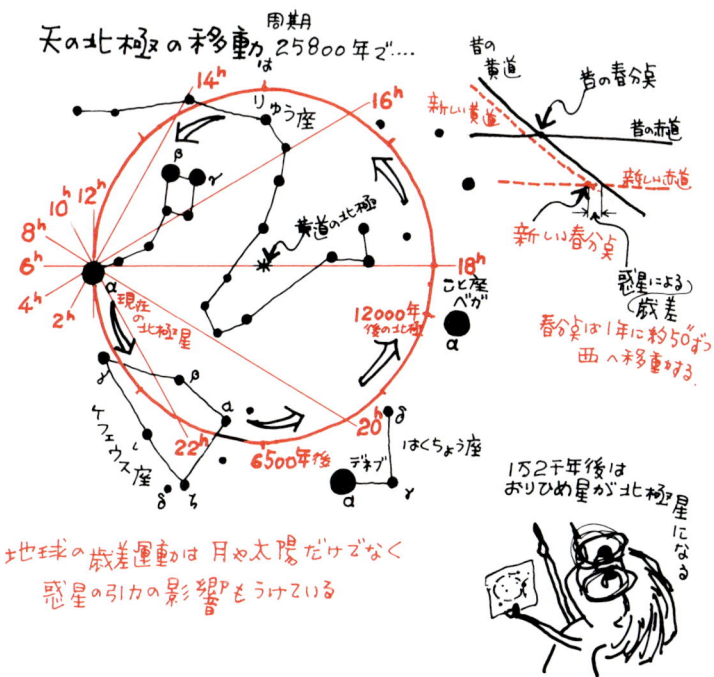

★南中した星はつかまえやすい

　地平線上にあらわれる星は，1日に1度はかならず子午線（ま南—天頂—ま北を結んだ線）を通過する．

　天の北極のちかくをまわって，地平線の下に沈まない星たち（周極星）は，北極星の上と下を通るので，1日に2度子午線を通過することになる．

　星が子午線上にあるときを，正中（せいちゅう）といい，極上正中（天の北極の上，つまり，天の北極—天頂—ま南までの子午線に正中したとき）を，一般に南中（なんちゅう）という．

　北半球で見る星は，南中したときもっとも高くのぼり，その星を見つけるのにもっとも条件がいい．

　あなたは，子午線上に網をはって目的の星が南中するのを待てばいいのだ．

　目的の星の南中高度と，南中時刻がわかっていたら，あなたは，その時刻に，南の地平線から子午線にそってあおげばいい．南中高度で見当をつければ簡単にみつかるだろう．

　南中のことを，子午線上通過ともいう（一般に子午線通過という）．その逆は子午線下通過というわけだ．あまりつかわれないが，下通過は北中ともいう．

　星は1日に1回転するようにみえるが，実は1回転と，さらに1/365回転している．

　今夜8時に南中した星は，明日の夜8時4分前に子午線を通過してしまう．星は約23時間56分4秒（1恒星日）で1周するからだ．

　地球が太陽のまわりを，1年で1回転（公転）するために，みかけの太陽が天球上を1日に1/365ずつ東へ移動する．したがって，星は1日に24時間÷365＝3分56秒ずつはやく南中することになる．

　1日に約4分進む星時計は，1か月で4分×30＝120分（2時間）も進んでしまう．今夜10時の星空は，1か月後の夜8時の星空（位置をかえる月や惑星をのぞく）と同じだとい

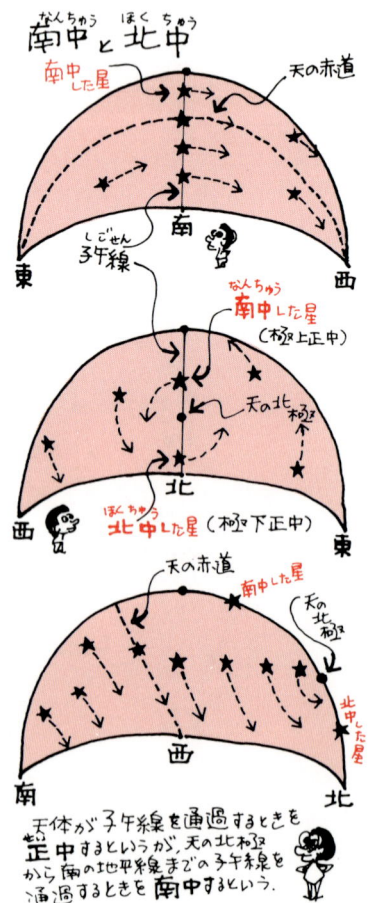

南中と北中

天体が子午線を通過するときを正中するというが，天の北極から南の地平線までの子午線を通過するときを南中するという．

うことになる．四季の移りかわりと共に，宵空の星座が西へ西へと移動するのはこのせいだ．

星が1日に約4分間だけまわりすぎることはおぼえておこう．知っていてそんはない．

1か月前のま夜中に南中した星座は，今夜10時に南中し，1か月後は8時に南中することぐらいは，数学ぎらいのあなたでも即座に予測できるのだから……．

★赤経の差は南中時刻の差

みつけたい星が，いつ南中するかがわかると，星さがしはとても簡単になる．

いま南中している星の赤経がわかれば，目的の星との赤経の差で南中時刻を知ることができる．

赤経1^h（1時）の星は，赤経2^hの星より1時間はやく南中する．もうすこし正確には，赤経の差は恒星時間をあらわしているので，1日に約4分間，1時間で約10秒間の補正をする必要がある．

つまり，赤経1^hの星が南中した59分50秒後に，赤経2^hの星が南中するのだ．

みなみのうお座のフォマルハウト（22^h58^m，$-29°37'$）が南中していたら，アンドロメダ座の大銀河M31（0^h43^m，$+41°16'$）は，

$$0^h43^m(24^h43^m) - 22^h58^m = 1^h45^m$$

およそ1時間45分後に南中することがわかる．もうすこし正しくは$1^h45^m - 21^s = 1^h44^m39^s$．

大銀河は，1時間44分39秒後にほとんどてっぺん（$55°+41°=96°$）を通過するのだ．

いずれにしても，南中時刻がわかれば，子午線でアミをはって待っているだけで，星はかならずつかまえられる．

今日の午後8時に南中した星は明日の午後7時56分に南中する

赤経の差が1hちがう星は南中時刻が約1時間（59分50秒）ちがう

★恒星時は南中した星の赤経

いま,赤経何時の星が南中しているのかは,その土地の視恒星時がわかればいい.

春分点(赤経 0^h)が南中したとき,その土地の視恒星時(地方恒星時)を 0 時としたので,南中している星の赤経と,その観測地の視恒星時は同じになる.

フォマルハウト(22^h58^m, $-29°37'$)が南中したとき,その土地の視恒星時は 22 時 55 分なのだ.

ところで,問題は赤経のわかっている星が南中していないとき,観測地の視恒星時(以後,恒星時とする)をどうやって知るかということである.

恒星時さえわかれば,いまどういう星が南中しているか,あるいは目的の星があと何時間,何分後に南中するかが,たちどころにわかる.

恒星時を知る方法を 4 つ紹介しよう.どれでもその内お好きな方法を採用していただければいい.

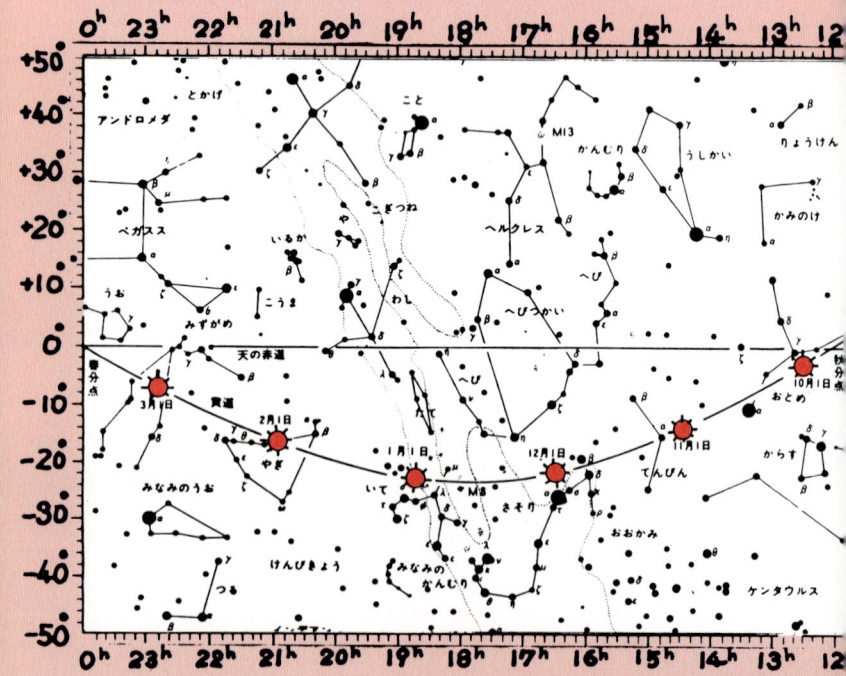

恒星時は南中した星の赤経とおなじ

その1：あなたが，表をつかったり，計算をすることに快感をおぼえるタイプなら…．

私たちがいつもつかっている時刻（平均太陽時）から，観測地の恒星時に換算することができる．

この方法は少々めんどうだから，必要な計算はまえもって昼間のうちにしておいたほうがいい．

世界時はUT（Universal Time），日本標準時はJST，恒星時をθ，グリニジ恒星時をθ_G，世界時0時のグリニジ恒星時をθ_{0G}，観測地の経度をλ，ということにしよう．

私たちはとりあえず，経度λの土地で，○月○日の0時JSTにおけるθが知りたいのだ．

観測地の経度λは，大都会なら年表などを調べればいいし，そうでない場合は地図の経線めもりを読みとればいい．くわしくは，2万5000分の1の地図をつかってしらべられるが，星座をさがすためなら，それほど神経質になることはない．

観測地の経度λは時間（15°が1時間，1°は4分間）に換算しておこう．

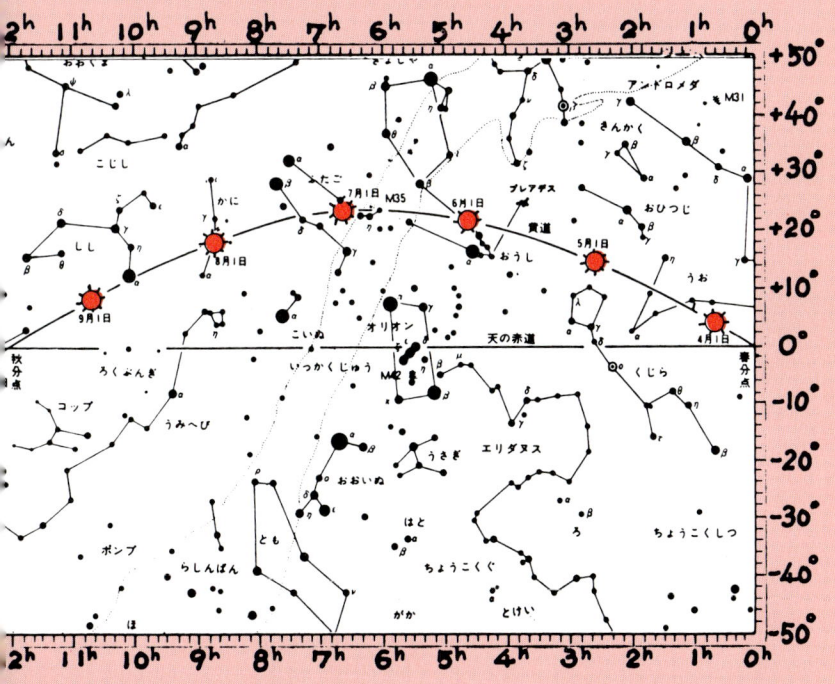

たとえば名古屋の経度 136°55′ は
136°55′＝136°.92

136.92÷15＝9^h.13≒9^h8^m となり
東経9時8分の名古屋で南中した星は，8分後に明石(東経135°＝9^h)で南中することがわかる．

もう一つ知っておく必要がある．それは太陽時間を恒星時間に換算する方法だ．

1日に3分56秒進む星時計は，1年で1日進む．

つまり，星時計は太陽時計の $\dfrac{366.2422}{365.2422}$ 倍はやく進むということになる．したがって

恒星時間＝$\dfrac{366.2422}{365.2422}$×太陽時間

〃 ＝1.002738×太陽時間

という関係がなりたつ．

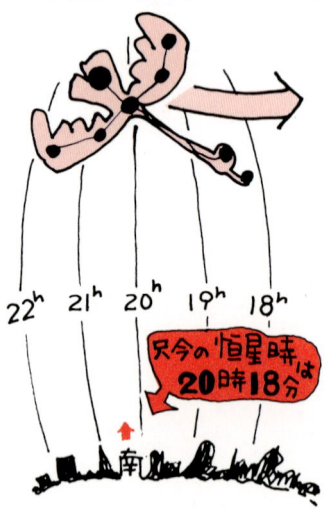

名古屋では
9月23日20時に
はくちょう座が
南中する

*

さて，それでは 1992年9月23日，夜8時 (JST) の名古屋 (λ＝9^h8^m) の恒星時を計算してみよう．

① 1992年の理科年表（暦33ページ）をみると，9月23日（秋分の日）の世界時 (UT) 0時のグリニジ恒星時 θ_{0G} は 0^h8^m となっている．

② 観測地λ（名古屋は9^h8^m）の恒星時 θ は
$\theta = \theta_{0G} + 1.0027\mathrm{UT} + \lambda$ となる．
（この場合は東経を＋とする）

③ 9月23日の20時 JST を UT に換算するには，9時間を引けばいい．
9月23日 20^hJST－9^h＝9月23日 11^hUT

④ これを恒星時間に換算すると
1.0027×UT＝1.0027×11^h
　　　　　＝11^h.03≒11^h2^m

⑤ したがって
θ_{0G}　　　　　　　0^h　8^m
1.0027×UT　＋11^h　2^m
λ　　　　　＋9^h　8^m
─────────────────
θ　　　　　　　20^h 18^m　となる

⑥ 9月23日20時の名古屋の恒星時は20時18分である．

星図をみると，はくちょう座の中心部の赤経は 20^h 30^m だから，秋分の日，夜8時ごろ名古屋で空をあおぐと，はくちょう座が南中していることがわかる．

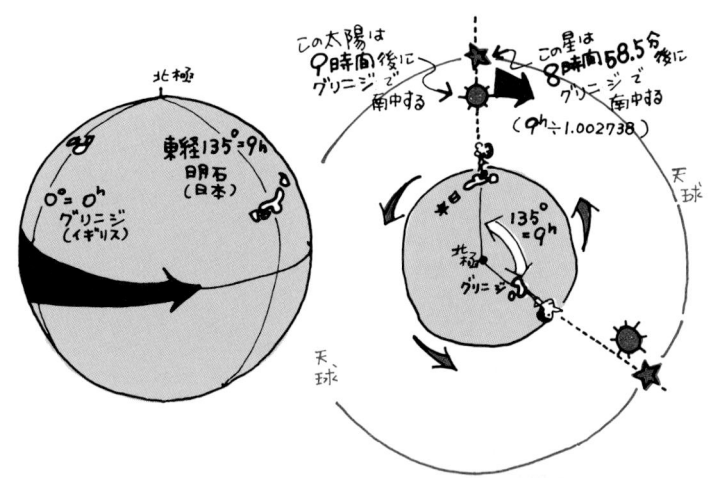

日本各地の経度(東経)と緯度(北緯)

地名	経度(±α分)			緯度		地名	経度(±α分)			緯度	
那覇	127°	40′	(−29)	26°	13′	富山	137°	13′	(+ 9)	36°	41′
福岡	130	24	(−18)	33	35	長野	138	11	(+13)	36	39
鹿児島	130	33	(−18)	31	36	静岡	138	23	(+14)	34	58
松山	132	46	(− 9)	33	50	甲府	138	34	(+14)	35	40
高知	133	32	(− 6)	33	33	新潟	139	2	(+16)	37	55
徳島	134	33	(− 2)	34	4	横浜	139	39	(+19)	35	27
山口	131	28	(−14)	34	11	前橋	139	4	(+16)	36	23
広島	132	27	(−10)	34	28	東京	139	44	(+19)	35	39
松江	133	3	(− 8)	35	28	秋田	140	7	(+20)	39	43
岡山	133	56	(− 4)	34	40	千葉	140	7	(+20)	35	36
明石	135	00	0			山形	140	21	(+21)	38	15
神戸	135	11	(+ 1)	34	41	福島	140	28	(+22)	37	45
大阪	135	29	(+ 2)	34	41	仙台	140	52	(+24)	38	16
京都	135	45	(+ 3)	35	1	青森	140	44	(+23)	40	49
福井	136	13	(+ 5)	36	4	盛岡	141	9	(+25)	39	42
金沢	135	39	(+ 6)	36	34	札幌	141	21	(+26)	43	4
津	136	31	(+ 6)	34	44	根室	145	35	(+49)	43	20
岐阜	136	46	(+ 7)	35	25	小笠原	142	11	(+29)	27	5
名古屋	136	55	(+ 8)	35	10						

東経135°(9時)との差＝±α分　　　(理科年表から)

その2：あなたが，もっと簡単なズボラな計算で……という実用タイプなら．

今どんな星座が南中しているかを知るのに，それほど厳密な数字は必要としない．そこで，観測地の恒星時を概算する方法を考えてみよう．

① 星時計が1日に4分間進み，1か月で4分×30＝120分＝2時間進むことと，毎年同じ日付の同じ時刻の恒星時は，ほぼ同じになることをつかって，概算してみよう．

② （基本になる日の世界時0時のグリニジ恒星時）＋（2時間×月数）＋（4分間×日数）＝知りたい日の世界時0時のグリニジ恒星時 θ_{0G} となるようにしよう．

③ 式を簡単にするために，基本になるグリニジ恒星時は，12月0日（11月30日）の世界時0時の恒星時をつかうことにしよう．毎年の12月0日0時のグリニジ恒星時を平均すると，4時34分になる．

④ したがって知りたい日の θ_{0G} は
$\theta_{0G} = 4^h34^m + (2^h \times 月) + (4^m \times 日)$
となる．

⑤ 例えば，9月23日の θ_{0G} は
$\theta_{0G} = 4^h34^m + (2^h \times 9) + (4^m \times 23)$
$= 4^h34^m + 18^h + 92^m$
$= 22^h126^m = 24^h6^m = 0^h6^m$ となる．

参考のために，1992年の理科年表をひくと0時8分となっている．

⑥ 9月23日の20時（日本標準時JST）の明石（東経135°）の恒星時 θ は
θ 明石 $= 0^h6^m + 20^h = 20^h6^m$
となる．

⑦ 名古屋（東経136°55′＝9^h8^m）の場合を考えるときは，明石に対して $9^h8^m - 9^h = 8^m$ だけ補正すればよい．

θ 名古屋 $= 20^h6^m + 8^m = 20^h14^m$ となり，9月23日午後8時（20時）の名古屋の恒星時は20時14分で，はくちょう座が南中している．

⑧ まとめてみよう．
東経9時±α分の土地で，M月D日の日本標準時 x 時 y 分（$x^h y^m$ JST）の恒星時 θ は
$\theta = (4^h34^m \pm \alpha^m) + (2^h \times M)$
$\quad + (4^m \times D) + x^h y^m \text{JST}$

　　（4時34分±明石との経度差）
＋　　　　（2時間×観測月）
＋　　　　（4分間×観測日）
＋　　　　　　　　日本標準時
―――――――――――――――――
　　　　　　　　観測地の恒星時

例えば
明石（東経135°）で
1月1日の0時に
どんな星が南中しているか？
つまり
恒星時（南中する赤経）は
θ 明石？
$\theta_{明石} = 4^h34^m + 2^h \times 1 + 4^m \times 1 + 0^h0^m$
$= 6^h38^m$ となるから
明石で除夜の鐘をきくとき
おおいぬ座の
シリウス（赤経6時45分）が
ま南（子午線）を通過する
だろう．

となる．おぼえていて損はない．年表もいらないし，計算機を必要とするほどでもない．いつどこでも簡単に暗算でなんとかなる．

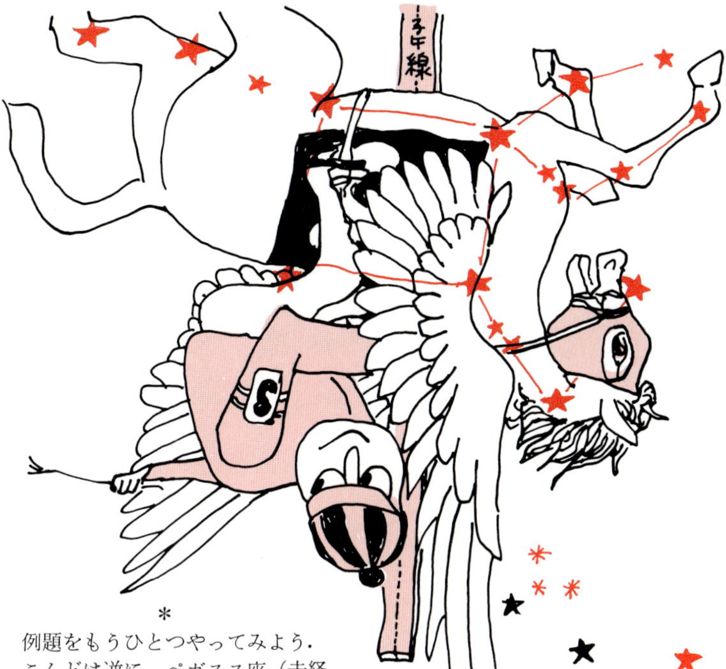

　例題をもうひとつやってみよう．
　こんどは逆に，ペガスス座（赤経 $23^h 30^m$. 星図をみて見当をつければいい．）が，名古屋（東経 $9^h 8^m$）で，午後8時（20^h）に南中するのは何月何日ごろだろう．

$\theta = 23^h 30^m$,
$x^h y^m$ JST $= 20^h 0^m$
$\alpha = +8^m$ 　　　だから
$23^h 30^m = 4^h 34^m + (2^h \times M\ \text{月})$
　　　　　　$+ (4^m \times D\ \text{日}) + 20^h + 8^m$
$23^h 30^m = 0^h 42^m + (2^h \times M) + (4^m \times D)$
$22^h 48^m = (2^h \times M) + (4^m \times D)$ から，
　　$M = 22^h \div 2^h = 11$ （月）
　　$D = 48^m \div 4^m = 12$ （日）かな？
と，見当がつけられる．

　ペガスス座が名古屋で20時ごろ南中するのは11月12日ごろということだ．この方法で，誤差10分をこえることはないので，星座をみつけるためなら十分すぎる．

その3：あなたが，とにかく計算はいやだという計算アレルギータイプなら……．

実は，観測地の恒星時を簡単に読みとることができる便利な計算尺がある．

それはあなたの使っている星座早見盤のことだ．星座早見は，その土地の恒星時と平均太陽時の簡易換算器なのだ．

星座早見の日付け目盛と，時刻目盛を，観測日時にあわせて，南中している赤経を読みとればいい．

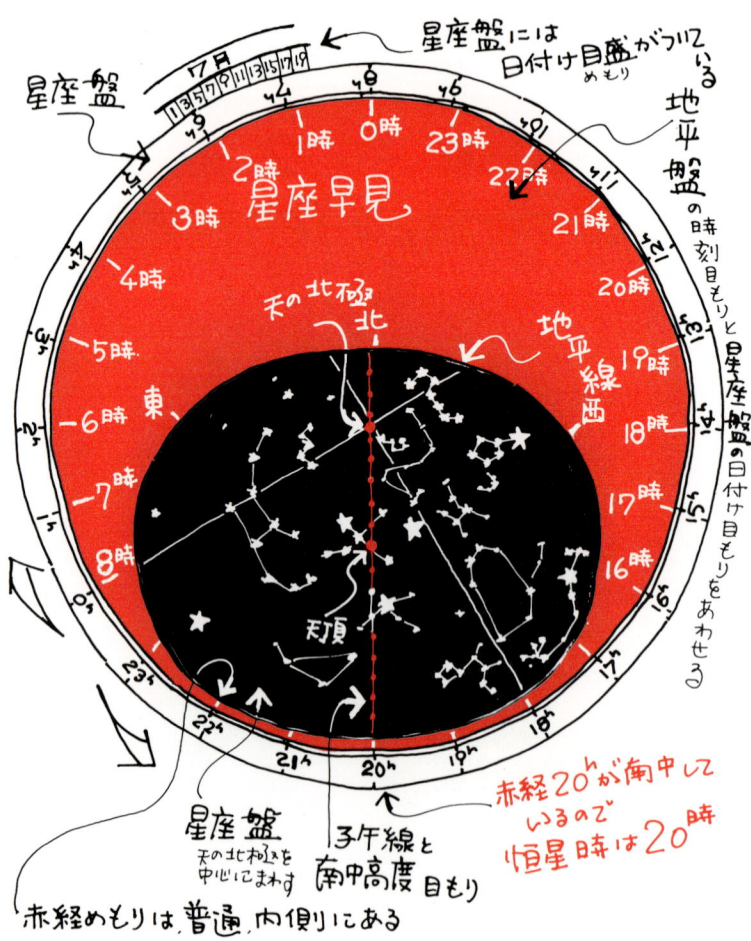

赤経目盛のないものは，わかっているところから（春分点 0^h，秋分点 12^h，夏至点 6^h，冬至点 18^h）日付目盛の1日を4分間に換算して読みとればいい．

日本の星座早見は，東経 $135°$（9^h）を基準につくられているので，観測地との経度差（$±α$）を修正すれば，更に読みとりは正確になる．観測地の経度差の修正目盛がついている早見盤もある．

9月23日の20時の名古屋（9^h8^m）の恒星時を知るには

① 早見盤の日付目盛の9月23日と，時刻目盛の20時をあわせて，南中している日付目盛を読みとる．

② 日付目盛りの1月22日が南中しているので，西（右）側の冬至点（18^h）までの日数をかぞえると，約32日になる．

4分×32＝128分＝2時間8分

③ したがって，南中している赤経は

$18^h+2^h8^m=20^h8^m$

④ 更に，名古屋なら $α=+8^m$ を加えて

$20^h8^m+8^m=20^h16^m$

9月23日20時の名古屋の恒星時は，20時16分ということになる．

ところで，星座早見は南中星座の赤経を教えてくれるだけではなく，南中星座そのものを星図で教えてくれる．

星座をみつけるのが目的なら，恒星時を読みとることもない．この早見盤から目的の星や星座の南中高度の見当をつけて，直接夜空をあおげばいいのだから……．

ただ，星座早見盤が観測地の恒星時の早見盤にもつかえることは知っていてほしい．いつか役立つことがあるだろう．

その4：機械やエレクトロニクスに強い人は，恒星時時計をつくる手がある．

近ごろ，時計がたいへん正確になった．昔のぜんまい式の時計は，毎朝，時報に針をあわせながらネジをまいたものだ．ひどいのになると，1日に5分も進んだり遅れたりするものもあった．

機械いじりの好きな人は，裏ぶたをあけて調整するのを楽しんだ．目盛があってfとsのマークがきざんであるので，進ませたいときは針をf(fast)の方へ移動させてやるだけなのだが，しばらくつかってようすをみて，また調整する．その内びったりあうと満足感とある種の快感を味わうわけだ．

私の提案は，こういう調整可能な時計をみつけてきて，1日に3分56秒だけ進む"恒星時時計"をつくりませんか，というのだ．

24時間（恒星時）
＝23時間56分4.09秒（太陽時）

＊

エレクトロニクスに強い人は，新しく正確な恒星時時計を自作してみてはどうだろう．

赤経目盛だけでなく，主な星座をかき入れておけば，自動星座早見になる．もう一歩進めて，針のかわりに星座盤をまわして，地平盤でカバーする工夫をすれば，まさに"自動星座早見 Auto Star-Finder"になる．

これはすでに製品化されているので，もう一工夫できる人は，裏側から照明をつけて星を光らせ，黄道上に一年で一周する太陽を輝かせて，昼間は太陽と青空にかわれば，もっとおもしろいし，太陽が沈むとき夕焼けで西の地平線上が赤くなるのも

わるくない．

ここまできたら，いっそのこと，月の運動と満ち欠けを表現したり，ついでに各惑星の運動もつけくわえたい．それができたらあなたはそれを製品化して売りだせばいい．まっさきに私が一台購入するだろう．売れに売れて，あなたは一躍大金持になるか，それとも研究費に金をつかいすぎて，借金で再起不能になるかだ．

18世紀から19世紀にかけて，ヨーロッパでは，いろいろ工夫をこらし，多くの優秀な時計職人や天文学者たちによって各種の天文時計がつくられた．

あの頃の情熱と才能に，今の道具と技術があれば，かなり精巧でおもしろい天文時計ができそうにおもえるのだが……．

★南中時刻に南中高度で

目的の星や星座の南中時刻がわかったら，南中時刻に子午線上をさがせばいいのだが，子午線上のどこにあるかは，その星の赤緯でわかる．

たとえば，北緯35°の観測地でみる天球を考えると，天の北極が北の地平線上35°のところにあり，天の赤道は天頂から南に35°さがったところ，つまり，南の地平線から高度 $90°-35°=55°$ を通っている．

赤緯0°（天の赤道上）の星は，いつも赤道のま上に輝くが，北緯35°の土地でみると，ま東からのぼり，南中したときの高度は，南の地平線から55°のところを通り，ま西に沈んでいく．

赤緯$-30°$のフォマルハウトは，天の赤道よりさらに30°南を通るので，南中高度は $90°-35°-30°=25°$，ま東より30°以上南の地平線からのぼり，ま西より30°以上南へ沈む．

赤緯$-17°$のシリウスの南中高度は $90°-35°-17°=28°$ となり，赤緯$+46°$のカペラの南中高度は，$90°-35°+46°=101°$ となる．

カペラのように，南からの高度が90°をこえる星は，天頂の北側の子午線を通過することになる．北の地平線からの高度は

$101°-90°=11°$，$90°-11°=79°$

となる．

南中したカペラは，北からおよそ80°あおいだところで輝くのだ．

星や星座の赤緯は，年表や年鑑をしらべてもわかるし，星図をみてもわかる．およその見当なら星座早見でもつけられるだろう．

北緯35°の土地では，赤緯が $90°-35°=55°$以上の星（$+55°$〜$+90°$）

は，天の北極をまわって，地平線の下へ沈むことはない．こういう星を周極星という．

緯度0°，つまり赤道では，天の北極と南極が地平線と一致するので，周極星はなくなってしまう．しかも，ここではどの星も12時間地平線上にでて，あとの12時間は地平線の下に沈む．

周極星は一日に二度子午線を通過する．南中してから23時間56分4秒÷2＝11時間58分2秒後に北中（北極星の下を通過する）ことになる．

★機能・目的別に星の住所表示もいろいろ

星の住所は，赤経・赤緯（赤道座標）であらわす方法のほか，銀河の中心を基線にしてあらわす銀河座標（銀経・銀緯）を使うこともある．

銀河系の中の星の分布や，しくみに関するデータを必要とするときはこの座標をつかったほうが便利である．

銀経0°，銀緯0°の原点は，私たちの銀河系の中心の方向にきめたので，銀河のもっともにぎやかな，いて座の南西（赤経17^h46^m，赤緯$-28°56'$）のはしにある．

もうひとつ，よく使われる座標がある．それは黄道（こうどう）座標という．

太陽をまわる地球の公転軌道面をそのまま天球上に延長してできた線を黄道とし，その黄道を基線にした座標だ．みかけの太陽は，この黄道上を毎日 $\frac{1}{365}$ ずつ西から東へ移動し，一年で一周する．

黄道座標は太陽をめぐる惑星の運動や太陽系のしくみをあらわすのに都合がいい．

黄道座標は，原点を赤道座標と同じ春分点として，黄経・黄緯をつかって位置をあらわす．

黄道は赤道に対して23°.4（地軸の傾き）の傾きをもって交差している．黄道と赤道は春分点と秋分点の2か所でまじわり，夏至点と冬至点の2か所でもっとも離れる．

夏至点（黄経6時・黄緯0°）と冬至点（黄経18時・黄緯0°）は，赤道座

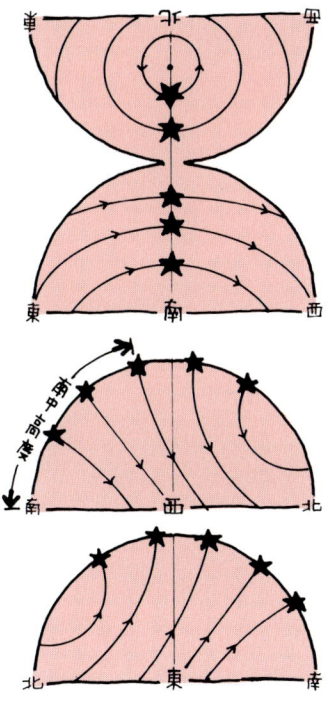

星の南中高度＝90°－観測地の緯度＋星の赤緯

※90°をこえた星は天頂より北側に南中する．

標ではそれぞれ赤経6時・赤緯＋23°.4（＋23°26′），赤経18時・赤緯−23°26′ということになる．

黄道の北極は，冬至点側にあって赤経18時・赤緯66°34′にある．

地球の自転軸は，この黄道の極を中心に，25800年かかって大きく首ふり運動（歳差）をしている．

★星座は星空の地名？

星座もまた星の住所（位置）表示のひとつである．

現在の星座は，全天を経線と緯線（赤道座標）にそった直線で，88の区域に分割したものだ．

地球儀をみて日本をさがすとき，私達は日本の経度・緯度をまったく知らなくても，日本が北半球にあることや，つぶれたヤキイモのような形をした島に，偏平足の足あとみたいな島がくっついていること，そして，それ等があまり大きくない島であることを知っていれば，たやすく発見できる．それは人工衛星から実際の地球をみたときも同じだろう．

星座のほとんどは，昔の人々が，自然にできた星の配列を中心に，神話，伝説などに関する人物，動物，器具などの形をえがいたものを基本に区切られている．したがって，形や大きさはまちまちだが，星の配列に特徴があってさがしやすい．

星座は天球上の地形を整とんした国や島や海など，地名のようなものなのだ．

目的の天体の位置を「○○座の△星と○星の中間あたり」というような表現をすることができる．

それは「あなたのお住いは？」と聞かれて，「東経139°45′，北緯35°

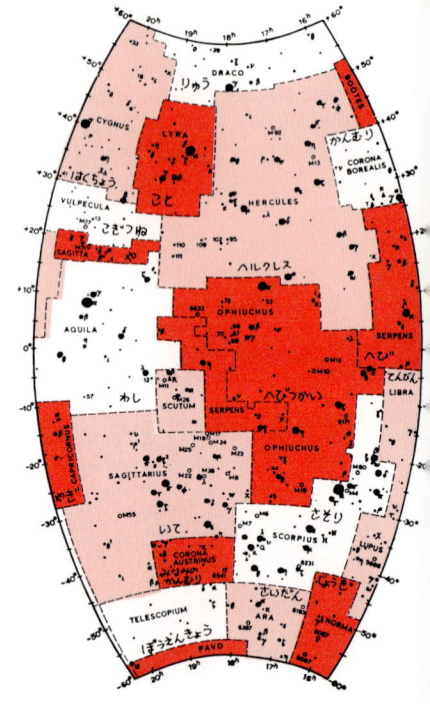

40′です」と答えるのに対して，「日本の東京都港区麻布飯倉にある旧天文台の跡の，すぐちかくの八百屋さんと郵便局にはさまれたアパートです」と答えるのに似ている．

一般的に，このほうが親しみやすいし，測定器とか観測器機をもっていなくてもわかりやすい点は，少々精度がわるいが，たいへん実用的である．

星空の旅を楽しみたい私達にとって，星座という住所表示はなくてはならない便利なものだ．ただし，その星座をうまくつかいこなすためには，主な星座が天球上のだいたいどのあたりにあるのか，星の配列にど

んな特徴があるか, どんな星座ととなりあっているかぐらいは知っていたほうがいい.

ちょうど世界地図をひろげて, アメリカはここで, ハワイはこのあたり, イギリスへ行くにはここを通ったほうがはやい, バリ島は赤道をこえて, まずジャカルタへというように, 星図をひろげて, イメージの旅を楽しむことにしよう.

★ 星図を楽しむ

星図をみながら, 知っている星座から, となりの星座をみつけるもっとも効果的な方法を考えてみるのもおもしろいし, 役に立つ. みつけた星座から, さらにとなりへとなりへとたどれば, 結局, 全天の星座をめぐることができるからだ.

黄道上にどんな星座が, どういう順にならんでいるかを知っておくことは, 惑星をみつけるのに役立つだろう. 太陽も, 月も, 各惑星も, これら住所不定の星たちは, みなこの黄道星座の中をわたりあるくのだ.

黄道には, 一般に黄道12星座があるとされているが, 現代の星座区分をみると13星座が黄道上に並んでいる.

いままでの12星座のなかに, へびつかい座が足をつっこんだからである.

あなたは春分点のある"うお座"

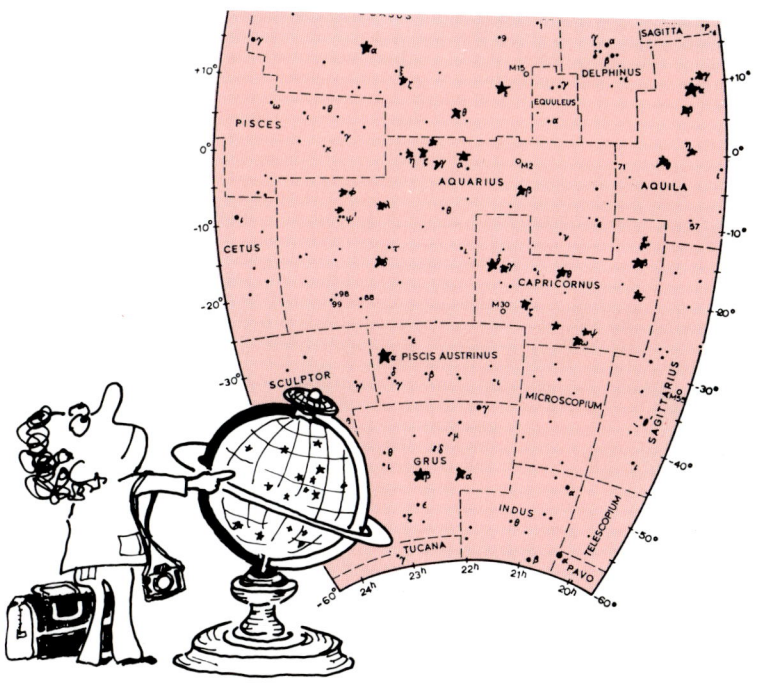

から，黄道13星座を順に並べあげることができるだろうか？

夏至の日の太陽は何座で輝いているのだろう？　冬至の日の太陽は？　秋分の日は？

赤道上にいくつ星座があるだろうか？　どんな星座がどういう順に並んでいるか？　そのうち，あなたはいくつ知っているだろうか？

日本の裏側（地球の反対側）にアルゼンチンがあるように，オリオン座のま反対にどんな星座があるだろうか？

こん棒をふりあげたオリオンの足の下で踏まれている星座は？

ヘルクレスに踏まれた星座は？

へびつかいが踏んでいるのは？

ぎょしゃは？　ケフェウスは？　ペルセウスは？　アンドロメダは？　それぞれどんな星座を踏みつけているだろうか？

星図で星座を楽しむ手はいくらでもある．

★片手でつかめるカシオペヤ？

星図をつかいこなすために，もうひとつ，あなたに準備してほしいことがある．

それは星図上にえがかれた星座の大きさというか，ひろがりが，実際の星空でどれくらいにみえるかを，イメージできるようにすることだ．

ひろがりをはかる"からだのものさし"をつくることをおすすめしたい．

地図には，縮尺が示されていて，例えば，1/50000 の縮尺をつかった地図なら，地図上の 1 cm は実際には 1 cm × 50000 = 50000 cm = 500 m あることがわかる．

星と星のみかけの距離は，長さで何センチとか何メートルという表現ができないので，"何度離れている"というように角度（視距離＝角距離）であらわすことにしている．

地平線から天頂までは 90°，月の直径は 0.5°，オリオン座の三つ星は両端の間かくが 3°，三つ星からベテルギウスまでが 10°，ベテルギウスとリゲルは 20° というように，みつけたい星座の大きさを，星図上でだいたいの見当をつけておくと，星空の中でどのていどの範囲をさがしたらいいかがわかる．

星図上の赤緯の差は，そのまま角距離と考えていいが，赤経の差は，天の赤道（赤緯 0°）では 1^h が 15° になるが，緯度が高くなるにしたがって小さくなり，極（赤緯 ±90°）で 0° になってしまう．

高緯度まで経線が平行にひかれた星図は，高緯度の星の間かくがよこ方向にひろげてプロットされている

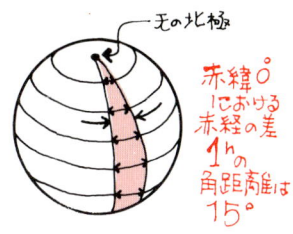

星が1時間に動く角距離は星の赤緯によってちがう

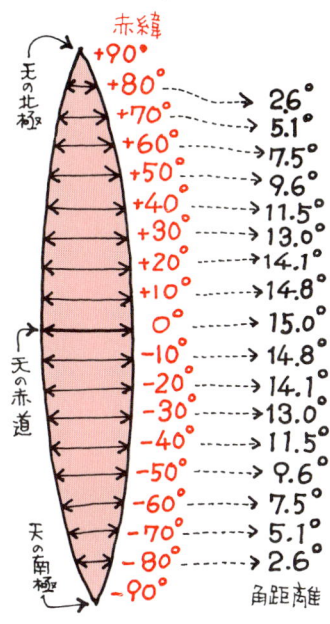

はず．

その点ノルトン星図のように，タル型になった星図は，そういったゆがみが比較的すくない．

いずれにしても，星座早見の星座盤や全天を一枚にプロットした円形星図のように，極端にゆがみの大きい星図でなければ，角距離のおよその見当はつけられる．

「からだのものさし」をつかいましょう

　星図をみて，ペガススの四辺形の一辺が，だいたい15°ぐらいありそうだな，と見当がつけられれば，はじめてさがす人でも大きなまちがいをすることはなく，簡単にみつけられるだろう．

　15°は，ひろげた親指と人指し指を，腕をいっぱいのばしてみた時，両指先の間ぐらいになる．

　ペガスス座は，一辺がちょうど親指の先から人指し指の先までくらいの四辺形をみつければいい，ということになる．

　多少個人差はあるが，指2本をそろえたときの幅は3°，げんこつをにぎったときの幅が10°，手をいっぱいひろげたときの親指の先から小指の先までが20°といったところだ．

　カシオペヤ座のWや，オリオン座の四辺形は，いっぱいにひろげた手のひらと，ほぼ同じくらいの大きさになる．

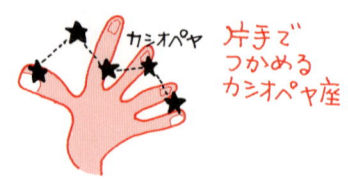

片手でつかめるカシオペヤ座

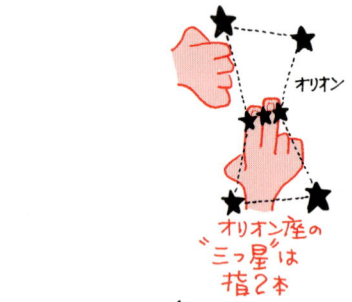

オリオン座の"三つ星"は指2本

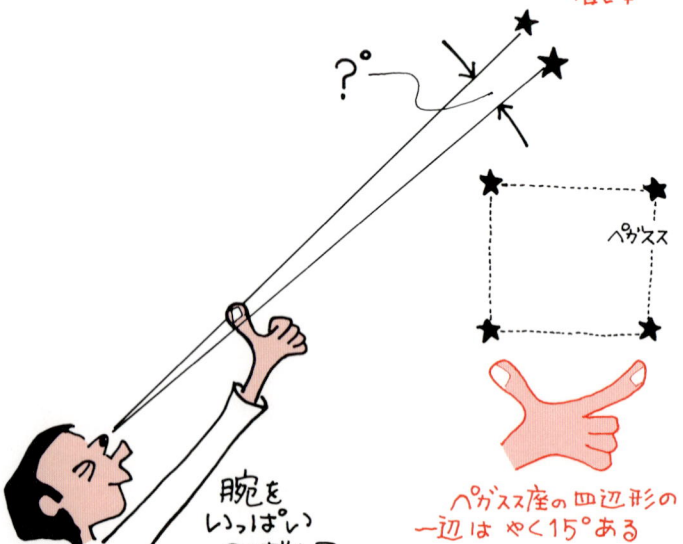

腕をいっぱいのばして

ペガスス座の四辺形の一辺はやく15°ある

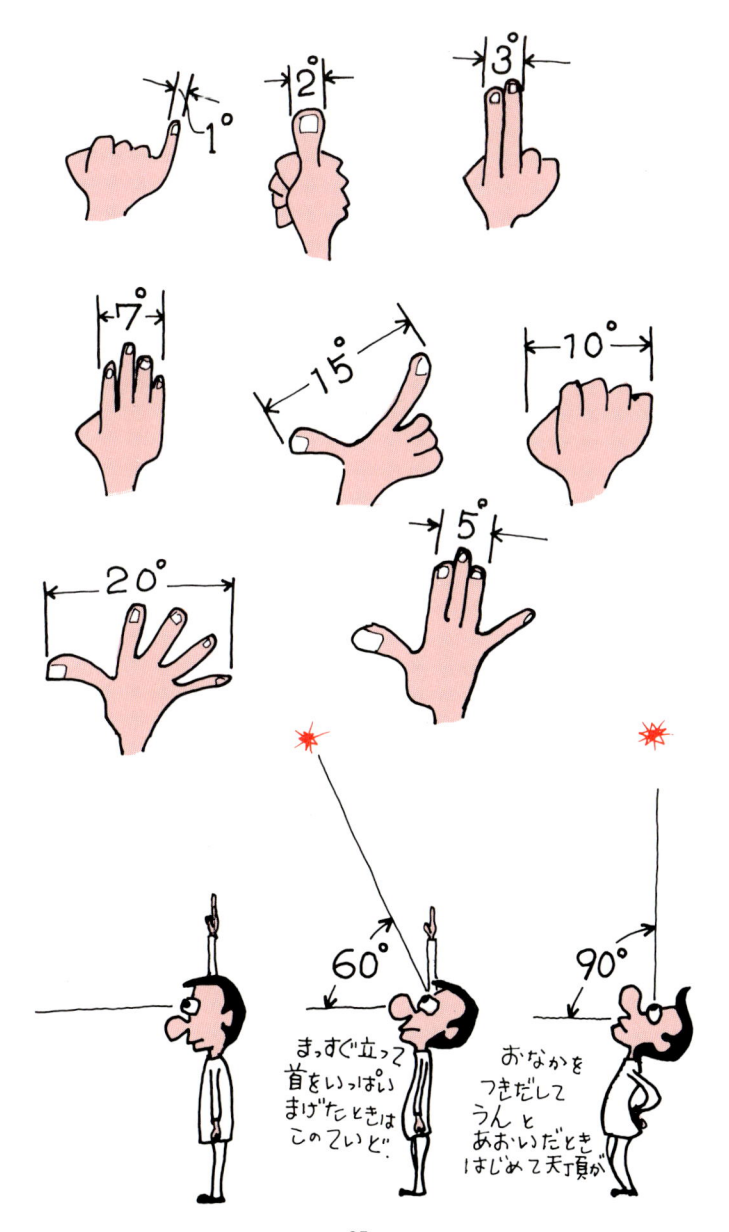

1°

2°

3°

7°

15°

10°

20°

5°

60°
まっすぐ立って
首をいっぱい
まげたときは
このていど。

90°
おなかを
つきだして
うんと
あおいだとき
はじめて天頂が

★ 57センチあれば 1センチは 1°?

私は,星の間かくをはかる便利な道具をもうひとつ持っている.

それは普通のセンチ目盛のあるものさしと,長さ 57 cm の腕だ.

角距離 1°のひらきは目から 57 cm 離れたところで,ちょうど 1 cm になる.そして,具合のいいことに,私がものさしを持って,腕をいっぱいのばすと,目からものさしまでの距離が 57 cm になるのだ.だから,私はものさしで星と星の角距離をはかることができる.

10 cm あれば 10°, 5 cm あれば 5°というわけだから実にかんたん.あなたの腕(ものさしを持った腕をのばして,目からものさしまでの距離をはかる)の長さは何 cm ぐらいあるだろうか? 57 cm にちかければ,この方法で概測ができる.

もっと腕の長い人は,ものさしのもち方で工夫すればいい.

もっとうんと腕の短い人は,目から 30 cm(できれば 28 cm〜29 cm)はなれたところで,ものさしがかまえられるよう工夫してみてほしい.この場合は 1 cm を 2°に換算すればいい.

角距離測定器?

$1^{cm} = 1°$

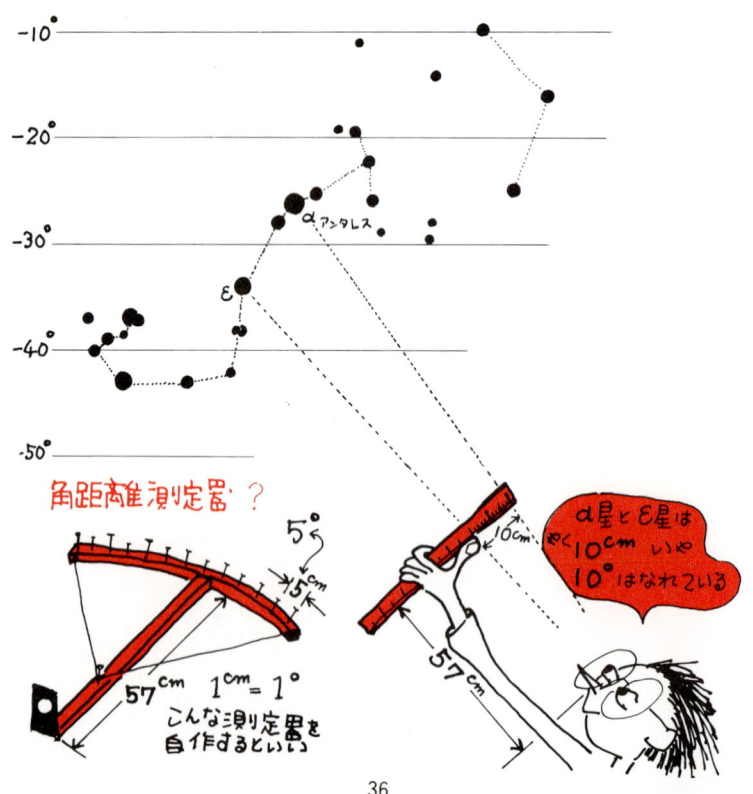

こんな測定器を自作するといい

α星とε星はちょうど 10^{cm} いや 10°はなれている

★双眼鏡の視界をコンパスに

双眼鏡のみえる範囲は (field of vision) 7°とか，6.5°というように，視界(実視界)の直径を角度であらわすことにしている．本体のどこかに表示されているはずだ．

視界7°の双眼鏡の視野では，両端に輝く2星の角距離は当然7°だから，その半分なら3.5°，1/7なら1°というていどの見当はつけられる．

両手の親指と人指し指でリングをつくり，そのまま両腕をのばしたら，ほぼ双眼鏡の視界(7°〜8°)と同じくらいの円になる．

この円を星空にむけると，双眼鏡でどれだけの範囲がみえるかが簡単にわかる．

双眼鏡をつかって，知っている星から，微光天体をさがすとき，この円で目的の天体までの道順をさぐりあてたり，見当をつけたりできて，けっこう便利である．

直径7°の視界も，けっこう星空の旅のコンパスとして有用である．

さんかく座とか，こうま座，いるか座，や座，とかげ座など，双眼鏡の視野の中にスッポリおさまってしまうミニ星座もいくつかある．

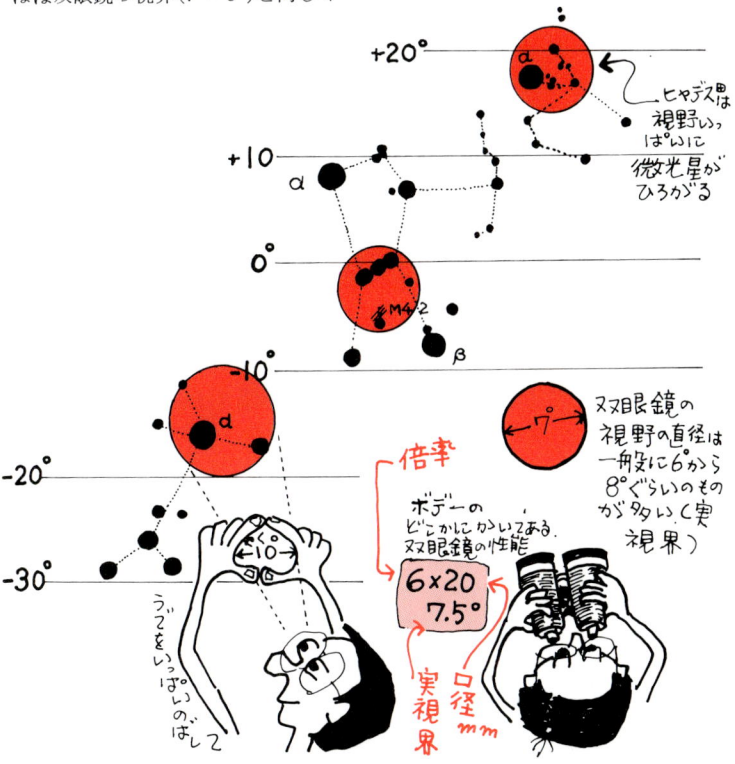

ヒヤデス団は視野いっぱいに微光星がひろがる

うでをいっぱいのばして

倍率
ボデーのどこかにかいてある双眼鏡の性能
6×20
7.5°
口径mm
実視界

双眼鏡の視野の直径は一般に6°から8°ぐらいのものが多い(実視界)

★旅に地図はつきもの
いい星図みつけよう

　地図は旅の行先を教えてくれるだけでなく、旅をいっそう楽しくしてくれる。星図もまた同じだ。地図にもいろいろ種類があるように星図も種類は多い。一口に星図といっても目的・用途別につかいわけなければいけない。

　星図は星空の地図である。星図を手に入れれば、もう星空はこっちのものだ。星図がつかいこなせるようになると、星空の旅は自由自在となる。

　いい星図は、座右の宝物になる。

●ある特定の土地でみられる、あるきまった日時の星空をあらわす星図

　半球状の星空を南北、あるいは東西にわけて、それぞれを半円形の星図にして表現したり、全天を円形の一枚の星図にしたものがよくつかわれる。おもな星や星座をみつけるのには便利だし、その日のその時刻にどんな星が天頂にあって、どんな星が南中しているかなどが、そのまま絵になっているので、一目瞭然なのはありがたい。

　難点はきめられた日時にきめられ

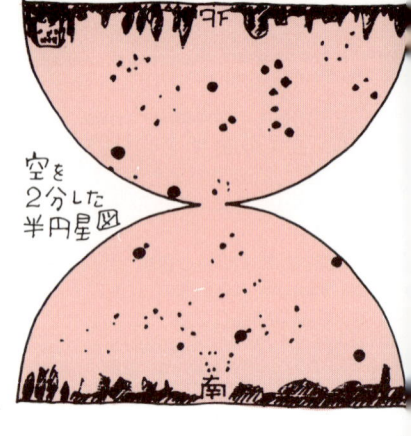

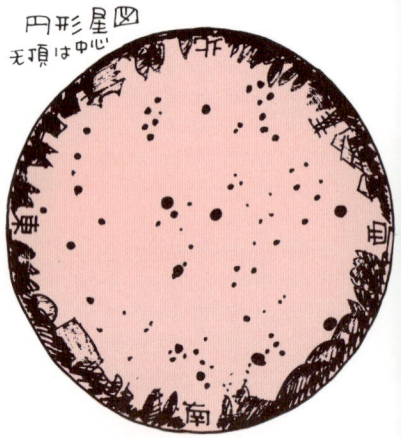

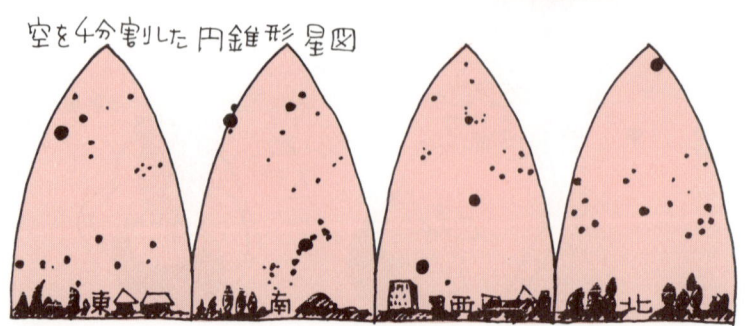

空を2分した半円星図

円形星図
天頂は中心

空を4分割した円錐形星図

た観測地でしか使えないことだ.

一般に星図というと,いつどこでも使える全天星図のことをいう.

● 肉眼・双眼鏡のための全天星図

肉眼か,双眼鏡や小望遠鏡の対象となる恒星をプロットした星図が,市販されている星図ではもっとも多い.

天球全体を一枚,または二枚(南天と北天)にまとめたものもあるがゆがみが大きくなりすぎて,あまり実用的ではない.

ほとんどは,天球を何枚かの星図に分割して,一冊にまとめたものだが,分割のしかたはそれぞれ工夫してあって同じではない.

用途によって,あるいは,つかう人の好みによって,使いやすさもいろいろである.

もし,あなたが本書を読まれて,星をみることに興味をもたれたら,自分用の星図を一冊もつことをおすすめする.

主な星図を2~3紹介しよう.

＊全天星図　村上忠敬・処直

北天,南天,赤道帯3枚,合計5枚の星図に分割した星図で,初心者にもつかいやすい.4等星までのすべてと5等星の一部がプロットされて,肉眼用としては十分.

星の結びは主な星だけを結んでい

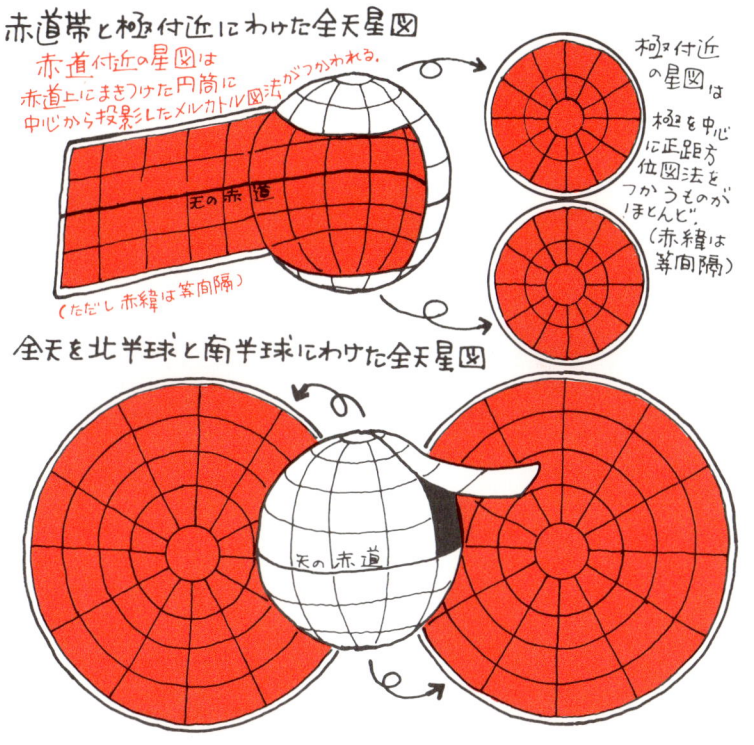

赤道帯と極付近にわけた全天星図

赤道付近の星図は赤道上にまきつけた円筒に中心から投影したメルカトル図法がつかわれる.

(ただし赤緯は等間隔)

極付近の星図は極を中心に正距方位図法をつかうものがほとんど.(赤緯は等間隔)

全天を北半球と南半球にわけた全天星図

て無理がないのでわかりやすい.

この村上星図の歴史は古く,初版は昭和9年に発行されたのだが,現在市販されているのは,1989年に改訂されたものだ.

天文のオールドファンは誰もがこの村上星図を片手に星空をあおいだはずである.私のはじめての星図もやはりこの村上星図であった.

2000.0年分点

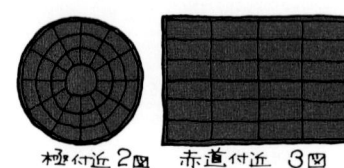

極付近 2図　赤道付近 3図

*全天恒星図　広瀬秀雄・中野繁

星図の枚数が14枚で構成されていて,星の配置はわかりやすい.

必要な星は6.25等まで入っているので双眼鏡で微光天体をたどるのにもつかえる.星の大きさが私のフィーリングにあうので,日本の星図のなかでは,いまいちばん好きな星図である.1981年から2000.0年分点

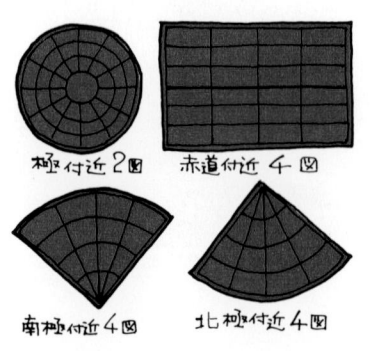

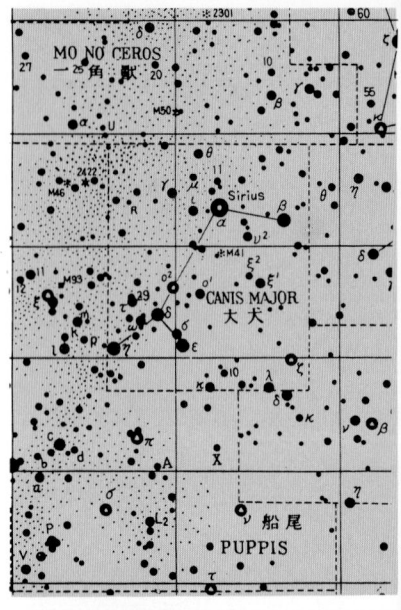

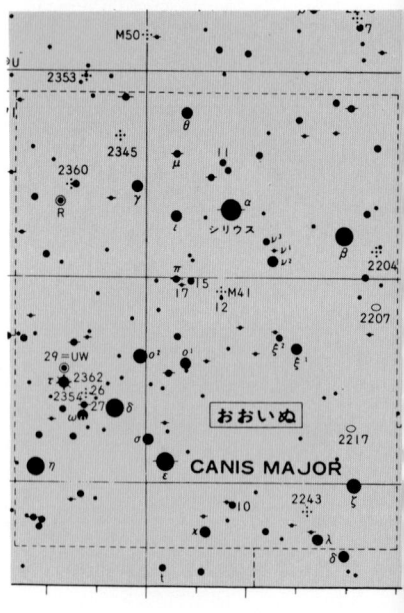

極付近 2図　赤道付近 4図

南極付近 4図　北極付近 4図

*標準星図2000　中野繁

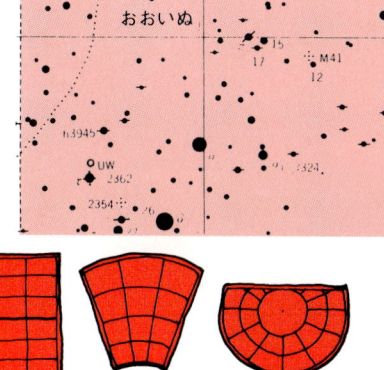

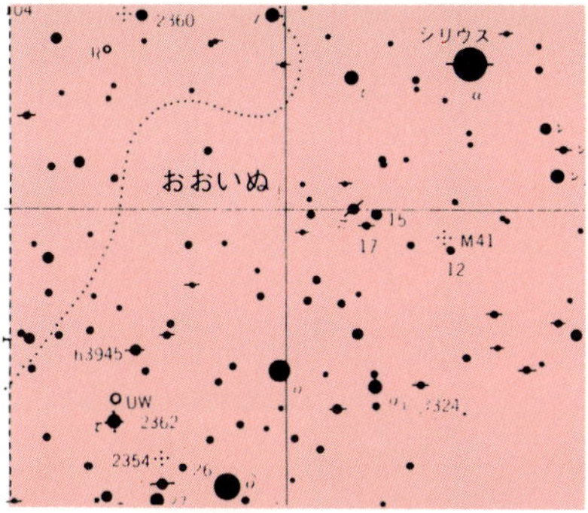

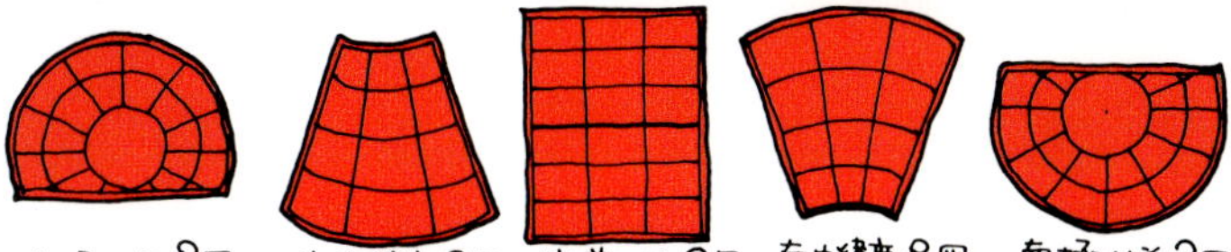

　7等星の一部までプロットされ，28枚の星図に分割したものだ．星座を楽しもうという人には，星座がこまぎれにされているところが多く，おすすめできないが，小望遠鏡をもっていて，もっとくわしい星図がほしい人のために紹介しておく．
　2000.0年分点

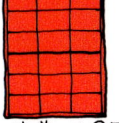

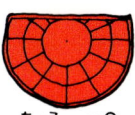

北極付近2図　北中緯度8図　赤道付近8図　南中緯度8図　南極付近2図

*NORTON'S STAR ATLAS

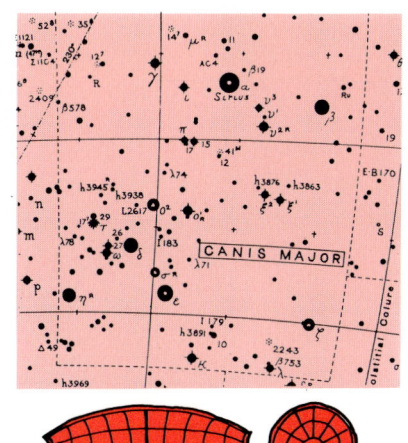

　ノルトン星図は，残念ながら日本版はないが，洋書店で見つけたら，ぜひ一度手にとってみてほしい．
　いま，すべての星図の中で私がもっとも気にいっている星図である．
　星の大きさも，手がきの星名も，色刷りの天の川もいいが，なによりいいのは，たて長のたる状に区切られた星図の形である．
　赤道を中心に±60°まで書きこまれているので，地平線から天頂までの星空が1枚の星図で楽にみられる点，経線の間かくを高緯度でせばめてタル形に構成してあるので，高緯度の星座の形にもゆがみが少ない点，8枚の星図のかさなりが多く，こまぎれになる星座がない点など，星座を楽しむものにはとてもありがたい星図だ．初版は1910年（1920年分点）．現在は2000.0年分点

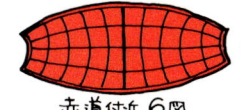

赤道付近6図　極付近2図

ギリシャ文字のアルファベット

α	Alpha	アルファ
β	Beta	ベータ
γ	Gamma	ガンマ
δ	Delta	デルタ
ε	Epsilon	エプシロン
ζ	Zeta	ゼータ
η	Eta	エータ
θ	Theta	セータ（シータ）
ι	Iota	イオタ
κ	Kappa	カッパ
λ	Lambda	ラムダ
μ	Mu	ミュー
ν	Nu	ニュー
ξ	Xi	クシ（クサイ）
ο	Omicron	オミクロン
π	Pi	ピー（パイ）
ρ	Rho	ロー
σ	Sigma	シグマ
τ	Tau	タウ
υ	Upsilon	ユプシロン（ウプシロン）
φ	Phi	フィー（ファイ）
χ	Chi	キー（カイ）
ψ	Psi	プシー（プサイ）
ω	Omega	オメガ

●いもづる式 夏の星座のみつけかた

トラのまき

夏のよい空の星座は"夏の大三角形"と"さそり座"がさがせたら，あとは簡単にたどれる．

上下左右に，いもづる式にたどればいい．

★まず さそり座の 赤いアンタレスを

●**さそり座**は，アンタレスが南中するころをねらって，アンタレスを中心にへの字をつくる三星と，全体のＳ字形の星列がみつかればいい．

●**てんびん座**は，さそり座のすぐ前（西）に，逆向きのくの字形をした三星がみつかる．

●**いて座**は，さそり座のうしろから弓を引いて，心臓に輝くアンタレスをねらっている．

たてにならんだ $\lambda, \delta, \varepsilon,$ を弓にみたてると，まん中の δ から前に突きでた γ が矢の先になる．

●**みなみのかんむり座**は，いて座の弓の下に，カタツムリのからのようにまきこんで曲線状に並ぶ微光星がみつかればいい．

地平線に近いので，よく晴れた条件のいい日をえらんで，いて座の弓が南中する時をねらってみよう．

双眼鏡のたすけをかりたら，きっとかんたんにみつかるだろう．

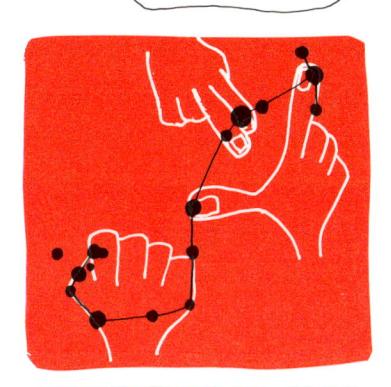

★夏の大三角は 糸田ながい

●**夏の大三角**は，7月の宵なら東の空に，9月の宵なら天頂付近に，11月の宵には西からあおぐと簡単にみつかる．

すこし細長い大きな二等辺三角形がみつかる．

いずれも明るい1等星だが，三角星中もっとも明るいのは"こと座のベガ"で，もっとも暗いのは"はくちょう座のデネブ"だ．

天の川がみえるほど透明度のいい空なら，天の川をはさんでベガと，わし座のアルタイルが輝きあうようすがなかなかいい．

ベガは"おりひめ"，アルタイルは"ひこぼし"なのだ．

🔴 **はくちょう座**は，デネブが三角星の一つだから，みつけるのに苦労しない．ベガとアルタイルは天の川をはさんでいるが，デネブは天の川の中にある．

ハクチョウは天の川の上を大きな十字形をして，南のさそり座の方へとんでいく．

🔴 **こと座**のベガは，南中時にほとんど天頂にのぼり，わし座のアルタイルはすこし南にさがったところへ南中する．そして，はくちょう座のデネブは天頂より北側に南中する．

🔴 **へびつかい座**は，あたまのラス・アルハゲをさがすといい．夏の大三角形を，デネブをつまんでパタンと反対側にたおすと，ちょうどそこに輝く2等星がラス・アルハゲ．

ラス・アルハゲを頂点に大きな5角形がえがけたら，それがへびつかい座．

🔴 **へび座**は，へびつかい座がわかれば，へびつかいの両手からたどればいい．しっぽはわかりにくいが，頭は天頂のかんむり座のすぐ下にあるのでわかりやすい．かんむり座の宝石をねらうかのようにみえる．

🔴 **たて座**は，へび座のしっぽと，わし座のしっぽにはさまれている．

天の川のもっとも明るいかたまりのひとつだから，たて座の星列がわからなくても，いて座の上をみるとけんとうがつく．

🔴 **ヘルクレス座**は，へびつかい座の頭のすぐとなりに，ヘルクレスの頭（3等星）をみつけ，さらにあおぐとH字形の星列がからだをあらわしている．逆立ちしたヘルクレスの足は北の空にあるが，片ひざをたてた足の下に**りゅう座**の頭（4辺形）がある．リュウは**こぐま座**の上でひとひねりして**おおぐま座**と**こぐま座**の間にしっぽをもぐりこませる．

🔴 **や座，いるか座，こぎつね座**はいずれも夏の大三角から見当をつければかんたんにみつかる．ただし，こぎつね座は目だつ星がないので，あのあたりかなと見当をつけるだけ．

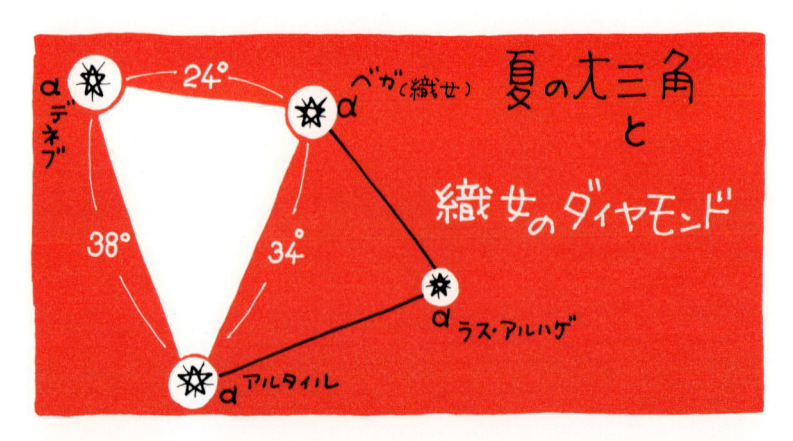

夏の大三角と織女のダイヤモンド

α デネブ — 24° — α ベガ(織女)
38°　34°
α アルタイル　α ラス・アルハゲ

夏のよい空

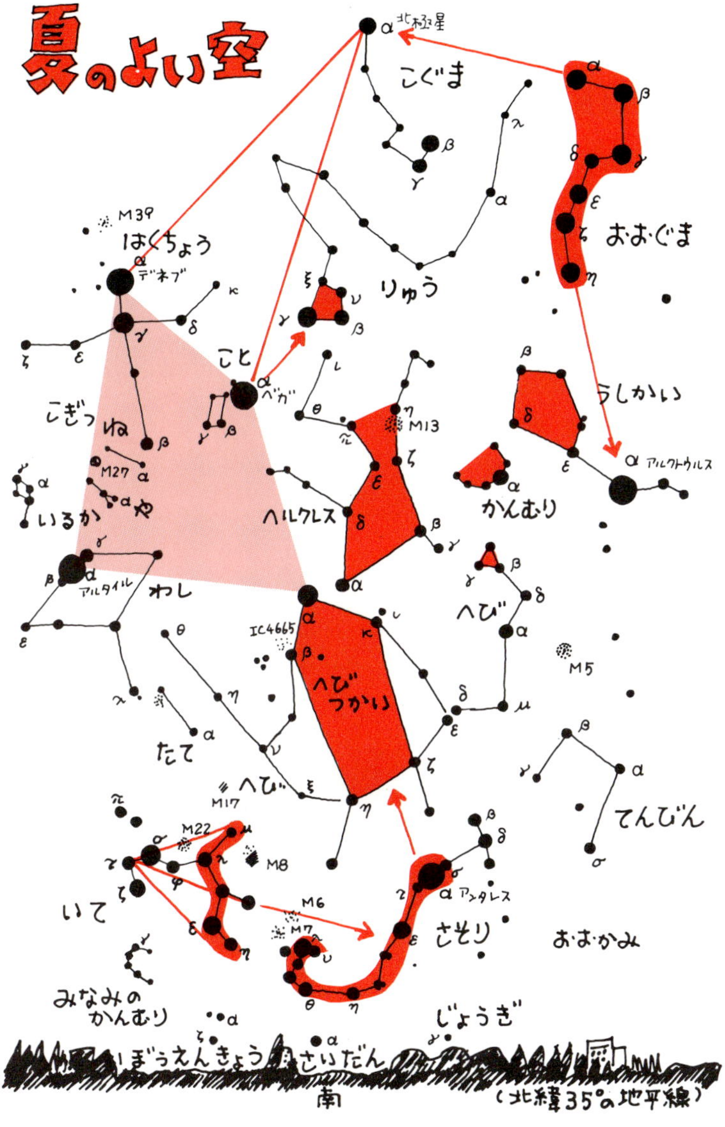
北極星
こぐま
おおぐま
りゅう
はくちょう
デネブ
M39
こと
ベガ
こぎつね
M27
いるか
や
わし
アルタイル
ヘルクレス
M13
かんむり
うしかい
アルクトゥルス
へび
M5
IC4665
へびつかい
たて
へび
M17
M22
M8
M6
M7
いて
さそり
アンタレス
てんびん
おおかみ
みなみのかんむり
じょうぎ
ぼうえんきょう
さいだん
南
(北緯35°の地平線)

1 てんびん座 (日本名)
LIBRA (学名) リブラ

てんびん座のみりょく

　春のおとめ座と夏のさそり座にはさまれた，ほんのすこしの空白にてんびん座がある．

　めだたないが，裏がえしの"くの字"形に並んだ $β—α—σ$ が目じるしだ．春と夏のかわりめにある小さな小さな休止符である．

　ひと息ついて梅雨の幕が上がるころ，出そろった夏の星座達のにぎやかな交響曲が聞こえはじめる．

　てんびん座は夏の夜の演奏者達を先導するかわいいコンダクターでもある．

　昔，秋分の太陽はこのてんびん座で輝いた．おそらく，秋分の日の昼夜のつりあいを天秤で象徴したのだろう．

　その意味では，黄道12星座の中でも，特に由緒ある星座のひとつといえるのだが，いまでは，地球の首振り運動のせいで，秋分点はおとめ座に移り，地位も名誉も失ってしまった．

　閑職についた今，てんびん座の役割りは，季節の休止符がもっともふさわしい．

　いつかある日，ビバルディの協奏曲「四季」を聞くことがあったら，目をつむって星空の季節変化をダブラせてみてほしい．

　この風変りな名曲鑑賞法，けっこう楽しめるはず．もちろん，てんびん座は，1番（春）から2番（夏）に移るときの短い空白にあらわれる休止符．

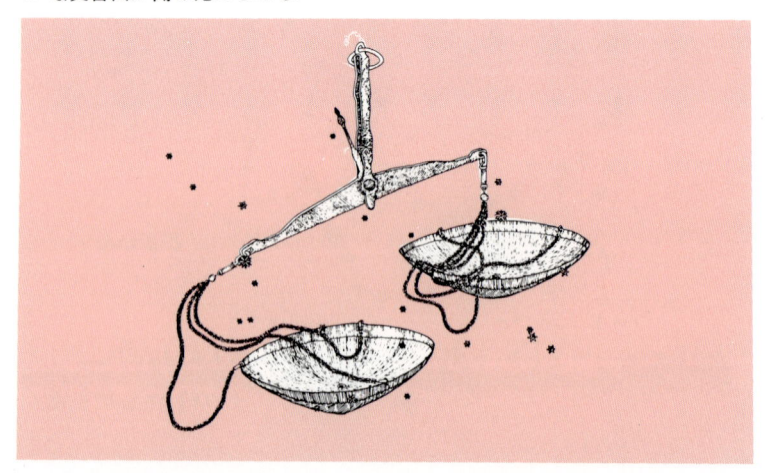

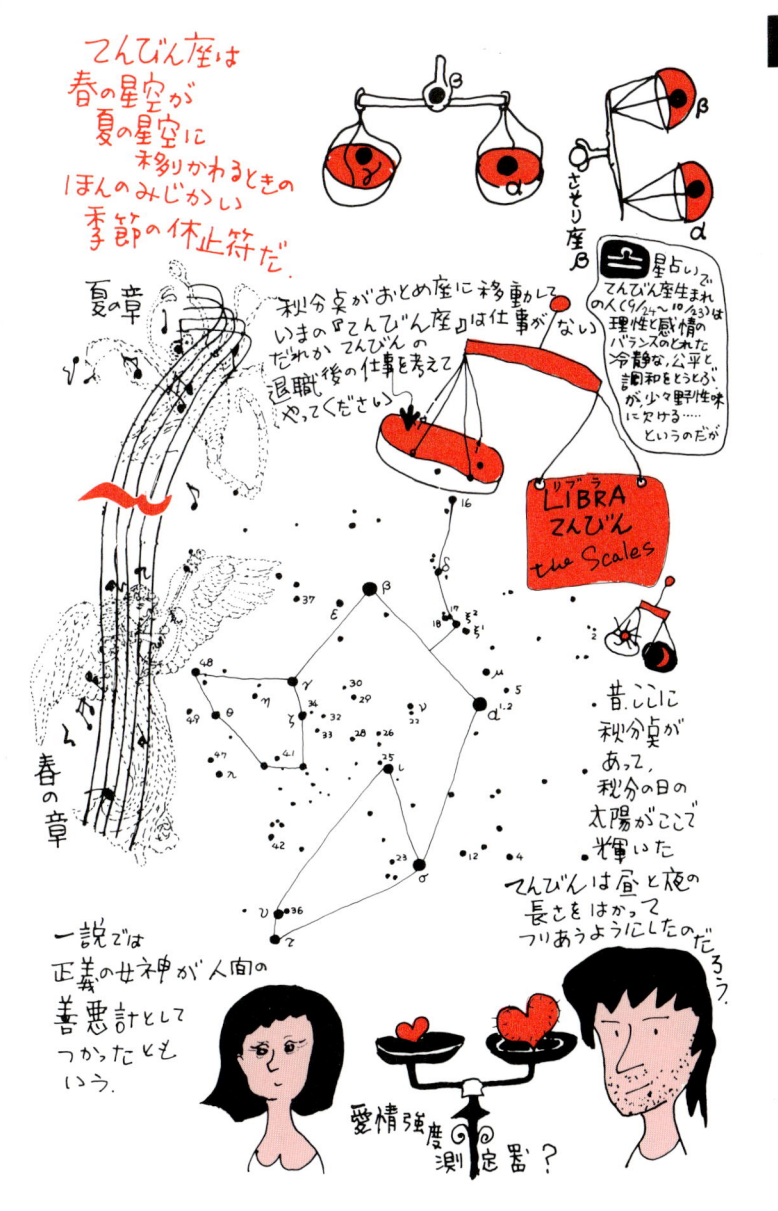

てんびん座は
春の星空が
夏の星空に
　移りかわるときの
ほんのみじかい
　季節の休止符だ.

さそり座β

夏の章

秋分点がおとめ座に移動して
いまの『てんびん座』は仕事が（ない）
だれかてんびんの
退職後の仕事を考えて
やってください

星占いで
てんびん座生まれ
の人(9/23〜10/23)は
理性と感情の
バランスのとれた
冷静な,公平と
調和をとうとぶ
が少々野性味
に欠ける……
というのだが

LIBRA
てんびん
the Scales

春の章

昔,ここに
秋分点が
あって,
秋分の日の
太陽がここで
輝いた

てんびんは昼と夜の
長さをはかって
ツリあうようにしたのだろう.

一説では
正義の女神が人間の
善悪計として
つかったとも
いう.

愛情強度測定器?

てんびん座の星々

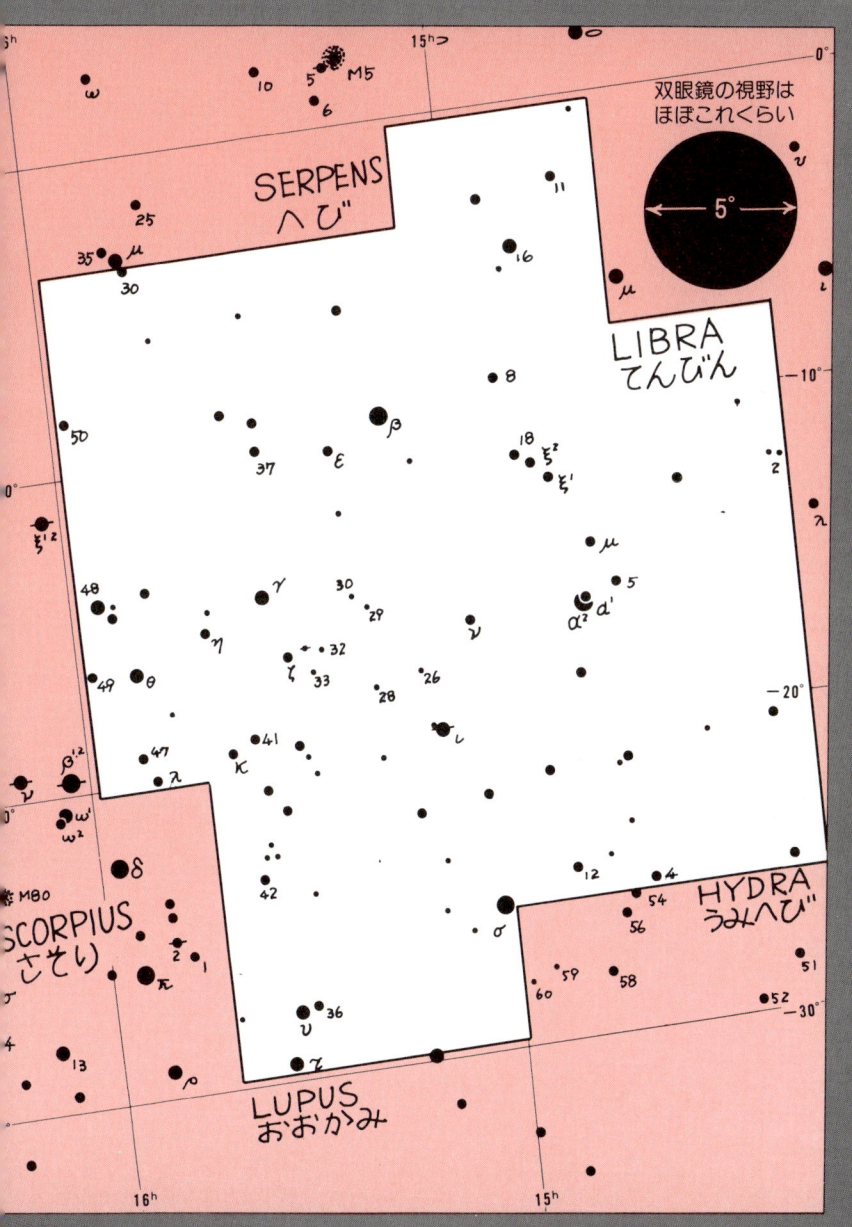

てんびん座の星図

てんびん座のみつけかた

さそり座のアンタレスと、おとめ座のスピカにはさまれたあたりに、注意ぶかく目をこらすと、裏がえしになった"くの字"がみつかる.

α, β ですらめだたない3等星だから、南中時をねらうといい.

さそり座のα（1.2等）、てんびん座のα（2.9等）、おとめ座のα（1.2等）と、三つの主星が横に並ぶが、てんびん座のαは、両親と手をつないで、まん中でぶらさがる"子ども星"といったかんじ.

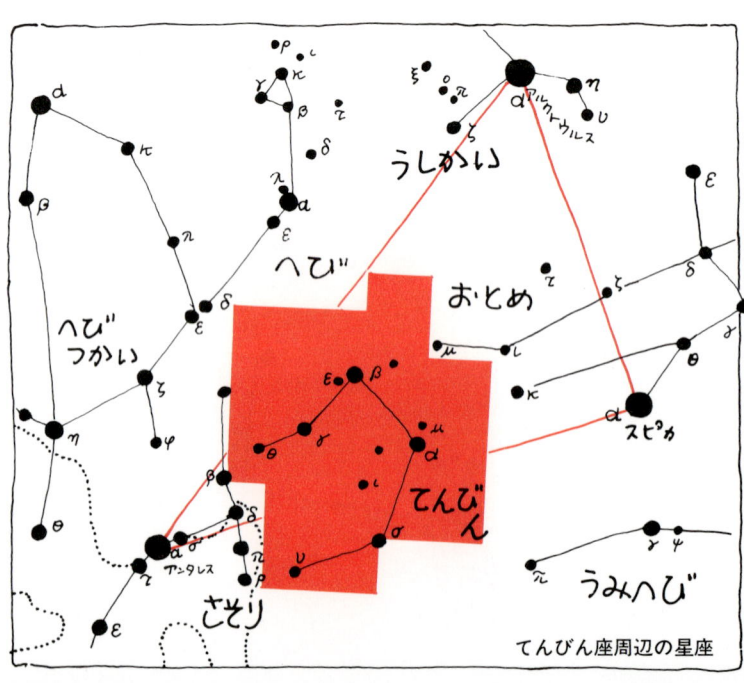

てんびん座の日周運動

東　南　西

てんびん座周辺の星座

てんびん座を見るには(表対照)

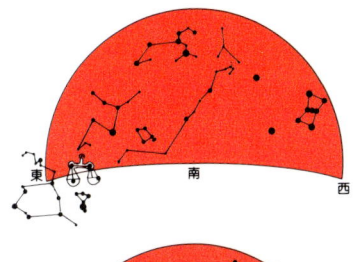

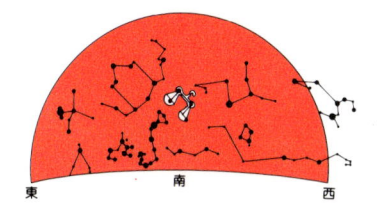

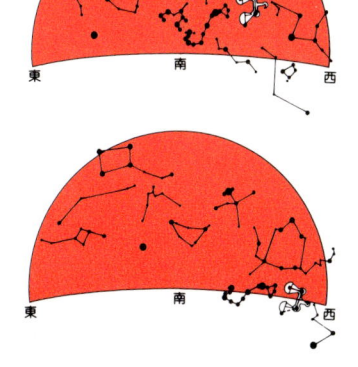

1月1日ごろ	2時	7月1日ごろ	14時
2月1日ごろ	0時	8月1日ごろ	12時
3月1日ごろ	22時	9月1日ごろ	10時
4月1日ごろ	20時	10月1日ごろ	8時
5月1日ごろ	18時	11月1日ごろ	6時
6月1日ごろ	16時	12月1日ごろ	4時

■は夜, ▨は薄明, □は昼.

1月1日ごろ	5時	7月1日ごろ	17時
2月1日ごろ	3時	8月1日ごろ	15時
3月1日ごろ	1時	9月1日ごろ	13時
4月1日ごろ	23時	10月1日ごろ	11時
5月1日ごろ	21時	11月1日ごろ	9時
6月1日ごろ	19時	12月1日ごろ	7時

1月1日ごろ	8時	7月1日ごろ	20時
2月1日ごろ	6時	8月1日ごろ	18時
3月1日ごろ	4時	9月1日ごろ	16時
4月1日ごろ	2時	10月1日ごろ	14時
5月1日ごろ	0時	11月1日ごろ	12時
6月1日ごろ	22時	12月1日ごろ	10時

1月1日ごろ	11時	7月1日ごろ	23時
2月1日ごろ	9時	8月1日ごろ	21時
3月1日ごろ	7時	9月1日ごろ	19時
4月1日ごろ	5時	10月1日ごろ	17時
5月1日ごろ	3時	11月1日ごろ	15時
6月1日ごろ	1時	12月1日ごろ	13時

1月1日ごろ	14時	7月1日ごろ	2時
2月1日ごろ	12時	8月1日ごろ	0時
3月1日ごろ	10時	9月1日ごろ	22時
4月1日ごろ	8時	10月1日ごろ	20時
5月1日ごろ	6時	11月1日ごろ	18時
6月1日ごろ	4時	12月1日ごろ	16時

東経137°, 北緯35°

てんびん座の歴史

てんびん座は、アラトスの星座詩(270 B.C.)にみられる古代ギリシャの星座ではさそり座の一部であった。

その後、サソリのはさみをもぎとって天秤がわりこみ、ローマ時代に独立したらしい。

おそらく、紀元前2000年から1000年にかけて、秋分点がこのあたりにあって、ここを通る太陽が昼夜を平分していたことに関連して生まれたのだろう。

紀元前150年ごろ、ヒッパルコスが、春分点や秋分点がすこしずつ西から東へ移動する歳差現象を発見したこととも関連がありそうだ。

しかし、昼夜平分を象徴した、てんびん座の生まれと育ちに、若干の疑問がないわけではない。

紀元前3000年のバビロニアの星座にも天秤が登場していたからだ。

その当時の秋分点は、サソリのは

アピアン星図の「てんびん座」

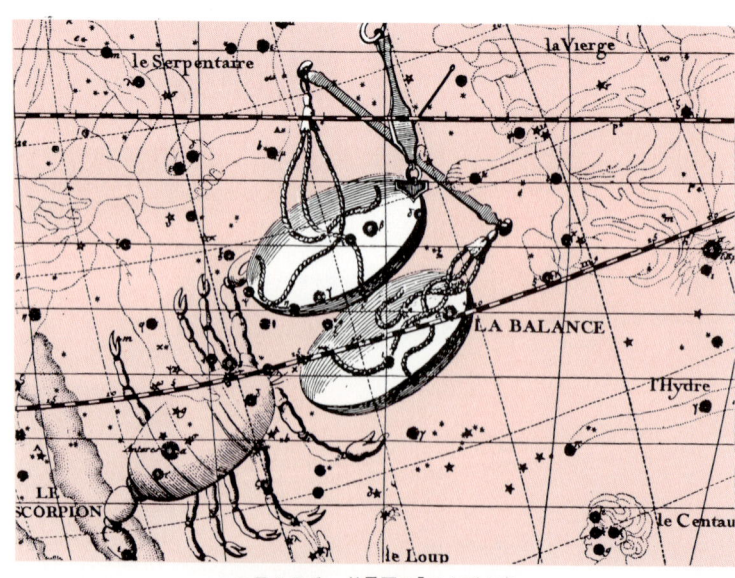

フラムスチード星図の「てんびん座」

さみ付近ではなく，心臓のアンタレスの上にあったはずだし，当時，おとめ座のかわりに麦の穂がえがかれていたこととの関係を考えると，天秤座の前身は，収穫を運ぶ農具ではなかったかともおもえる．

　エジプトのツタンカーメン王の墓から，殉死者の身がわり人形や，道具の模型がたくさんでたが，そのなかにも天秤棒とかごの模型がみられる．

　もうひとつおもしろいのは，エジプトの死の天秤のはなしだ．

　デンデラーで発見された円形星座図にも，はっきり独立した天秤がみられる．

　ところがこれをえがいたエジプト人にとっての天秤は，収穫を運ぶ農具ではなかったようにも思われる．つまり，この天秤は死者を裁く死の天秤ではなかったかと……．

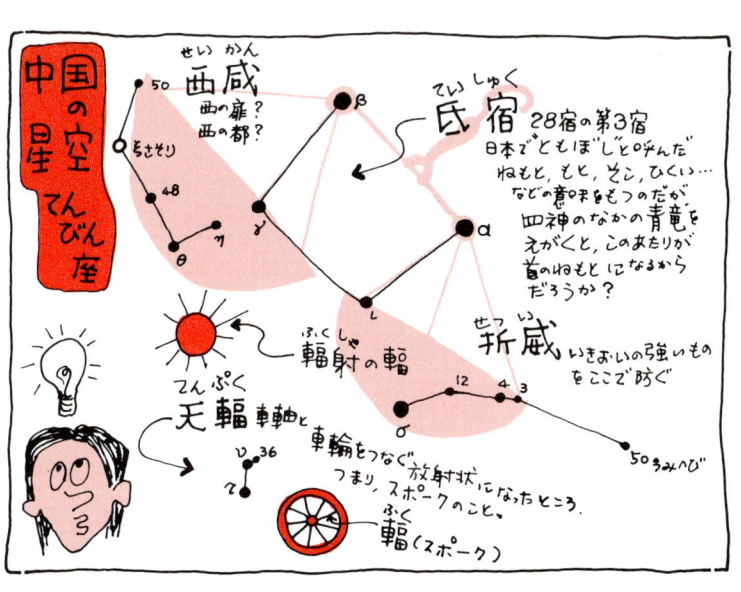

おとめ座の体重計か？

「やじろべえ星」

中国の星空 てんびん座

西咸（せいかん）西の扉？西の都？

さそり

氐宿（ていしゅく）28宿の第3宿　日本で"ともぼし"と呼んだ　ねもと，もと，そこ，ひくい…などの意味をもつのだが　四神のなかの青竜をえがくと，このあたりが首のねもとになるからだろうか？

輻射の輻（ふくしゃのふく）

折威（せつい）いきおいの強いものをここで防ぐ

天輻（てんぷく）軸と車輪をつなぐ放射状になったところ．つまり，スポークのこと．

うみへび

輻（スポーク）

てんびん座の星と名前

* α アルファ
ズベン・エル・ゲヌビ
（南の爪）

　この呼名は，昔，さそり座のγ星であったころの名ごりだ．

　天秤になった今では，別名のキファ・アウストラリス（南のかご），のほうがふさわしい．

< 2.9等　A3型 >

* β ベータ
ズベン・エス・カマリ
（北の爪）

　別名はキファ・ボレアリス（北のかご）．

　この星のグリーンの輝きが美しいと表現する人もある．B8型の高温星だから，一般的な表現をすると，青白い輝きということになるが，絵の具でぬった色とちがうので，みる人の心理状態や，感受性の差によって感じ方はいろいろ．

　星の色はひとつだけ眺めたときには気がつかないが，温度のちがう星と見くらべて，はじめてはっきり感じられるものだ．そして，もうひとつ，2等星以下の暗い星は色が感じられないので，双眼鏡をつかって明るくみたほうがはっきりする．

　さて，あなたの豊かな表現力をもってすると，この星は何色に輝いているだろうか．

< 2.7等　B8型 >

* γ ガンマ，σ シグマ
ズベン・エル・ハクラビ
（カニの爪）

　σは，さそり座のγをもぎとったもので，現在さそり座にはγ星がない．

　元来この名前は，てんびん座のγでなく，さそり座のγにつけられた名前だから，σの呼名とするべきかもしれないが堅いことはいうまい．てんびん座の星になってしまった今，σ星は肩身のせまい思いをしているにちがいない．

< γ 4.0等　G6型 >
< σ 3.4等　M4型 >

* α-β-γ の ∧の字

　この三星を結んで，両手をひろげてバランスをとるヤジロベエ式の天秤を想像するか，αとβをてんびん棒にみたて，ιとγにそれぞれ大きな皿を想像するか，ここに天秤をえがく手はこれ以外は考えられない．

　ところで，爪をなくしたさそり座は大打撃である．迫力半減で，サソリはひとまわり小さくなった．

しっぽのきれた
ガンギエイ
（インドネシヤ）

てんびん座の見どころガイド

＊ $\alpha^1 - \alpha^2$ は肉眼二重星

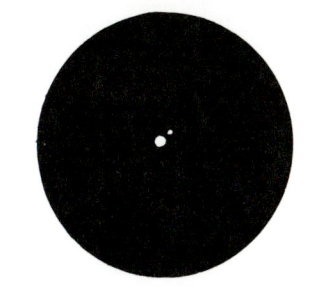

α^1 は 5.3 等星, α^2 は 2.9 等星. 230″ ほどはなれて並んでいるので肉眼で認められるはずだ.

双眼鏡でみると F4型と A3型の色のちがいが美しい.

薄い黄色と明るいグレイという表現は, あなたの目にはどううつるだろうか.

∠$\alpha^1 - \alpha^2$　5.3等 - 2.9等
F4型 - A3型　角距離 230″

じょうぎ座 (日本名)
NORMA (学名)
the Square (英名)

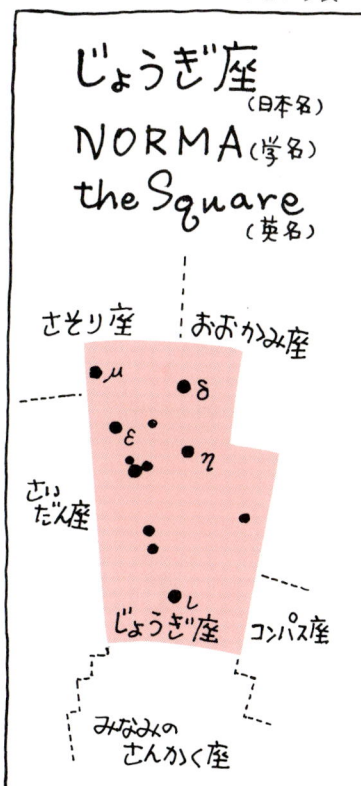

さそり座　おおかみ座
μ　δ
ε　η
さいだん座
じょうぎ座　コンパス座
みなみのさんかく座

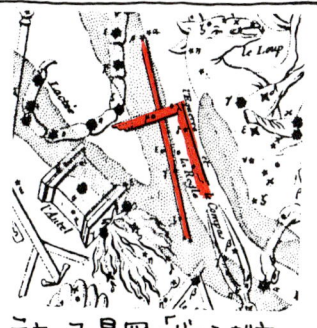

ラカーユ星図の「じょうぎ座」

さそり座の心ぞうの下 (南) の銀河の中に, 半分だけ頭を出しているのが "じょうぎ座" である. といってもめぼしい星があるわけでもないので, じょうぎ座がみえる夜はめったにない.

フランスのラカーユが1763年に新設した南天星座のひとつで, 直角定規とまっすぐな定規がかさねてえがかれている.

この付近には, みなみのさんかく座, コンパス座もあって, 数学ぎらいの人には, 拒否反応としてジンマシンがでそうな星空である.

てんびん座の伝説

●正義の女神アストライア

　星になった天秤は、正義の女神ディケ Dike が、人の正邪をはかる計量器としてつかったものだ.

　ディケは人間の世界に住み、人の正義を守ることにつとめた.

　天秤をつかって、常に善悪の判断をあやまらない名裁判官であった.

　争う二人を女神の天秤にかけるとアラふしぎ、悪人の皿が軽くなってあがってしまう.

　しかし、金の時代から、銀、青銅の時代と下るにしたがって、人間はだんだん悪くなった.

　悪は、質量共に栄え、ついに武器を手にして戦争という集団の悪事を働くようになった.

　女神は堕落して手に負えなくなった人間共を見捨て、天に昇って星になった（おとめ座）. もちろん、天秤も彼女の足もとで星になった.

　以来、人間は正邪の判断の基準を失い、強いものが自分に都合のいい

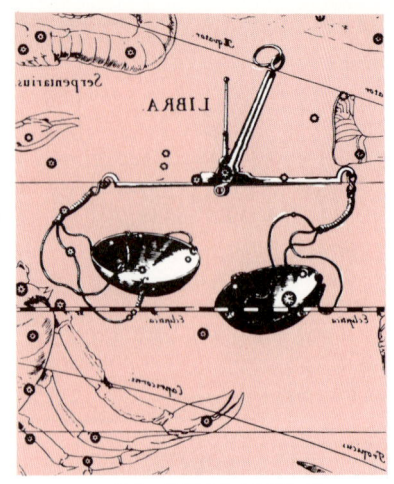

ヘベリウス星図の「てんびん座」

ようにきめた、かってな判断に従って生きなければならなくなった.

　星になった正義の女神には、アストライア Astraia（星乙女）という呼名もある.

＊

　ところで、女神の足もとで星になった天秤は、いま何を計量しているのだろうか.

　ひょっとすると、手もちぶさたで少々ふとり気味の女神が、気になる体重管理につかっているのかもしれない.

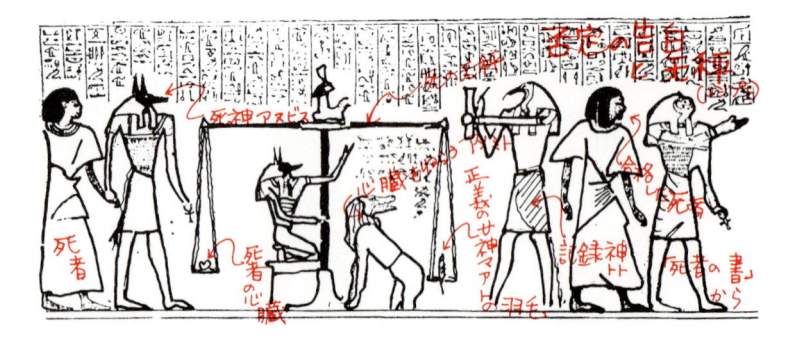

●死のてんびん

古代エジプト人は、死後の世界を信じ、再びこの世に帰ったときのために、からだをミイラにして残そうとした。

死者は、山犬の姿をした死の神アヌビスの前で、死の審判をうけなければいけない。なんと、その裁判に天秤がつかわれた。

死者は、まず自分の心臓をさしだしてから、神々の前で否定の告白をする。

「私は人を殺したことはない」
「私は神をうたがわなかった」
「……」と、36の告白をしたあとで、生前のおこないが正義であったかどうか、その真偽が天秤にかけられるわけだ。

天秤の中央に正義の神マアトがいて、右の皿に神の象徴である羽毛がのり、左の皿に死者の心臓がのせられる。

告白にうそがあると、心臓がだんだん軽くなって、やがて左の皿が上にあがってしまう。

判決が黒ときまると、たちまち恐しいアメミットという怪獣が、心臓に襲いかかって食べてしまう。

判決は、計量をみまもる42の神々によってくだされる。

無事、潔白が証明されたものは、幸せな来世にふたたび復活することがゆるされるという。（エジプト）

＊

この死の天秤は、ギリシャ神話の正義の女神ディケ（おとめ座）の天秤と共通点がみられる。

日本人は42という数字をシニ（死に）と読めるからといって忌みきらうが、エジプトの死の審判神が42神であることと、偶然とはいえ一致しているのがおもしろい。

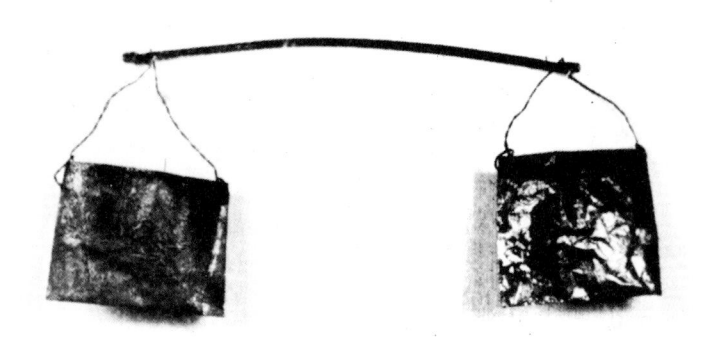

ツタンカーメン墓からほりだされた天秤の模型。死後の世界で殉死者たちがつかう農具としてつくられたものだろう。

さそり座 (日本名)
SCORPIUS (学名)
スコルピウス

さそり座の みりょく

サソリは、むし暑い夏がうれしくてたまらないといったふうに、南の空で立ちあがる.

しかし、サソリの季節は短い. 威勢のいいのは、7月なかばから、8月いっぱいまでだ. 9月のサソリはもう南西の空でデレッとよこになってしまう.

さそり座はまさに夏の星座だ.

さそり座のチャームポイントは、胸に輝くアンタレスと、Sの字形の星列である.

Sは、学名スコルピウス Scorpius のSであり、Sasori のS、そして、Summer のSでもある. この曲線の特に下半身がすばらしい. ピンとはねあげたしっぽの曲線が、なんと魅惑的なことだろうか. それはマリリンモンローのヒップに匹敵する.

いかにも毒虫らしい、アンタレスの不気味な赤い輝きにも、怪しげな魅力がある.

59

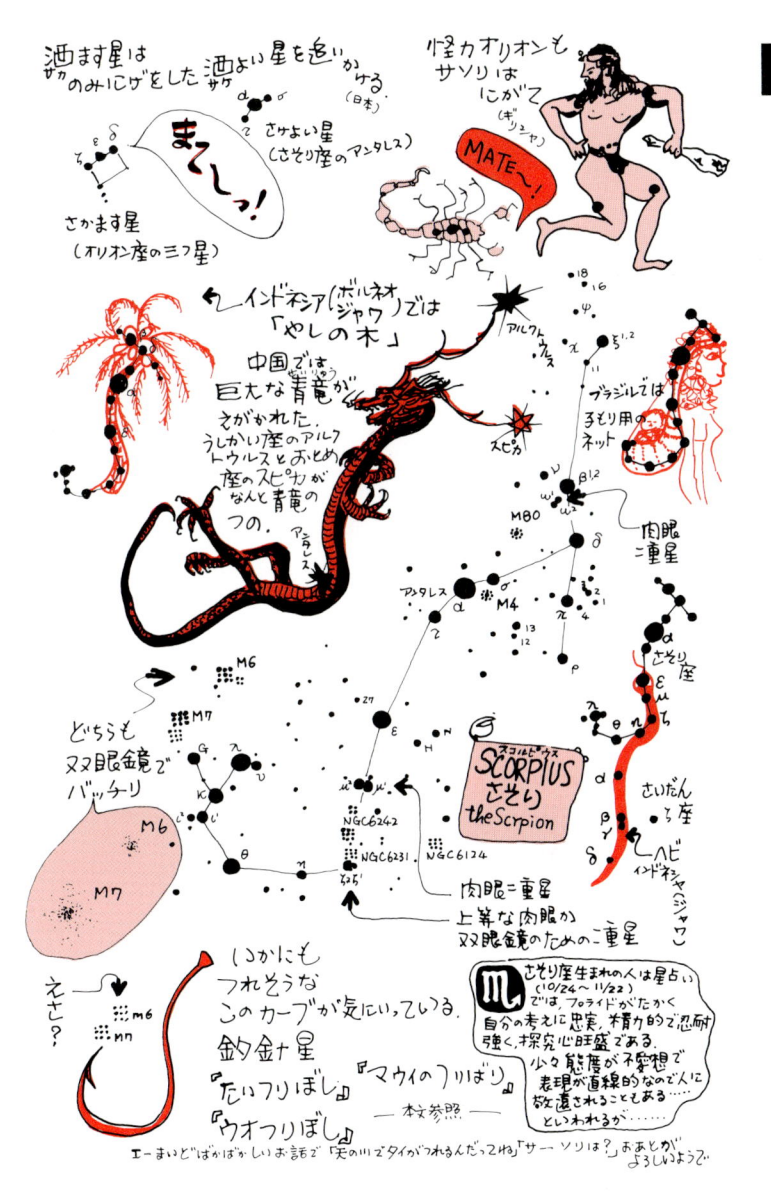

酒ます星は サソリのみにげをした酒よい星を追いかける (日本)

まてぇっ！

さよい星 (さそり座のアンタレス)

さかます星 (オリオン座の三ツ星)

怪力オリオンも サソリは にがて (ギリシャ)

MATE〜!

インドネシア(ボルネオ・ジャワ)では「やしの木」

中国では巨大な青竜がえがかれた。うしかい座のアルクトゥルスとおとめ座のスピカがなんと青竜のツノ。

ブラジルでは 子もり用の ネット

アルクトゥルス
スピカ

M80
肉眼二重星

アンタレス M4
さそり座

SCORPIUS
さそり
the Scorpion

さいだん座

ヘビ (インドネシア・ジャワ)

どちらも 双眼鏡で バッチリ

M6
M7

NGC6242
NGC6231 NGC6124

肉眼二重星
上等な肉眼か 双眼鏡のための二重星

えーと？
M6
M7

いかにも つれそうな このカーブが 気にいっている。
釣針星
『たいつりぼし』 『マウイのつりばり』 『ウオつりぼし』
—本文参照

さそり座生まれの人は星占い (10/24〜11/22) では、プライドがたかく自分の考えに忠実、精力的で忍耐強く、探究心旺盛である。少々態度が不愛想で老眼が直線的なので人に敬遠されることもある。といわれるが……

エーまいど、ばかばかしいお話で「天の川でタイがつれるんだってね」「サーソリは？」「ああとがよろしいようで」

さそり座の星々

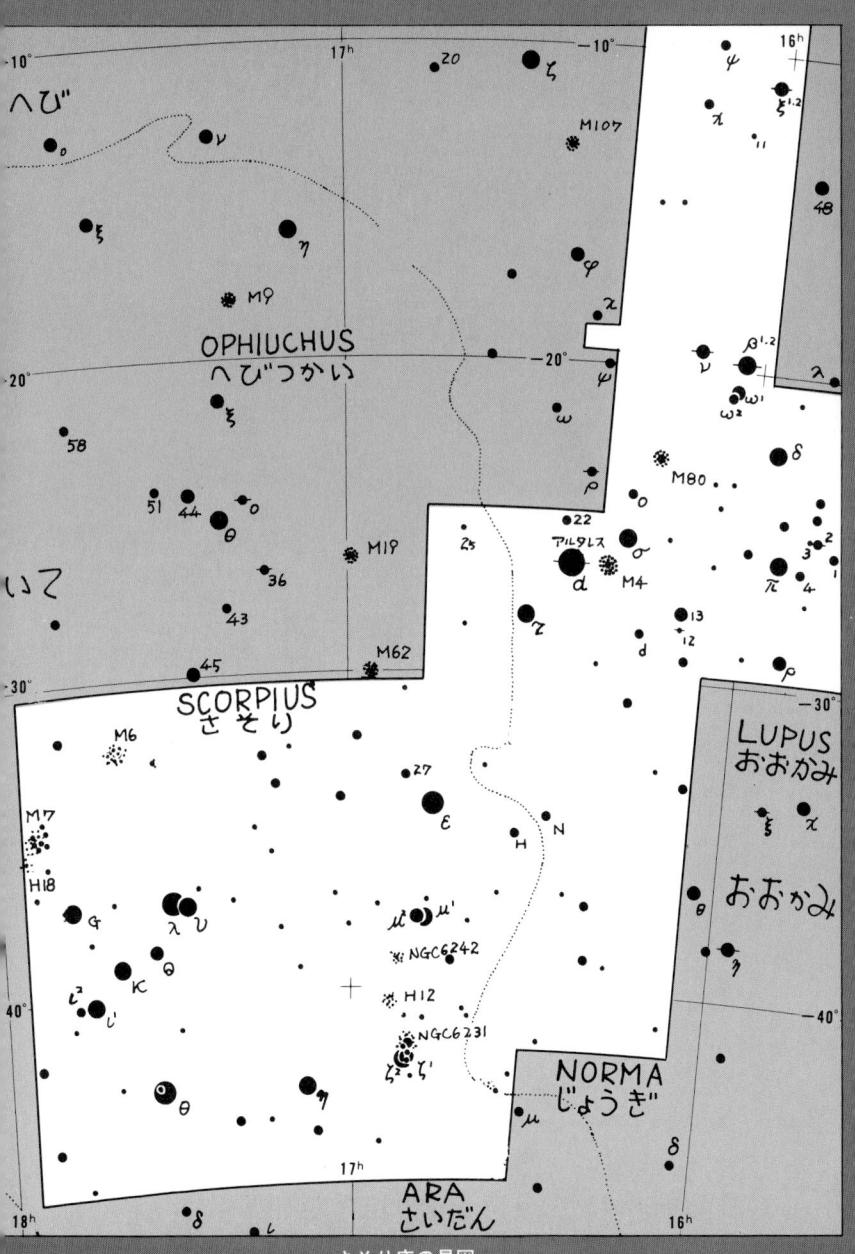

さそり座の星図

さそり座の みつけかた

さそり座をさがすことはとてもやさしい.

ひときわ赤くて明るいアンタレスと,あの星列の魅力的なカーブさえみのがさなければ大丈夫.

ただし,南の地平線上ひくくあらわれるので,南中するときにみつけるのがコツ.

7～8月の宵空なら,南の空でもっとも明るい星は,アンタレスか,そうでなければ惑星にちがいない.

アンタレスは,左右の τ, σ と結んでできるへの字形の星列がめじるしとなる.

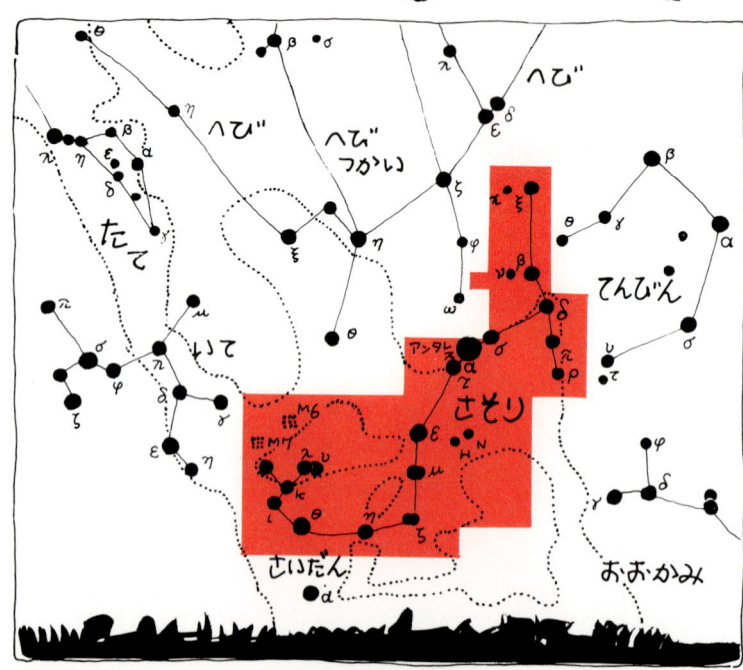

さそり座の日周運動

東　　　南　　　西

さそり座周辺の星座

さそり座を見るには（表対照）

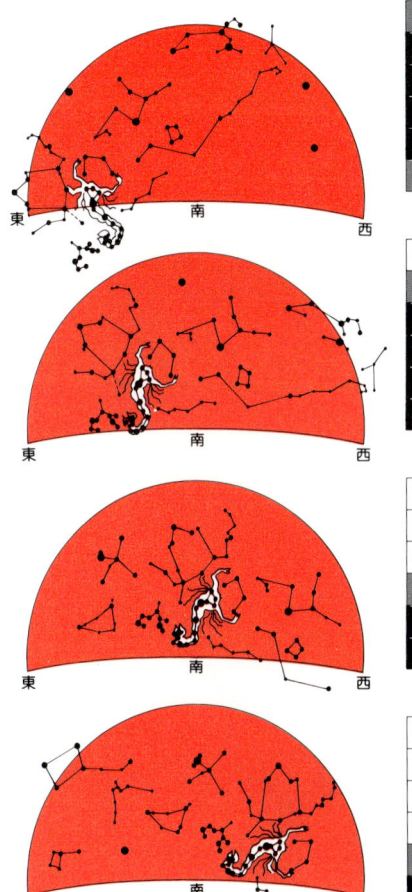

1月1日ごろ	5時	7月1日ごろ	17時
2月1日ごろ	3時	8月1日ごろ	15時
3月1日ごろ	1時	9月1日ごろ	13時
4月1日ごろ	23時	10月1日ごろ	11時
5月1日ごろ	21時	11月1日ごろ	9時
6月1日ごろ	19時	12月1日ごろ	7時

■は夜，▨は薄明，□は昼．

1月1日ごろ	7時30分	7月1日ごろ	19時30分
2月1日ごろ	5時30分	8月1日ごろ	17時30分
3月1日ごろ	3時30分	9月1日ごろ	15時30分
4月1日ごろ	1時30分	10月1日ごろ	13時30分
5月1日ごろ	23時30分	11月1日ごろ	11時30分
6月1日ごろ	21時30分	12月1日ごろ	9時30分

1月1日ごろ	10時	7月1日ごろ	22時
2月1日ごろ	8時	8月1日ごろ	20時
3月1日ごろ	6時	9月1日ごろ	18時
4月1日ごろ	4時	10月1日ごろ	16時
5月1日ごろ	2時	11月1日ごろ	14時
6月1日ごろ	0時	12月1日ごろ	12時

1月1日ごろ	12時30分	7月1日ごろ	0時30分
2月1日ごろ	10時30分	8月1日ごろ	22時30分
3月1日ごろ	8時30分	9月1日ごろ	20時30分
4月1日ごろ	6時30分	10月1日ごろ	18時30分
5月1日ごろ	4時30分	11月1日ごろ	16時30分
6月1日ごろ	2時30分	12月1日ごろ	14時30分

1月1日ごろ	15時	7月1日ごろ	3時
2月1日ごろ	13時	8月1日ごろ	1時
3月1日ごろ	11時	9月1日ごろ	23時
4月1日ごろ	9時	10月1日ごろ	21時
5月1日ごろ	7時	11月1日ごろ	19時
6月1日ごろ	5時	12月1日ごろ	17時

東経137°，北緯35°

さそり座の歴史

さそり座はもっとも古い星座のひとつだ．星座誕生の地バビロニアでサソリは無視できない生きものであっただろうし，あのみごとな星列をみのがすことはなかったろう．

黄道星座なので，占星術でもかなり重要な地位を占めた星座らしい．

自分の何十倍も大きい敵を一撃で倒してしまう．この強さに，生命力を感じてあこがれたのだろう．

プトレマイオス48星座のひとつ．

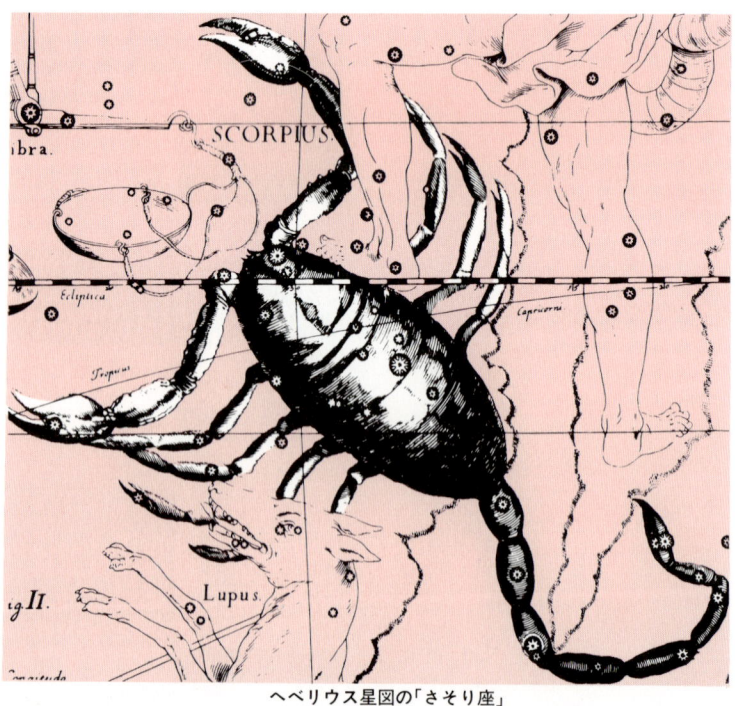

シッカルド星図のさそり座

ヘベリウス星図の「さそり座」

いまから三千年以上も昔、古代バビロニア時代の境界石に、すでに黄道星座の原形がみられる

さそり座の星と名前

＊α アルファ
アンタレス（火星の敵）

さそり座の主星というより，夏の星空の主星といいたい，見のがせない1等星．

アンタレスは，アンチ・アレスがつまったもので，アンチ火星という意味だ．

M1型の赤味を帯びた輝きが，火星に似ているからで，火星がこの星の近くをとおるときは，まさに宿敵の対決といった感じになる．

サソリの胸で輝くので，"コル・スコルピイ（サソリの心臓）"という呼名もまたふさわしい．

ところが，"いかにも毒虫の心臓らしく不気味な赤"という表現はいささかまずい．生物にくわしい人からクレームがつくからだ．

クモガタ類のサソリの血は赤くはなく青，強いてサソリの一部とみるのなら，不気味に赤いサソリの目とすべきだ，ということになる．

しかし，それでは"さがり目"すぎて，寸足らずのサソリになるし，片目では迫力にも欠ける．やはり，アンタレスはサソリの心臓がふさわしい．

赤い星の呼名は日本にも多い．

ずばり"あか星"，そして"酒酔い星"，"豊年星"は収穫の神さまが豊年の祝い酒で顔を赤くするからか，収穫物が重いせいだろう．

現代っ子たちは得意のジョークで"うめぼし"と呼ぶ．この梅干，太陽の直径の230倍もあろうという巨大な梅干で，夏の夜空全体がすっぱくなりそうだ．

中国では"火"，"大火"そして，夏の終りを「大火西にくだる頃」と，しゃれた表現をした．

大火西にくだる頃，西遊記の三蔵法師の一行は流沙河にさしかかるのである．

西にかたむいたアンタレスの赤い輝きは，いかにも秋らしく，さびし

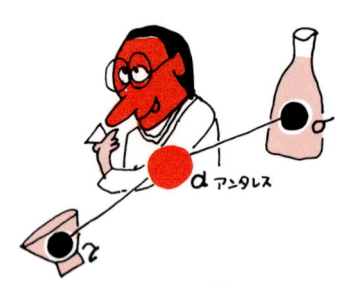

「酒よい星」

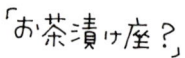

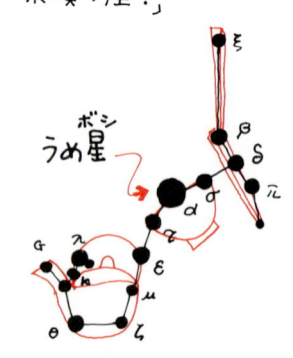

「お茶漬け座？」

うめ星

げにみえるから妙だ．
< 1.2等　M1型 >

*β ベータ
アクラブ（サソリ）

　サソリの左眼に輝くが，口径5cmクラスの小望遠鏡でみると13″ほどはなれて2.9等星（β¹）と，5.1等星（β²）が並んでいる二重星．
< 2.8等　B1型／B3型 >

*γ ガンマ
ブラキウム（腕）

　実はこの星，いまはさそり座の星ではない．
　かつてのγ星は，サソリのはさみ（爪）をささえる腕であったが，てんびん座をつくるとき，天秤の一方の皿をあらわすσ星になったと考えられる．

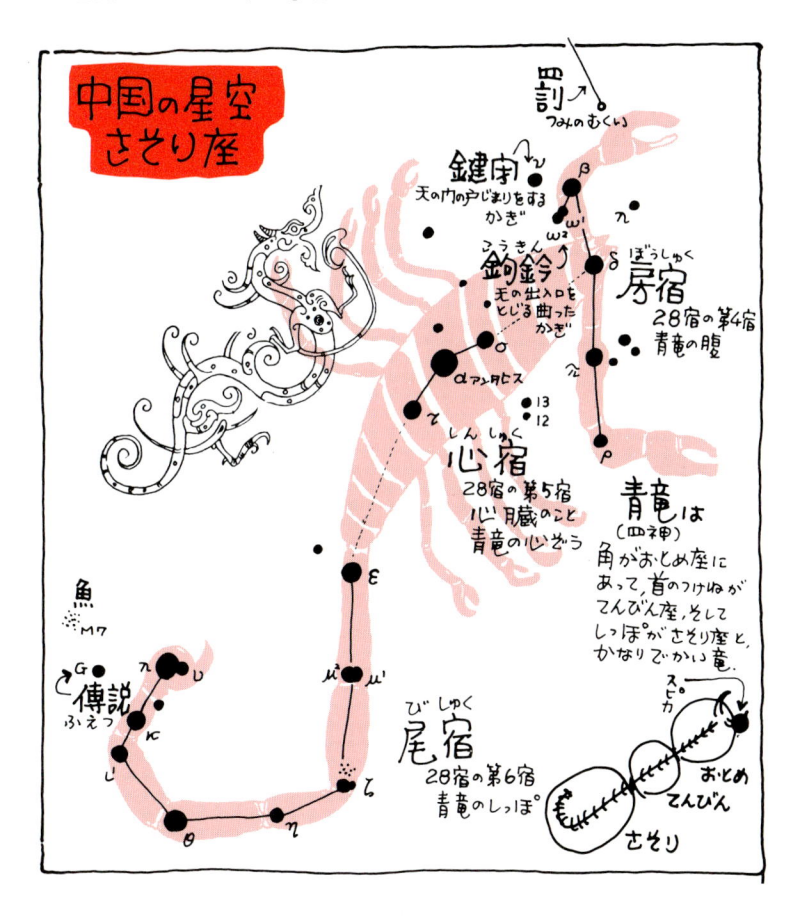

67

中国の星空　さそり座

罰　つみのむくい

鍵宿
天の内の戸じまりをするかぎ

鈎鈐（こうきん）
天の出入口をとじる曲ったかぎ

房宿
28宿の第4宿
青竜の腹

αアンタレス

13
12

心宿
28宿の第5宿
心臓のこと
青竜の心ぞう

青竜は（四神）
角がおとめ座にあって，首のつけねがてんびん座，そしてしっぽがさそり座と，かなりでかい竜．

魚 M7

傳説
ふえつ

尾宿
28宿の第6宿
青竜のしっぽ

スピカ
おとめ
てんびん
さそり

✱δ デルタ
ジュバ (ひたい)

β星とπ星を左目と右目にみたてると，まん中のδ星はその名のとおりひたいに輝く．

< 2.5等　B0型 >

✱λ ラムダ
シャウラ (どく針)

✱υ ウプシロン
レサト (針)

サソリのしっぽの先にならぶλ星とυ星は，だれがみてもサソリのどく針である．

仲よく並んだようすから，"兄弟星"とか，"五郎十郎星"，"ネコの目"，"カニの目"と，ふたご座のα，β星と同じ呼名もある．

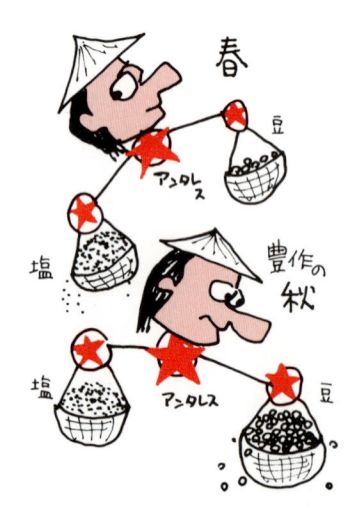

< 1.7等　B2型 >
< 2.8等　B3型 >

✱τ-α-σ
かごかつぎ星

アンタレスを中心に"への字"に並んだ形（さそり三星）から，日本にいくつかの呼名がある．

τ星は2.9等，σ星は3.1等．

"かごかつぎ星"，"荷かつぎ星"は中心のアンタレスが，てんびん棒をかつぐ姿を想像したものだ．

同じ意味で"あきんど（商人）星""サバうり星"，"塩うり星"もおもしろい．

東のかご（τ）に塩，西のかご（σ）に豆が入っていて，夏のはじめは塩のかごが重くてさがるが，秋の収穫時をむかえると，豆のかごが重くなって，傾きは逆になるというのだ．さそり三星の傾きの季節変化をうまく表現している．

"親にない星"は，孝行息子が両親をかごにのせて，美しい天の川見物につれてきたのだろう．

てんびん棒の曲がりぐあいから，この両親かなり重いことがうかがえる．息子（アンタレス）は，顔をまっかにして頑張っている．

中国では"心宿"と呼び，ここに"熒惑（けいこく）星＝火星"がやってくることを，不吉なまえぶれとして恐れた．

赤い火星をわざわいの星とみるのは，東も西もかわらないようだ．

ところで，さそり三星のへの字形は，西どなりのてんびん座の三星よりてんびんらしい．

いまから5000年ほど昔（紀元前3000年頃），ここに秋分の太陽が輝いていた．昼夜平分を表現したてんびん座の起源は，ひょっとするとサソリ三星であったのかもしれない．

*$\mu^1 \mu^2$ ミュー ——
すもとり星（相撲取り）

くっつくように並んだ二つが，競ってまたたくようすは，まるで二人の子どもがとっくみ合いをしているようにみえる．

そのほか，"けんか星"，"ほたる星"，"米つき星"，"きゃふばい星"などいくつかあるが，いずれも二つが交互に輝くようすから生まれた呼名なのだ．

したがって，この呼名は，よく似た $\omega^1 \omega^2$ や $\zeta^1 \zeta^2$，すこし離れているが λ, υ などの呼名と，混用していたとも考えられる．

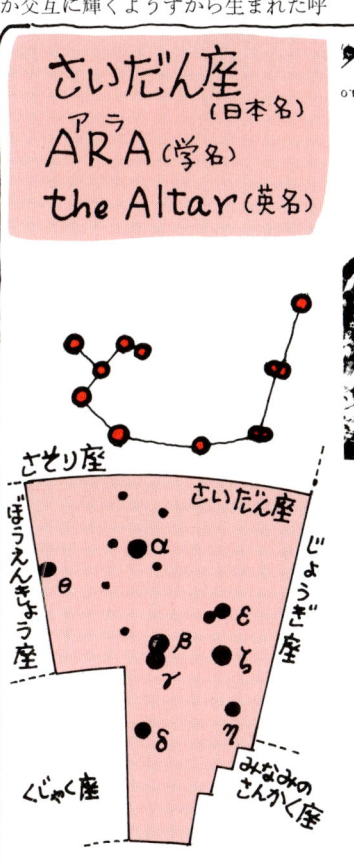

< 3.1等 — 3.6等 >

さいだん座（日本名）
ARA アラ（学名）
the Altar（英名）

ヘベリウス星図にえがかれた「さいだん座」上下さかさにえがかれている

祭壇といわれて，まず頭にうかぶのは，死者をまつる，つまり葬式の祭壇である．この星座，さそり座の下の天の川の中にあるので，南中する頃なら，このあたりがぼんやりと明るい．それが遠くから見たローソクの光のようで，それらしき雰囲気をかもしだすのだが….

もっとも，この祭壇の正体は，西洋式の生けにえをささげるための祭壇らしい．ぼんやりみえる天の川の光は，生けにえを焼くときにたちのぼる煙というわけだ．

α と β は3等星．

さそり座の伝説

● 毒虫サソリの大殊勲

　美男子だが乱暴なオリオンという狩人がいた．

　彼が狩猟（しゅりょう）を始めると，地上の動物がすべて根絶えてしまうのではないかとさえおもえた．

　クレタ島で，彼が狩猟を始めたとき，大地の神ガイヤはそれを心配して，サソリをつかって刺し殺してしまった．

　『この世に殺せない動物はいない』と，自分の力を誇ったオリオンのおもいあがりが，神の怒りをかったせいもあろう．

　オリオンも，サソリも，共に星になった．天上のオリオンはいまもサソリを恐れて逃げまわる．

＊

　別説では，女神アルテミスに恋をしたオリオンが，女神を犯そうと襲ったため，あるいは，女神お気にいりの乙女オーピスを襲ったため，あるいは，曙（あけぼの）の女神エオス（ローマ神話のアウロラ）に恋をしたのを嫉妬（しっと）して，サソリに刺殺させたともいわれる．

　いずれにしても，毒虫のサソリが天にのぼって星になれたのは，暴れん坊オリオンをやっつけた大殊勲によるものだ．

＊

　この伝説は，さそり座が東の地平線から頭をだすすこし前に，オリオン座がそそくさと西の地平線にかくれるようすを表現したものだ．

　それにしても，星になった殊勲者は，星空ではそれほど恵まれていない．大男のへびつかいが頭を踏みつけ，うしろから射手（いて）が弓をひいてねらっている．

　毒虫の悲しい宿命なのだ．

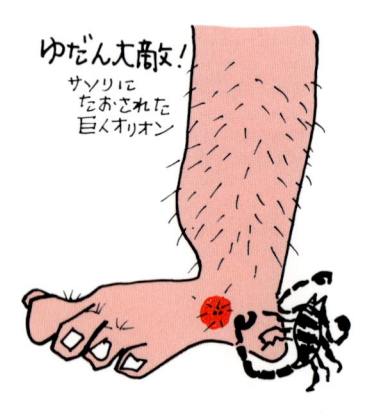

ゆだん大敵！
サソリにたおされた巨人オリオン

● たなばたと双子のおなご星

　昔，いつも天の川で水浴びをしている双子のおなご星がいた．

　二人共着物がないので，裸がはずかしくて，川からあがることができないのだ．

　二人のうち一人は，雨を降らせるのが役目だった．

　たなばた星（織姫）さんは，おなご星に自分の織った美しい脚布（きゃふ＝織物）を，一枚ずつあげるから七夕の夜は雨を降らせないでおくれと頼んだ．

しかし，約束はしたものの，どんなにたなばたさんがんばっても，みごとな脚布は，一年に一枚しか織りあがらない．

二人は，一度でいいから川からでたいと思っていた．だから，一枚の脚布を毎年奪いあうことになった．

うまく雨降りおなご星が脚布を手にいれた年は，織姫の希望どおり雨が降らないのだが，その逆の場合は彼女が川からあがれない腹いせに，うんと雨を降らせるのだという．

（日本）

＊

すもとり星（μ^1, μ^2）に，"きゃふばい星"という呼名もある．脚布奪い星という意味だ．

よく似ていて，イメージがまったくちがう"ふんどしばい星（褌奪い星）"という呼名もある．だからといって，はずかしくって天の川からでられない双子のおとこ星がおったという話があるわけではない．

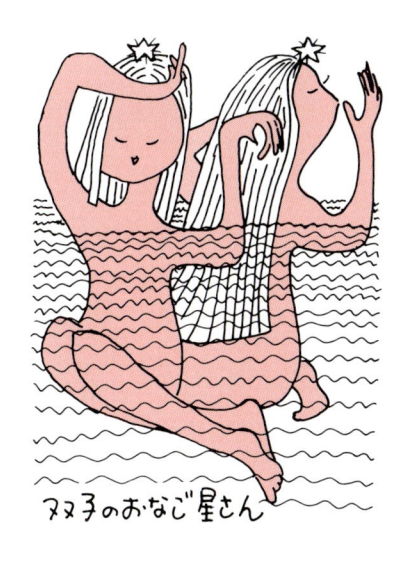

ヌヌ子のおなご星さん

●カブト虫にぶらさがった親子

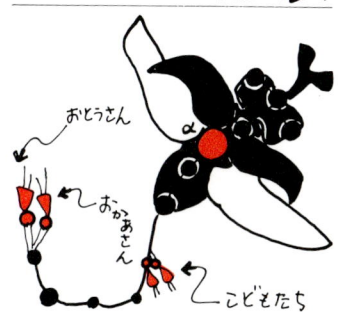

71

ピピリとレファという兄と妹がいた．

ある月夜の晩に，両親が遅くかえって，魚の料理をはじめた．

両親は，よくねている子どもたちをみて，起すのはかわいそうだからと，その夜は自分たちだけでその魚をたべた．

ところが，魚料理のいいにおいで目をさました子どもたちは，それを自分たちには食べさせたくないのだろうと誤解して家出をしてしまう．

両親は気がついて二人のあとを追ったが，兄妹は大きなカブト虫につかまって空へ逃げた．

『ピピリ・マ（ピピリたち）帰っておいで！』と叫びながら，両親は子どもたちのあとを必死に追いかけている．

（ポリネシヤ）

アンタレスを中心にした，さそり座の上半身がカブトムシなのだが，兄と妹は，βのちかくの$\omega^1\omega^2$か，あるいは$\mu^1\mu^2$だったのだろう．

どちらも，小さな星がよこに二つ並んだ肉眼二重星だ．追いかける両親は，すこしはなれて横に並んだλとνである．

●ついらくした鬼ばばあ

三人の子供の母親が子供たちを寝かせ,仕事室に唐臼をつきに行った時,それを見ていた鬼ばばが母親を食べ,次に末っ子をさらって台所で食べてしまった.物音に目をさました兄弟はおどろいた.裏庭の松の木に登って「お天とう様,助けて」と祈ったら,天から釣針のついたくさりがおりてきた.釣針につかまった兄弟は昇天して星(λとυ)になった.

鬼ばばもお天とう様に祈ったら,つながおりてきた.二人のあとを追ってぶらさがったが,くさっていたつなはその重さでプツンと切れてしまった.

鬼ばばは,まっさかさまに墜落した.とうきび畑は鬼ばばの血で赤くそまった.それ以後,とうきびの茎も,葉も,穂も,赤い斑点がでるようになった.
(日本)

*

サソリのしっぽの星列は,そのくねり具合が実にいい.釣針や,おもりをぶらさげた紐にみたてた話は多い.

●島をつったマウイの釣針

天地創造の伝説は,どこの民族にもみられる.

日本ではイザナギノミコトとイザナミノミコトが島づくりをするが,タヒチ,ハワイ,ニュージランド地方の島々の伝説では,しばしばマウイという英雄が登場する.

彼が海底から島を釣りあげたという,とほうもなくスケールの大きな伝説がある.そして,つかった釣針が,群島の中のひとつになったり,岬になったり,あるいは星になるのだが,星になった釣針は,さそり座の"魚つり星"らしい.

このマウイの釣針は,南太平洋では,日本とちがってもっともっと天高くのぼる.

*

マウイは五人兄弟の末っ子だったが,兄たちと違って,気持ちのやさしい力もちであった.

兄弟には,いまにも死にそうな老婆がいたが,親切に世話をしたのはマウイだけだった.

老婆は自分のあごの骨を釣針にするように,マウイにいい残して死んだ.

兄弟は,いつも丸木舟で釣にでかけたが,マウイは留守番ばかりさせられた.彼をつれていくと不思議に魚が一匹も釣れないからだ.

ある日,マウイは兄たちの目を盗んで舟にのりこんだ.そして,あごの骨の釣針をとり出して海中にたらした.

その日は,さっぱり獲物がなく,

兄たちはマウイのせいだと口々にののしった.

すると突然,マウイの釣針が,舟もろとも海中に引きこまれそうな強い力で引っぱられた.

喜んだマウイは,渾身(こんしん)の力をふりしぼって引きあげた.なんと,獲物は魚ではなく大きな島だった.

島は海上で大暴れをして,このままでは舟が転覆(てんぷく)するのではないかとおもわれた.

兄たちはこの島を縛るから家にかえって綱をもってくるよう,マウイにいいつけた.

マウイは,島が暴れてもけっして傷つけたりはしないようにと,いいのこして海にとびこんだ.

ところが,兄たちは弟のいうことをきかず,島をおとなしくさせようとめいめいナイフで切りつけた.傷を負ってますます狂暴になった島は,ついに舟をくだき,兄たちは海に投げだされた.

マウイが綱をもってかえってきたときには,兄たちの姿はなかった.

島はマウイにしばられて静かになった.そして,いまのニュージランドになったという.

はずれた釣針は天で星になった.
(ニュージランド)

*

なるほど,ニュージランドの北島の形は,巨大なエイのようだ.みかたをかえれば,北島が釣針で,南島がかかった獲物にみえる.

群島の数えきれない島々は,つぎつぎに釣りあげたのだとか,釣りあげたとき,空中でバラバラに砕けてしまった(ハワイ)とか,マウイの活躍ぶりは地方によって多少ちがうようだ.

マウイは島を釣りあげただけではなく,太陽の動きを遅らせて人々が一日をゆっくり過ごせるようにしたり,神から火を盗んで人々のくらしを豊かにしたり,暗黒の死の女王の身体をよこぎって人間を不死にしようとしたりした.しかし,さすがのマウイも死の女王には勝てず,ついに命を失ってしまう.

●青竜と傳説(ふえつ)

中国では，東西南北のそれぞれの方角を四神が支配すると考えた．

東は青竜（せいりゅう），西は白虎（びゃっこ），南は朱雀（すざく），北は玄武（げんぶ，蛇と亀がいっしょになった怪物）という四匹の動物神のうち，青竜はさそり座を中心にしたあたりをいう．

なんと，うしかい座のアルクトゥルスとおとめ座のスピカを青竜の角（つの）とみた雄大な竜なのだ．

その竜のしっぽにつかまって空を飛ぶ男がいる．さそり座のしっぽの先のG星がそれだ．毒針のλーνのすぐ左（東）にある3等星である．

*

中国が殷（いん）の国と呼ばれた時代のことだ．

殷の国の天帝武丁（ぶてい）は，衰えかけた国をどうやってたてなおしたらいいか，日夜頭をなやませたがいい知恵がうかばず，いつのまにか三年間という時を無為に過ごしてしまった．

ある夜，武丁は，夢のなかで一人の賢人に助けられた．

聡明でやさしい賢人の顔が，妙に武丁の脳裏にやきついて離れない．

翌朝，早速家臣の中から，その顔をさがしたがいなかった．そこで，似顔絵を国中にくばるという大捜査網がしかれた．

やがて，夢でみた賢人そっくりな男が，傳険（ふけん）というところで道路工事をしていた人夫のなかからみつかった．名前を説（えつ）といった．

のちに，説は武丁の片腕となって働き，殷の国はふたたび栄えた．

説は出身地の傳険の傳を姓にして傳説（ふえつ）と呼ばれた．

傳説は死んでから星になった．青竜のしっぽにつかまって空を飛んでいるのが彼だ．

中国では，さそり座のG星を傳説という．
(中国)

●天の川で鯛をつる？

さそり座のしっぽの跳ね具合が，釣針の曲線に似ているところから，日本に"タイつり星"とか"魚つり星"という呼名があった．

ちょうど，天の川の下流に釣糸をたれているかにみえるが，川でタイが釣れるともおもえないので，"太公望の鯉釣星"と呼びたいところである．

南太平洋のポリネシヤにも，よく似たみかたがあって"マウイの釣針"という．

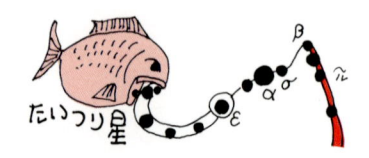

さそり座の 見どころガイド

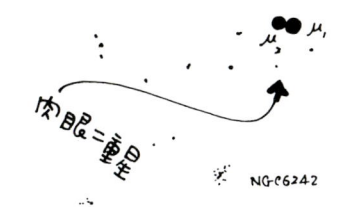

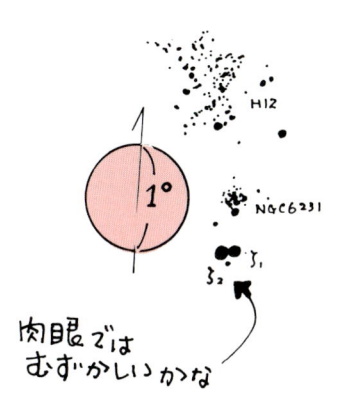

＊肉眼二重星にいどむ

　さそり座には楽しい肉眼・双眼鏡二重星が三つある.

　すもとり星の $\mu^1\mu^2$ は 3.1 等と 3.6 等, β （右目）のすぐ下（南）にある $\omega^1\omega^2$ は 4.1 等と 4.6 等, そして $\zeta^1\zeta^2$ は 4.9 等と 3.8 等の二星が並んでいて, いずれも可愛らしい.

　$\mu^1\mu^2$ が肉眼でみえたら, あなたの視力はまずまず, つぎは $\omega^1\omega^2$ に挑戦してみよう. 見えたらかなりいい目だ. さらに $\zeta^1\zeta^2$ に挑戦してみるといい. 地平線に近いので肉眼二重星として認めるにはかなり条件がわるい. 見えたら, いいのは視力だけでなく, 運もいい.

　双眼鏡でみると, ζ^1 の青い 5 等星（B 型）と ζ^2 の赤い 4 等星（K 型）が並んでいる. ζ の上に散開星団 NGC 6231 もみえるので, 視野の中は大変にぎやか.

```
<μ¹-μ²   3.1等-3.6等   B2-B2>
<ω¹-ω²   4.1等-4.6等   B1-G2>
<ζ¹-ζ²   4.9等-3.8等   B1-K5>
```

＊星団長屋の住人達

　長屋などという表現は古いかもしれないが, サソリのオシリからしっぽにかけて, 小さな散開星団がいくつか並んでいるようすは, アパートとかマンションといった感じではなく, 長屋と呼んでみたい.

　$\mu^{1,2}$（肉眼二重星）とその下（南）の $\zeta^{1,2}$（これまた肉眼二重星）にはさまれたあたりは, 双眼鏡をむけると, いくつかの星のむれがみつかるだろう.

　長屋の主な住人たちを紹介するとまず $\zeta^{1,2}$ のすぐ上に NGC 6231, さらに大きく広がった H 12, その右（西）に NGC 6124, $\mu^{1,2}$ のすぐ下（南）に NGC 6242 がある, といったところである.

　双眼鏡でみて, これはすごいと声をあげるほどではないが, 陽気でにぎやかな星団長屋の雰囲気がこのあたり全体から感じられる.

```
< NGC 6124  散開星団   6.3等
           視直径 25'
< NGC 6231  散開星団   8.5等
              15'
< H 12      散開星団   8.5等
              40'
< NGC 6242  散開星団   8.1等
              10'
```

★みのがせない M6とM7

"タイ釣り星"の釣針の先に，見ごたえのある散開星団が二つある．このみごとな餌で，いったいどんなタイをつろうというのだろうか？

みつけるのは簡単だ．サソリのしっぽの上に →G→M7→M6 とたどればいい．

双眼鏡なら M7 と M6 が同じ視野の中に並んでみられる．

明るく大きいのが M7 で，こじんまり見えるのが M6 だがどっちも暗夜に目をこらせば肉眼でみつかるだろう．

みかけのちがいは，M6 のほうが M7 より 500 光年ほど遠いせいだと考えていい．双眼鏡の視野の中の M6 はぼんやりした星雲状の光の中に明るい星がいくつかみられるのにたいして，M7 はみごとにひろがった星のむれが楽しめる．

M6 がコスモスの花なら，M7 は大輪の菊である．

M7 は，肉眼でいくつかの星がかぞえられる人もいる．さて，あなたの視力ではどうだろうか？

```
<散開星団 M6   5.3等
 視直径 25'   1300光年>
<散開星団 M7   4.1等
        50'    800光年>
```

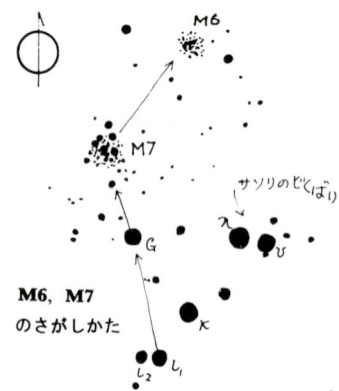

M6, M7 のさがしかた

★M4はアンタレスのとなり

サソリの心臓のとなりにかわいい球状星団がある．

アンタレス（α）とσとM4 で小さな三角形ができる．南中したアンタレスの右（西）約 1.5° あたりに双眼鏡をむけると，淡い光のシミがみえるだろう．

天体望遠鏡をつかうと球状星団としてはいくらかまばらにひろがった姿がみられるのだが…．

```
<球状星団  6.4等  視直径 20'
          7500光年>
```

★小さな大物 M80

M4 とは対照的な，中心部に星が集中したかわいい球状星団だが，双眼鏡ではみつかるかな？ といった感じに小さく暗い．

アンタレスとβの中間あたりにあるが，双眼鏡でみつけられたら，あなたはかなりのベテランである．

ところでこの M80 は，みかけとちがって実際には大球状星団なのだ．なにしろ M4 にくらべると 30000 光年も遠いのだからみかけの姿に迫力がないのはしかたがない．

```
<球状星団  7.7等  視直径 5'
          36000光年>
```

M4 はアンタレス（α星）のすぐとなり

幻の星座シリーズ

ポニアトフスキーのおうし座
TAURUS PONIATOWSKI
(タウルス)
The Bull of Poniatowski

へびつかい座の右肩にあたるβ，γ星のすぐ東どなりに，小さなかわいいV字形（66番星―67番星―68番星―70番星―73番星）ができる．ちょうど，へびつかいの右腕の力コブにあたるところだ．

なんと昔ここに，おうし座のミニチュア版があった．

ポニアトフスキーのおうし座と呼ばれたミニ星座は，ポーランドの天文学者ポツォブト（Poczobut）が国王ポニアトフスキーの栄光を記念して，1777年に設定したものだという．

ところが，星に名をのこした栄光の王と考えられるスタニスラフ・ポニアトフスキー王は，1795年にプロイセン，オーストリア，ロシアによって国を分割されてしまった．王の星座もまた幻の星座となって姿を消したのである．

おうし座のヒヤデス星団のV字に似たかわいいミニチュア版のV字をさがしてみるのも一興である．

王のウシの目前に，銀河星団IC4665が宝石のようにひろがって，双眼鏡でなら同視野におさまってしまう．栄光に目をうばわれて国を滅ぼしたポーランド王を象徴しているかのようにもみえる．

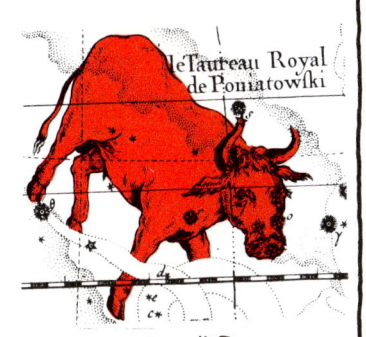

↳ フラムスチード星図のポニアトフスキーのおうし座

↙ 色つきボーデ星図のポニアトフスキーのおうし座，右はへびつかい座．

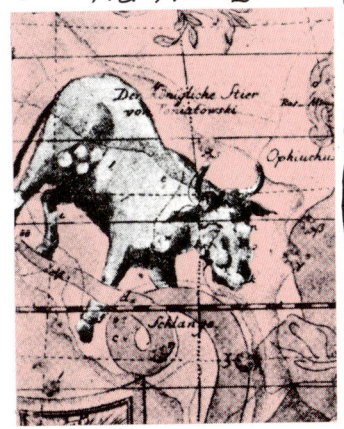

3 へびつかい座 (日本名)
OPHIUCHUS (学名)
オフィウクス

へびつかい座の みりょく

　真夏のへびつかい座は，さそり座の上に立ちあがる．
　ヘビをつかんだ巨人がサソリの頭を踏みつけているのは，夜空で毒虫があばれるのを恐れた神々の配慮によるものだろう．
　このへびつかい，実はギリシャの医者の神様アスクレピオスの姿だという．
　死者をよみがえらせるほどの名医なのに，そのことを天下の常道をやぶる大罪であると，大神ゼウスにしかられた非運の名医だ．
　星になったアスクレピオスが，大きいわりに星が暗く，やや生気に欠けるのはそのせいかもしれない．
　しかし，毒蛇をつかみ毒サソリを踏みつけるアスクレピオスの姿は，星になっても医者としての使命を忘れない，まさに医者のかがみといったところだ．

へびがささえる宇宙
(インド)

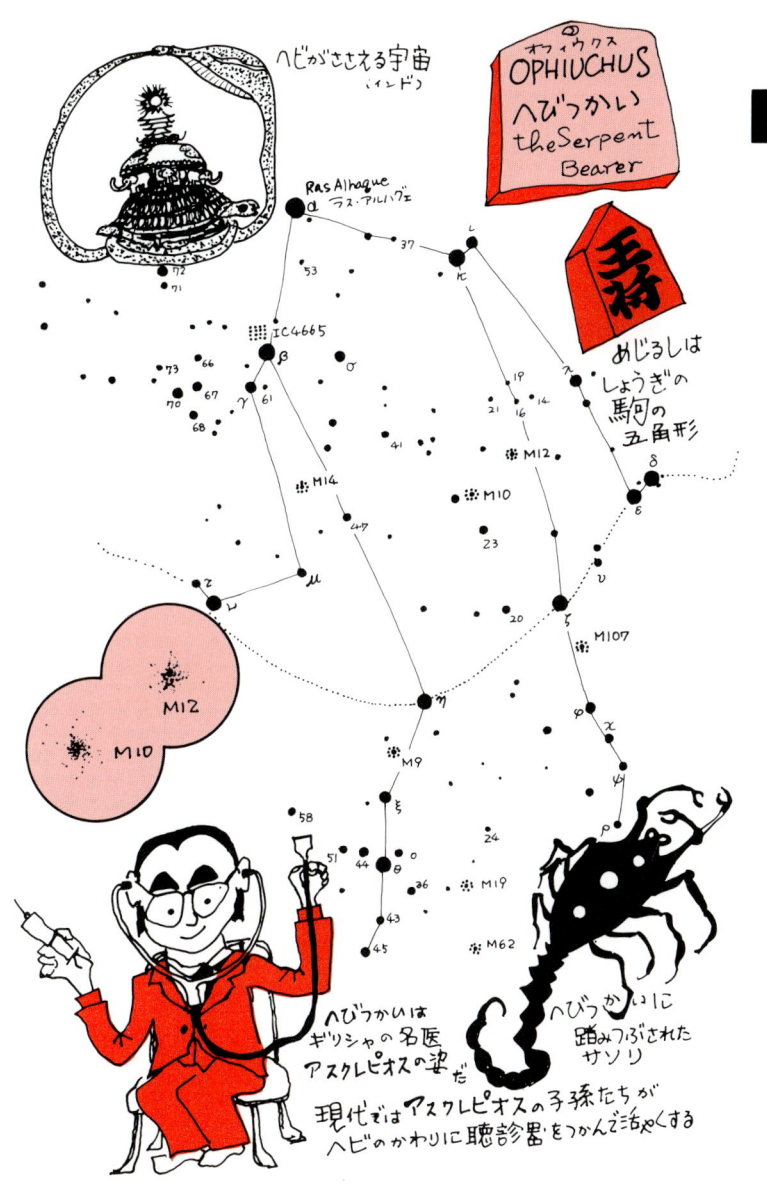

OPHIUCHUS
へびつかい
the Serpent
Bearer

めじるしは
しょうぎの
駒の
五角形

Ras Alhague
ラス・アルハグェ

M12
M10

へびつかいは
ギリシャの名医
アスクレピオスの姿だ

へびつかいに
踏みつぶされた
サソリ

現代ではアスクレピオスの子孫たちが
ヘビのかわりに聴診器をつかんで活やくする

へびつかい座の星々

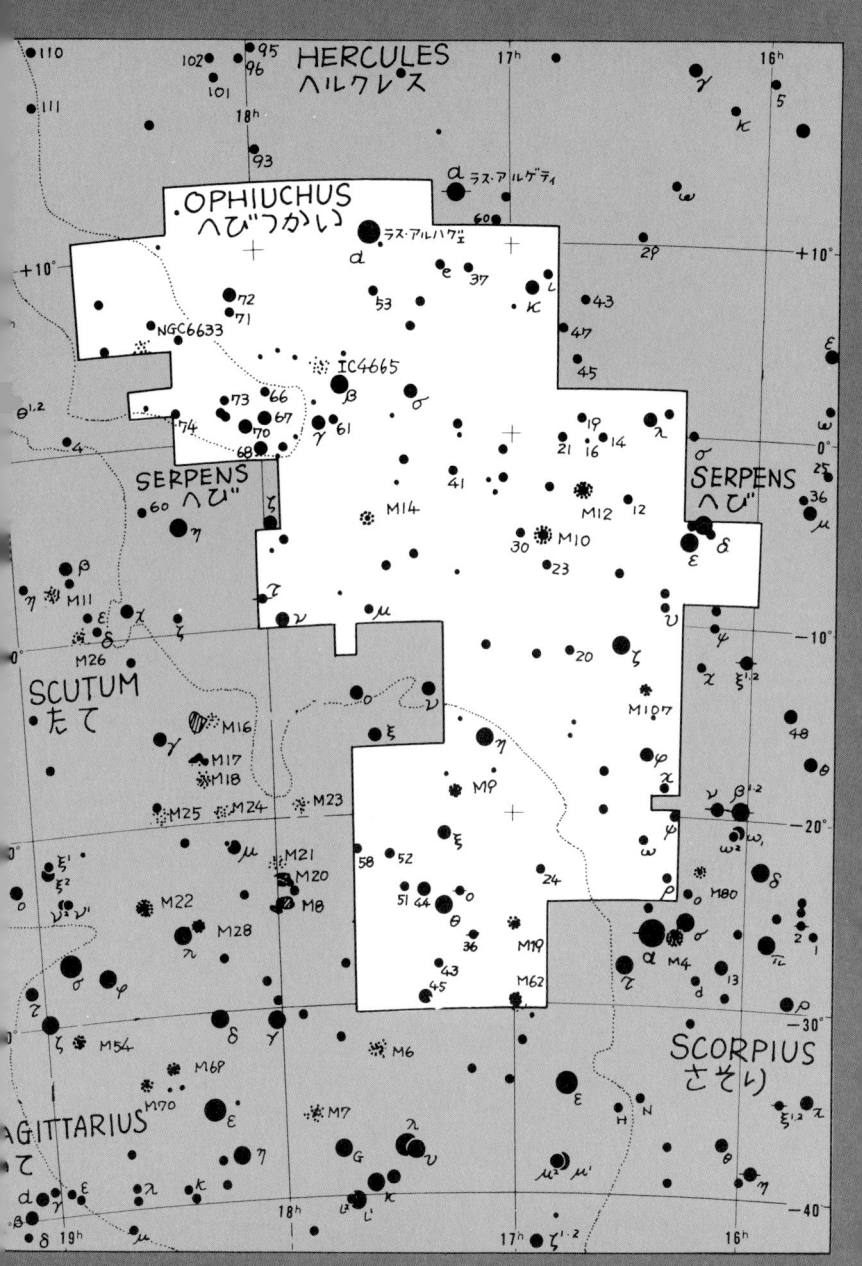

へびつかい座の星図

へびつかい座の みつけかた

へびつかい座は，大きくひろがりすぎて，まとめるのに苦労する．

慣れない人は，いきなりへびつかいをさがさないで，南中したさそり座のアンタレスを足がかりにするといい．

アンタレスの上に，$\eta-\zeta-\delta$ を見つけて，それを底辺に将棋（しょうぎ）の駒に似た大きな五角形をつくるのだが，頂点の主星 α（ラス・アルハゲ）は，このあたりで，もっとも明るく（2等星）さがしやすい．

夏の三角形の一角，はくちょう座のしっぽ（α）をつまんで，パタンと三角を裏がえすと，ちょうどそこにへびつかいの頭（α）がある．

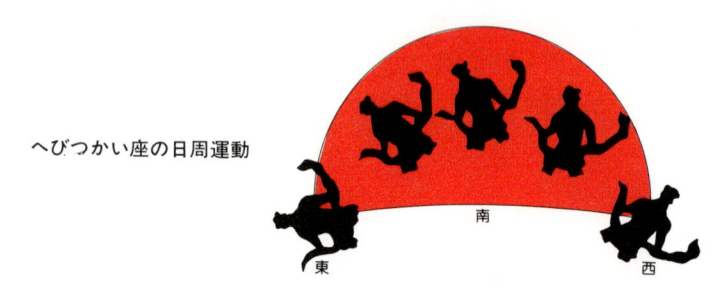

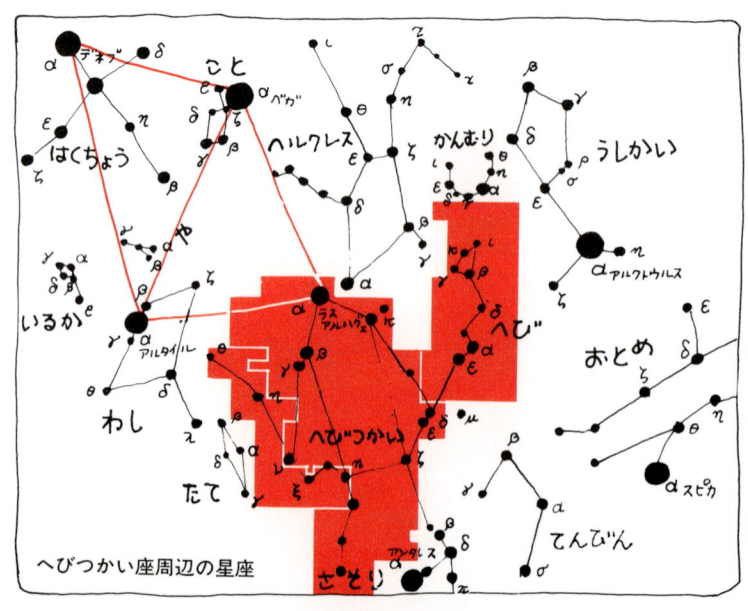

へびつかい座の日周運動

東　南　西

へびつかい座周辺の星座

へびつかい座を見るには（表対照）

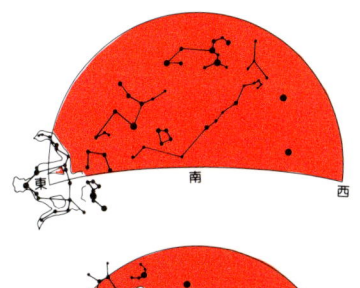

1月1日ごろ	4時	7月1日ごろ	16時
2月1日ごろ	2時	8月1日ごろ	14時
3月1日ごろ	0時	9月1日ごろ	12時
4月1日ごろ	22時	10月1日ごろ	10時
5月1日ごろ	20時	11月1日ごろ	8時
6月1日ごろ	18時	12月1日ごろ	6時

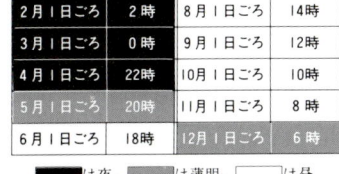

■は夜，■は薄明，□は昼．

1月1日ごろ	7時	8月1日ごろ	19時
3月1日ごろ	5時	8月1日ごろ	17時
3月1日ごろ	3時	9月1日ごろ	15時
4月1日ごろ	1時	10月1日ごろ	13時
5月1日ごろ	23時	11月1日ごろ	11時
6月1日ごろ	21時	12月1日ごろ	9時

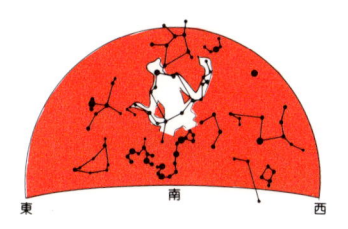

1月1日ごろ	10時	7月1日ごろ	22時
2月1日ごろ	8時	8月1日ごろ	20時
3月1日ごろ	6時	9月1日ごろ	18時
4月1日ごろ	4時	10月1日ごろ	16時
5月1日ごろ	2時	11月1日ごろ	14時
6月1日ごろ	0時	12月1日ごろ	12時

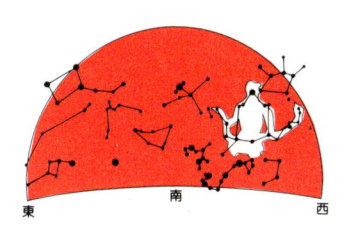

1月1日ごろ	13時	7月1日ごろ	1時
2月1日ごろ	11時	8月1日ごろ	23時
3月1日ごろ	9時	9月1日ごろ	21時
4月1日ごろ	7時	10月1日ごろ	19時
5月1日ごろ	5時	11月1日ごろ	17時
6月1日ごろ	3時	12月1日ごろ	15時

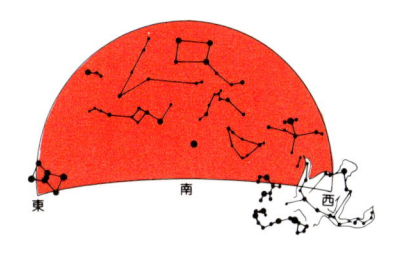

1月1日ごろ	16時	7月1日ごろ	4時
2月1日ごろ	14時	8月1日ごろ	2時
3月1日ごろ	12時	9月1日ごろ	0時
4月1日ごろ	10時	10月1日ごろ	22時
5月1日ごろ	8時	11月1日ごろ	20時
6月1日ごろ	6時	12月1日ごろ	18時

東経137°，北緯35°

へびつかい座の歴史

 プトレマイオスの48星座に含まれる古典星座のひとつ．

 星座名オフィウクスは，ヘビをつかむ者のことだが，ギリシャ神話では名医アスクレピオスの姿としている．

 ヘビは土の中から生まれ，皮をぬいで若返ると信じられたギリシャ・ローマ時代，神の化身として崇拝され，生命と知能の象徴であった．

 アスクレピオスがもつヘビは，彼のもつ死者蘇生（そせい）の術という超能力を象徴しているのだろう．

アラビア星図のへびつかい座

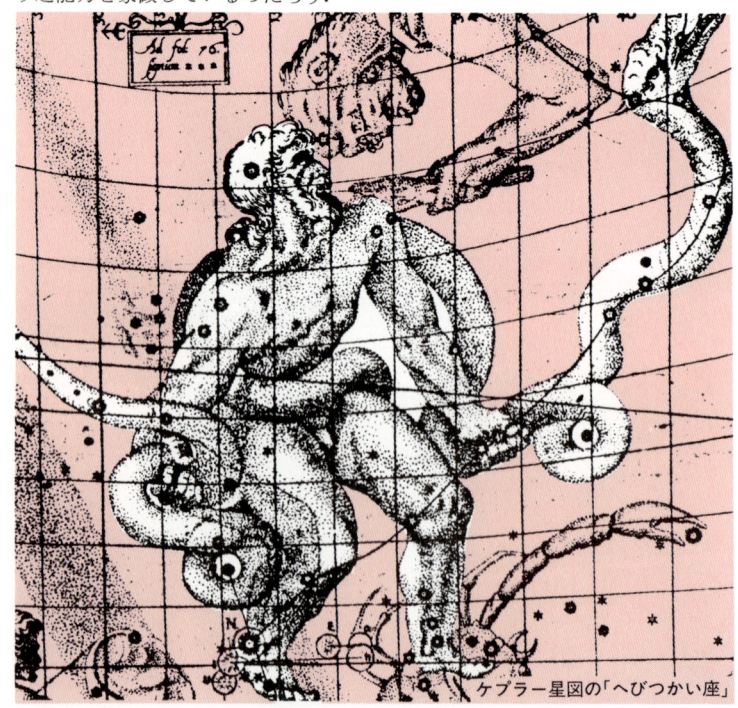

ケプラー星図の「へびつかい座」

へびつかい座の星と名前

✳ α アルファ
ラス・アルハゲェ
(ヘビつかいの頭)

頭の星の名がアルハゲと聞いて，おもわずニヤリとする人と，ヒヤリとする人があるだろう．

Alhague だから，正しくはアルハゲェ．

もちろん，へびつかい座の頭が禿げているわけではない．ラスは頭，アルハゲはヘビをつかむ者のこと．

文字どおり頭に輝くへびつかい座の主星で，ただひとつの2等星．

< 2.1等　A5型 >

✳ β ベータ
ケルブ・アルライ
(ひつじかいの心ぞう)

こっちを向いたへびつかいの右肩で輝くから，この名前はへびつかいの心臓とはかかわりがなさそうだ．

昔，アラビアで，このあたりを羊の放牧場とみていたので，その名残りだろう．

< 2.9等　K1型 >

そなた アルハゲか？ — ヘルクレス座 / ラス・アルゲチ

ラス・アルハゲェ RAS ALHAGUE とよんでくだされ — ラス・アルハゲ / へびつかい座

へび座

ヘルクレスよ おまえケチンボかい？

✳ γ ガンマ
ムリフェン (?)

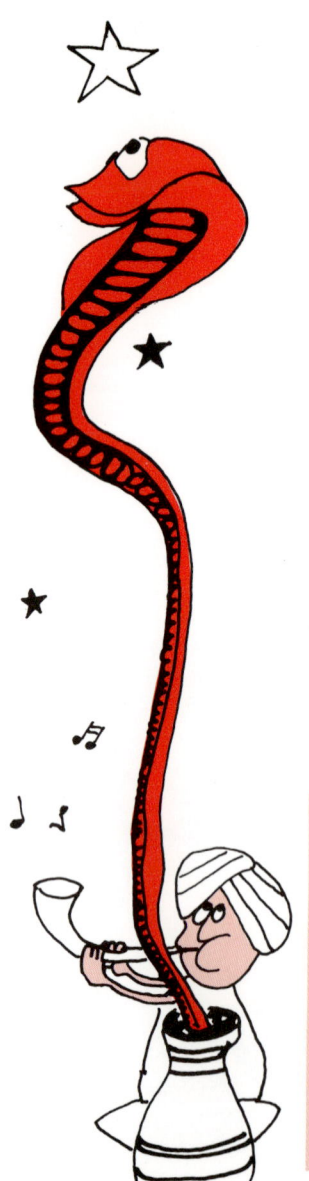

意味不明となっているが、βと並んでへびつかいの右肩にある。βを肩とみるなら、このγはわきの下にあたる。

< 3.7等　A0型 >

✳ δ デルタ
イエド・プリオル
(前の星)

✳ ε エプシロン
イエド・ポステリオル
(後の星)

ならんだδとεは、ヘビをつかんだ左手の前とうしろをあらわす。

< δ　3.0等　M1型 >
< ε　3.3等　G8型 >

バイエル星図の「へびつかい座」

* ζ ゼータ ―――
* η エータ ―――
サビク (勝利者? 御者?)

ζはへびつかいの左ひざ、ηは右ひざで輝く。共に足もとのさそり座を力強く踏みつけている。さすがの毒虫もこの2星には頭があがらない。

< ζ 2.7等　O9型 >
< η 2.6等　A2型 >

* λ ラムダ ―――
マルフィク (ひじ)

ちょうどヘビをつかむ左手のひじで輝く。

このヒジ、球状星団M10とM12をさがすとき、なくてはならない目じるしになる。

< 3.9等　A1型 >

中国の星空
へびつかい座
へび座

候　天文,雲気,陰陽をうかがうところ
宦者　かんがんのこと
斛　ます
宗正　皇族を監視する役
宗人　天帝と血のつながりのある皇族
列肆　商店街
天市垣　この区域での市場
車肆　カーショップ
市楼　市場を監視する役所
東咸　封じるところ 関所のようなところ?
天籥　天の門をあけるかぎ
天江　天の川
糠　もみがら
東海
南海
東藩
西藩
天乳
蜀
巴
秦
周

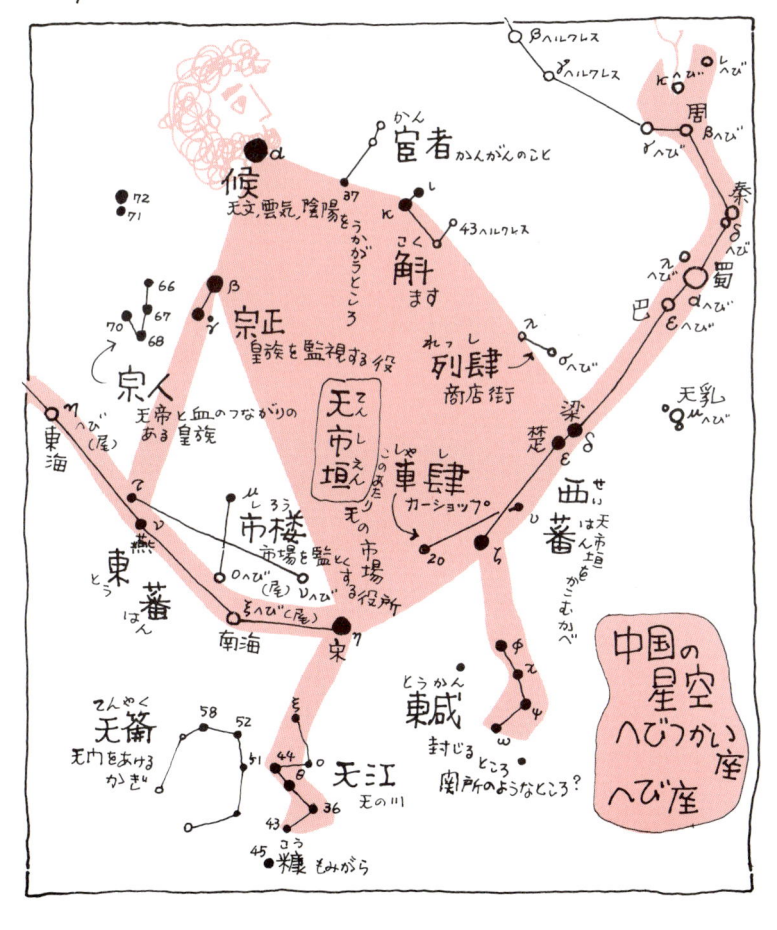

へびつかい座の伝説

●星になった蛇つかい

ギリシャの医者の神アスクレピオス Asklepios は，アポロン Apollon とテッサリアの王プレギュアスの娘コロニス Koronis とのあいだに生まれたが，母が父に殺されたとき，母の胎内にいたという悲劇の子である．

この災いをもってきたのは，アポロンがコロニスに贈った銀翼のカラスだった．

人の言葉が話せる利口なカラスなので，コロニスはペットとしてかわいがった．

カラスは，ときどきアポロンのもとへコロニスのたよりを伝える使者でもあった．いつも，アポロンはこのカラスのすこし大げさなオシャベリに耳をかたむけて楽しんだ．

アポロンにとって，オシャベリカラスは，現代の週刊誌だったのだろう．オシャベリの内容は，だんだん事実が何十倍にも誇張され，大げさな見出しがつけられるものにエスカレートしていった．

ある日，アポロンはカラスのオシャベリ情報のなかから，愛するコロニスが，イスキュスという若者を愛していることを知らされた．

寝耳に水のゴシップに，逆上したアポロンは，前後の事情も確かめないで彼女を殺してしまった．

ところが，彼女を火葬にするときになって，自分の子どもが腹の中にいることに気がつくのだ．アポロンは燃えさかる薪（まき）をかきわけ子どもを救いだした．

主人への裏切り行為を怒ったアポロンは，おしゃべりカラスの口から言葉をとりあげ，おまけに鳥仲間一番の悪声にしてしまった．それだけではない，美しい銀色の翼は不吉な黒に変えてしまった．

死んだ母の胎内から救い出されたアスクレピオスは，ケンタウルス族の賢人ケイロン（いて座）にあずけられた．

彼の医術はケイロンから授けられたものだ．そして，ギリシャで一番の名医となった．

のちに，知の女神アテーナからもらったメデュウサ（ゴルゴンの三姉妹の一人，髪の毛が100匹の生きているヘビという怪人）の血で，死者をよみがえらせる超能力をもち，多くの英雄が彼の手でよみがえった．

しかし，天の大神ゼウスは，人間が不死の能力をもつことを恐れ，アスクレピオスを雷げきで殺してしまった．

死んだアスクレピオスは，父アポロンの願いで，医神となって天に昇り星になったとか…．（ギリシャ）

● 珍説
アスクレピオスの超能力

　星になったアスクレピオスがヘビをもつのは，不死を象徴しているのだが，こんな珍説はどうだろう．

　アスクレピオスは，どんな難病もその場でなおしてみせる名医であった．

　彼は手にもつ大ヘビを治療につかった．治療法はすこし乱暴だが，ききめは確かだった．

　なにしろ，いきなり患者の前に，大ヘビをつきだして驚かすのだからたいへんな治療法だ．

　患者は，突然の恐怖にきもをつぶすが，気がついたときはすっかり自分の病気を忘れている，というしくみだ．

　いうなればショック療法である．

　アスクレピオスの元祖ショック療法は，ついに死者をよみがえらせるほどになった．

　この超能力は，スプーンをまげたり，こわれた時計をうごかすとはわけがちがう．

　このことを知った，死者の国（冥府の国）の王プルトンPluton（ハデスHadesの別名）はうろたえた．

　このままでは，人はすべて生きかえり，死者の世界をつかさどるプルトンは，あわれ失業のうきめをみることになるからだ．

　地上はふえ続ける人間であふれてしまうであろう．そして，人間はとぼしい食物を得るために，みにくい争いを始めるだろう．やがて，この世が恐ろしい地獄になることを予測した大神ゼウスは，アスクレピオスを神にして天にあげることにした．

　星になったアスクレピオスは，天にのぼっても自分の天職が忘れられないようだ．

　大ヘビをつかみ，頭上のヘルクレスにむかってショック療法をこころみている．

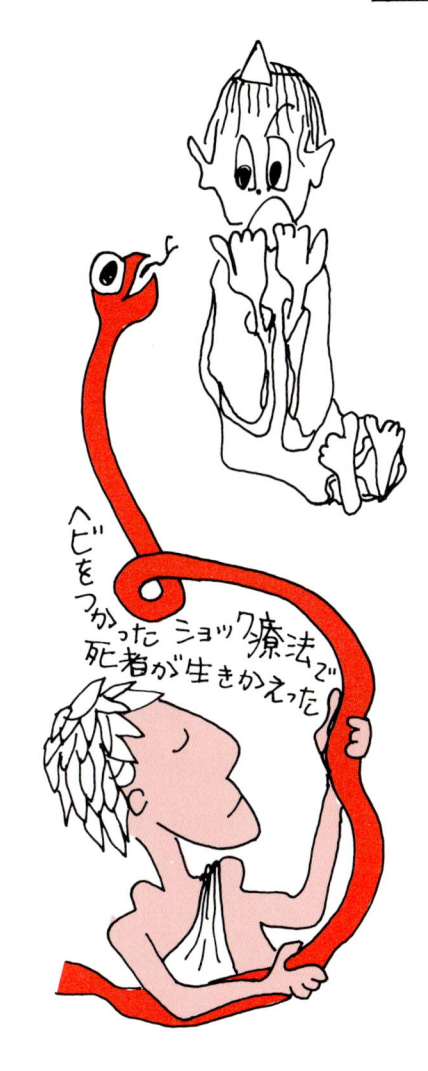

ヘビをつかったショック療法で死者が生きかえった

へびつかい座の見どころガイド

＊ひろがる IC4665 はへびつかいの肩章？

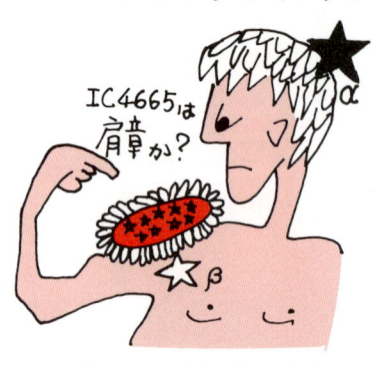

IC4665は肩章か？

へびつかいの右肩（β）のすぐ上にまるで肩章のようにのっかった散開星団がある．

満月の直径の2倍ほどひろがったすこしまばらで星数の少ない星団だが，ひとつひとつの星は明るいので双眼鏡で楽しめる．

＜散開星団　5.9等　視直径60′
990光年＞

＊へびつかい座の球状星団たち

銀河に近いへびつかい座には球状星団が大小20以上もひしめいて？いる．

小望遠鏡の観察対象としてM9，M10，M12，M14，M19，M62，M107とたくさんあるが，いずれも肉眼では無理で，双眼鏡でもかすかな，ちょっとにじんだ光点として認められる程度．

M10とM12は比較的明るく，双眼鏡の視野の中でならぶ（約4°）のでさがしやすい．

みつけたら，何万個という星がボールのようにぎっしり集まったみご

IC4665 付近

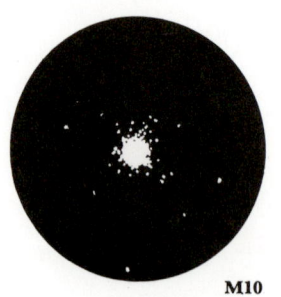

M10 　　　**M12**

望遠鏡でみたM10とM12

とな姿を想像することにしよう．

　数あるへびつかい座の球状星団の中では，M10とM12だけはぜひさがしてみてほしい．

　天体望遠鏡でみると，M10は倍率をあげても星雲状にしかみえないのに対して，M12は周囲の星がパラパラとみえて，まばらな感じのする球状星団である．印象が対照的なこの二つの球状星団は，あなたの双眼鏡ではどうみえるだろうか？

　さて，メシエカタログをつくったフランスのメシエは，1764年5月28日にM9（メシエ9）をみつけ，あくる日にM10を発見し，さらにあくる30日にM12をみつけている．

　光度7.3等とさえないM9が先にみつかったのは，近くに明るいηがあるからだと想像できるが，M10と並んだM12の発見が1日おくれたのは，いったいなぜだろう？

＜球状星団M10　6.7等　視直径8′
　　　　　　　16300光年＞
＜球状星団M12　6.6等　視直径9′
　　　　　　　19000光年＞

＊へびつかい座の暗黒星雲

　へびつかい座の銀河を写真撮影すると，多くの星と，その星々の光をさえぎる暗黒星雲がいりみだれている．口径の大きい双眼鏡でなら，銀河にむけてゆっくり動かすとそのようすがかすかに認められるだろう．

　特徴のある形で有名な暗黒星雲B72は"バーナードのS-Nebula（S字星雲）"と呼ばれ，B78は"パイプ星雲"と呼ばれている．

　天体写真でみる銀河は，ごうごうと音をたてて渦巻く濁流である．その迫力はいりくんだ暗黒星雲の姿に負うところが大きい．

へびつかい座の暗黒星雲

夜空の赤い超特急
●●● バーナード星のはなし ●●●

いつも同じ位置に輝く恒星たちも止っているわけではない．いずれも我々の地球に対してかなりのスピードで，右に左に，上に下に，そしてあるものは近づき，あるものは遠ざかりつつある．

その動きは，恒星があまりにも遠くにあるので目だたないが，何万年もたてば，現在の星座の形はくずれはじめ，何百万年もするとすっかりようすがちがってしまうだろう．

恒星のみかけ位置の変化をその星の固有運動という．現在知られているなかで，もっとも大きい固有運動をみせるのはバーナード星である．

バーナードの Runaway Star と呼ばれるこの星は，いま，へびつかい座の66番星（4.8等）のちかくを，1年間に 10.31 秒という猛スピード？で，ヘルクレス座にむかって北上している．350年で約1度も移動してしまう快速星だ．

バーナード星は，5.9光年離れたところにある赤色の小人の星（もっとも近い恒星は4.3光年のかなたにあるケンタウルス座の α 星だから，バーナード星は2番目に近い恒星）で，現在のみかけの光度は 9.5 等とさえない．

この星，実はいま秒速 108 km で我々に近づきつつある．これから8000年後には，約4光年のところを通過するだろう．9.5等星もそのときは 8.6 等と，約2倍半ほど明るく輝くはずだ．

発見者バーナード Barnard はアメリカの天文学者で，天体写真をつかった天体観測の先駆者の一人である．学歴がなくアマチュアの天文家として活躍をしたのだが，のちに，シカゴ大学の実地天文学の教授としてヤーキス天文台にむかえられた．

1916年，彼は22年前に撮影したプレートとくらべて，異状に位置をかえている星があることに気がついたのだ．我々の太陽の2500分の1しかない暗い星で，表面温度が 3200°K と低い赤色星（M5型）だった．

ところでこの赤い小人星（赤色わい星）は固有運動にふらつきがある．

あまりのスピード運転に，ハンドルをもつ手がふえるというわけでもあるまい．ひょっとすると，近くに木星程度の質量をもつ惑星があるのではないかと考えられている．ふらつきの中にみられる周期から，3〜5個の惑星がありそうだというのだが，さて，我々の興味は，その中に知的生物が存在しているか？ということだ．

すぐちかくの70番星（4.3等）もまた惑星があるらしいといわれる話題の星だ．バーナード星は肉眼ではとうてい見えないが，この70番星はかんたんにみつかる．

固有運動は星座の形をかえる

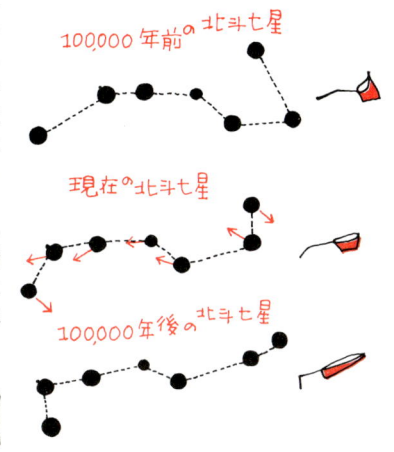

100,000年前の北斗七星

現在の北斗七星

100,000年後の北斗七星

● 星の固有運動…

恒星の固有運動にはじめて気がついたのは，もちろんバーナードではない．

バーナード星の発見からさかのぼること約200年，1718年にイギリスの天文学者 ハレー Edmund Halley は，シリウス，アルデバラン，アルクトゥルスといった輝星の位置が，プトレマイオス（2世紀）以前の観測とちがうことに気がついた．

2000年間に，シリウスは約 41′，アルクトゥルスは76′，アルデバランは 7′ 移動することが現在ではわかっている．

更に200年ほど昔，イタリアの宗教革命家ブルーノ Giordano Bruno は，"恒星には固有運動があるはずである．それがわからないのは非常

バーナード星の固有運動をうつす
左：1937年，右：1960年．（バーナムのセレステアル・ハンドブックより）

星の固有運動

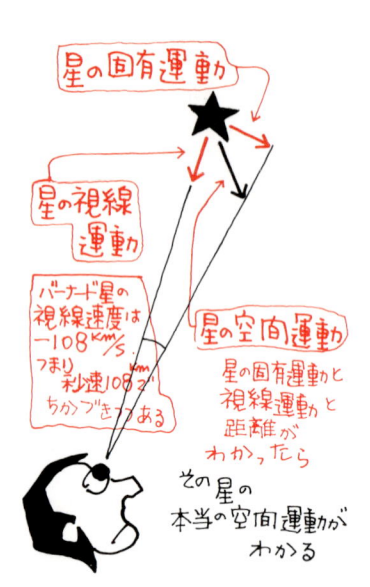

星の視線運動

バーナード星の視線速度は−108 km/s つまり秒速108 kmちかづきつつある

星の空間運動

星の固有運動と視線運動と距離がわかったら

その星の本当の空間運動がわかる

に遠いからだ。長い年月を経たらその変化が認められるだろう"と予言している。当時の思想、宗教の世界ではたいへんな危険思想であったにちがいない。

ブルーノはコペルニクスの地動説を強力に支持したすぐれた思想家だったが、宗教裁判の法廷は彼を獄中につないだ。そして7年後、自説をまげなかったブルーノは、ローマの広場で、火あぶりの刑に処せられ悲惨な最後をとげた。

ハレーの発見以後、星の固有運動はつぎつぎと測定され、現在では9万個以上の星の固有運動が測定されている。

1738年、イタリアのカッシニは、アルクトゥルスの固有運動の測定に成功し、1960年には、ドイツのマイヤー Mayer が、50年前のオランダのローメル Romer の観測値と比較して、多くの星の固有運動を測定した。

●星のスピード違反

高速度星がはじめてみつかったのは1792年である。イタリアのピアッツィ Piazzi は、はくちょう座の61番星の固有運動が1年間に 5.″22 あることをみつけた。現在では第7位となったが、この星は "ピアッツィの Flying Star（飛んでいる星）" と呼ばれた。

1842年には、ドイツのアルゲランダーが、一年に 7.″04 移動する7等星をおおぐま座で発見し、1897年にオランダのカプタインは、がか座の中で年に 8.″70 動く高速度星をみつけた。

"Kapteyn's Star カプタイン星" と呼ばれるこのスピード狂は、現在バーナード星についで、固有運動番付の第2位にある。

ところで、これ等の高速度星はいずれも肉眼では見えない暗い星ばかりで、我々が簡単に彼等のスピード違反を摘発することはむずかしい。

どうしても、自分の手で逮捕したいという人は、カメラをつかって星野を撮影し、何年も前の星野写真とくらべる、といった方法をとればいい。

固有運動のスピード狂ベスト3（スリー）

1 バーナード星　9.5　年に 10.3″
2 カプタイン星　8.8　　　 8.7″
3 グルームブリッジ 1830　6.4　　 7.0″

● 星座絵のある星図 ●

もっとも古い ゲルビグスの星図

ギリシャ星座のすべては、詩人アラトスの星座詩"ファイノメナ"（BC3世紀）にまとめられた。

プトレマイオスによって、はじめてまとめられた天文学大系（アルマゲスト）に採用された48星座も、ファイノメナの星座を整理したものである。

ローマのゲルビグス（2世紀ごろ？）のえがいた星図は、ファイノメナのローマ訳の写本にえがかれたものだ。

現在残っている世界最古の全天星図だといわれるが、星座絵だけで星はかきこまれていない。しかし、この星座絵が、後世の星座絵に大きな影響をあたえたことはいうまでもない。星座絵の古典である。

ゲルビグスの星図（大英博物館所蔵）

磯貝文利の星座写真術

この「星の博物館シリーズ」につかったすばらしい星座の写真は、磯貝文利氏の作品である。
「どうして星の写真とるの？」
と彼にたずねたら
「日がくれて、星がみえはじめる。
　星が数をまし、新しい世界がひらけてくる。降るような満天の星に感動すると、そのすばらしさをなんとかとどめて、だれかに知らせたいと思う。
　天に向かってシャッターをきる。1枚のフィルムに、宇宙空間を何年もかかって旅をしてきたさまざまな星の光をうけとめる。宇宙の息づかいを感じとることができるような気がする」
とキザな答がかえるだろう。
　しかし、一度彼と同じ経験をすると、それがまるでキザでもなんでもないことがわかるだろう。自然は我々のどんなキザな表現もおよばないほどキザなのだから…。
　以下は、磯貝氏の星座写真術である。

★普通のカメラと、普通のフィルムに、小型の天体写真儀、があればいい

星座の写真をとるのに、特別なカメラやフィルムをつかうわけではない。

シャッタースピードにB（バルブ）とかT（タイム）というのがついているカメラと、市販されているASA400ていどの高感度フィルムがあればいい。

昼間の写真は$\frac{1}{125}$秒とか$\frac{1}{250}$, $\frac{1}{500}$、ときには$\frac{1}{1000}$秒という高速度シャッターをつかうのだが、星空の写真はすくなくとも数秒から数分、目的によって1時間以上の長時間露出を必要とするからだ。

星空の写真をとるのに大きな望遠鏡はいらない。小さな望遠鏡のついた小型の天体写真儀（赤道儀式の架台）があればいい。

天体写真儀は、地球の自転によって東から西へ移動する星を追いかける装置である。カメラを固定して星をうつすと、星像は露出時間に応じて、フィルム上を移動して線になってしまう。

星を点像にうつすためには、カメラを地球の自転と同じスピードで、逆の方向へ回転させなければならない。つまり、天体写真儀は地球の自転を止めて（星を止めて）うつす装置である。付属の小望遠鏡は、ガイド望遠鏡といって、星の日周運動を追うカメラが正しい位置からずれないよう見張るためのものだ。視野の中

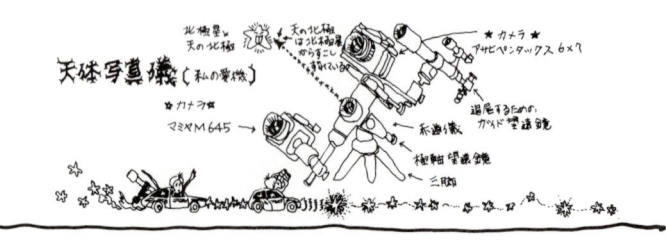

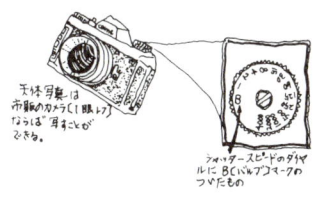

天体写真は市販のカメラで1眼レフならば使うことができる。

シャッタースピードのダイヤルにBしバルブマークのついたもの

に十字線がはってあって、適当なガイド星を中心に入れておけばいい。ガイド星がいつもガイド望遠鏡の視野の中心にあるように修正してやるのが、星空カメラマンの仕事である。

もう一つなくてはならないものがある。それは美しい星空だ。

私の場合は、自宅でそれをのぞむことができない。だから、仕事を終えてから、器材一式を車にのせて、美しい星空のある近くの山まででかけることにしている。

私の撮影場所は、名古屋から車で2時間ほどかかる標高1400mの茶臼山だ。冬には積雪もあり、夏でも夜はかなり冷えこむところだが、そのかわり美しい星空がある。

★ 天体写真儀はバランスが命 ★ ★

撮影場所に到着すると、まず器材を組みたてる。私の場合は、カメラは大型のアサヒペンタックス6×7とマミヤM6×4.5の2台をつかう。この2台を小型天体写真儀（小型赤道儀架台）にとりつける。頭でっかちで、星の仲間から常識はずれといわれるのだが、バランスさえうまくとれれば大丈夫つかえる。

この星座博物館シリーズにつかった写真は、マミヤM6×4.5に、Xレイフィルムを使用して、20分間の追尾撮影をしたものだ。

★ Xレイフィルムで大きい星を ★ ★

Xレイフィルムは、レントゲンの間接撮影に使用するフィルムだが、星空をうつすと明るい星がハレーションのせいで大きな星像になる。普通のフィルムの裏面にハレーション防止の処置がほどこしてあるが、Xレイフィルムはそれがしてないからだ。

それはありがたいことに、肉眼でみられる明るい星だけをめだたせるので星座の形がわかりやすいのだ。

6cm×4.5cmのフィルムサイズを採用したのは、小型の35mmサイズのフィルムをつかう場合にくらべて星像がシャープになるからだ。

この組みあわせで、暗い星はシャープで小さく、明るい星は適当に大きくなって、星座写真としてわかりやすい作品にすることができたと思っている。（使用したXレイフィルムは現在製造中止になった）

★ 3年かかって50枚 ★

春夏秋冬の四期分で、50枚ほどの星座写真がつかわれることになったが、それは400コマほどのネガの中からそれぞれいいものを選んだものだ。

山奥へでかけなければいけないこと。快晴でなければいけないこと。月のないやみ夜であること。ツユのおりない低湿度の夜であること。そして、追尾技術が完全であること。こういった条件にしばられるので、けっきょく完成するのにまるまる3年かかってしまった。

（磯貝文利・文とえ）

4 へび座 (日本名)
SERPENS (学名)
セルペンス

へび座の みりょく

へび座は、へびつかい座を中心に頭部と、尾部が二分された珍しい星座だ。

へびつかい座の付属物的星座なのだが、ヘビだけを独立させると、けっこう鑑賞にたえる星列がある。

ヘビを苦手という人にとっても、星になったヘビの印象はそれほどわるくはない。

かま首をもたげて、かんむりの宝石（かんむり座）をつけねらうようすは、なかなか迫力があって絵になる。

宝石をねらうヘビの頭は、$\beta-\kappa-\gamma$の三角か、$\beta-\kappa-\rho \cdot \gamma-\kappa-\iota$がつくるX印だ。

ヘビのしっぽの先にヒコボシが輝く。ヒコボシからかんむり座にむかって、大きく弓なりに続くへび座の星列は、ヒコボシの投げなわといったふうにもみえる。オリヒメに贈るかんむりを、なげなわで手にいれようというのだろう。

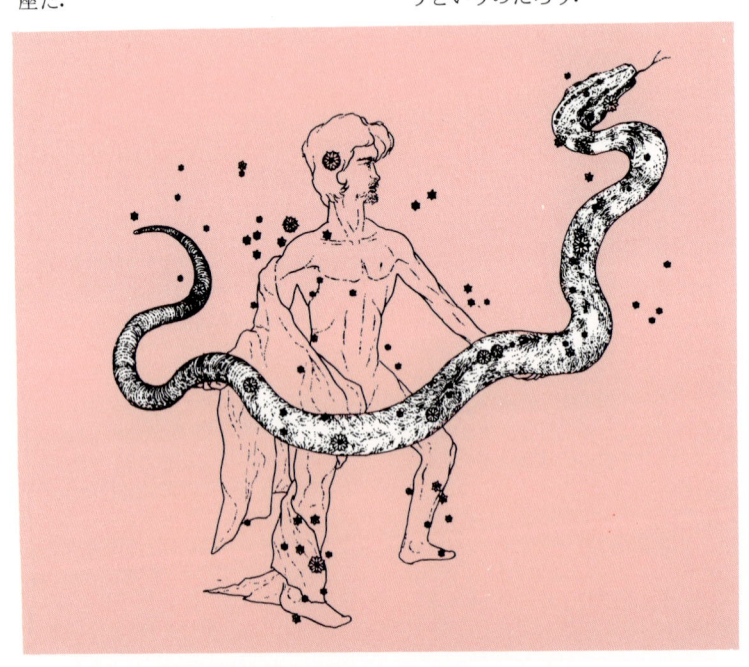

へび座

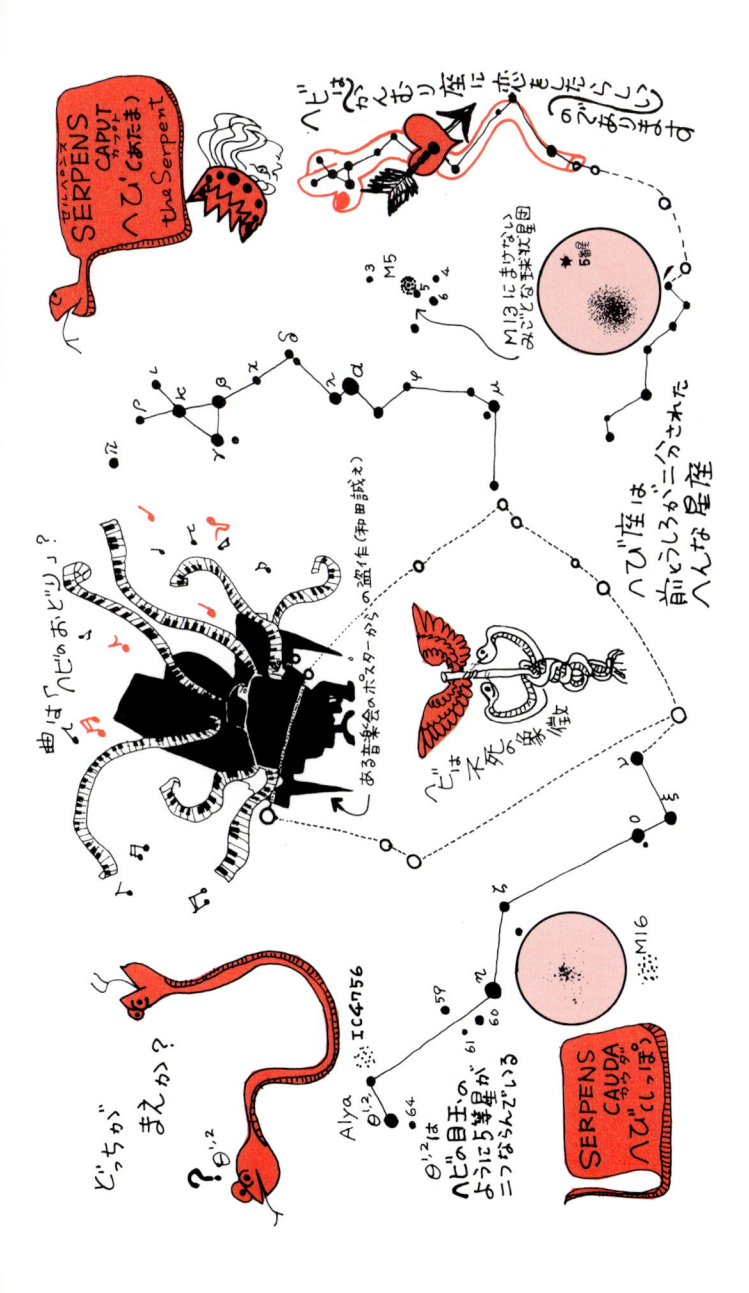

SERPENS CAPUT (あたま)
The Serpent

へびつかい座に形をったっているすごい星座ですよ。

M13にまけないみごとな球状星団

5等星

へび座は 前にもうしろにバッサリされた へんな星座

へびは死の象徴女

曲はへびのボレロ？

（ある音楽会のポスターから。盗作（中田喜直）？）

どっちがまえか？

θ¹·²

Alya IC4756
θ¹·²   64 59
       61 60

θ¹·²は
へびの目王のようにちかちか輝く星がニつならんでいる

SERPENS CAUDA (しっぽ)
へび座

M16

へび座の星々（頭部）

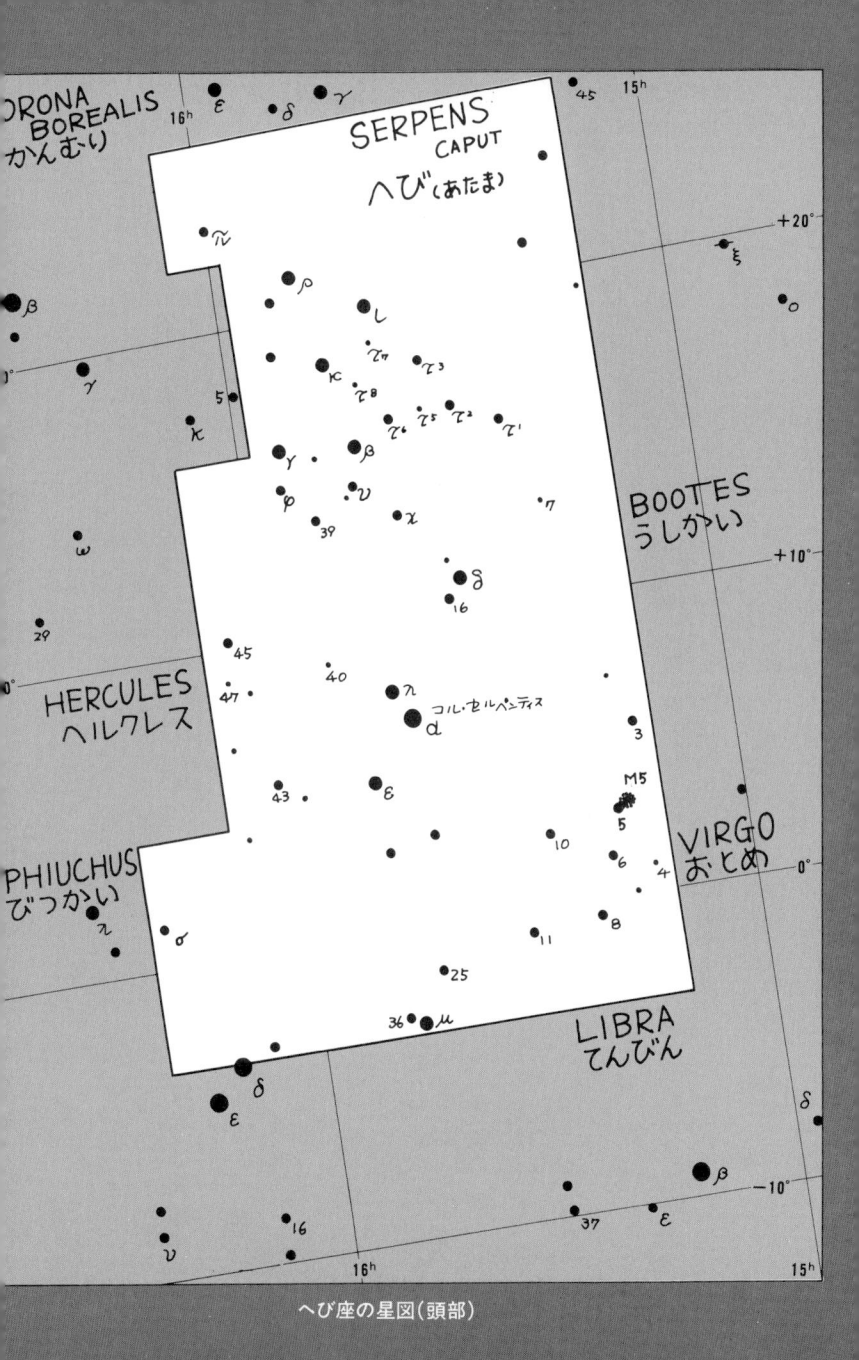

へび座の星図(頭部)

へび座の星々(尾部)

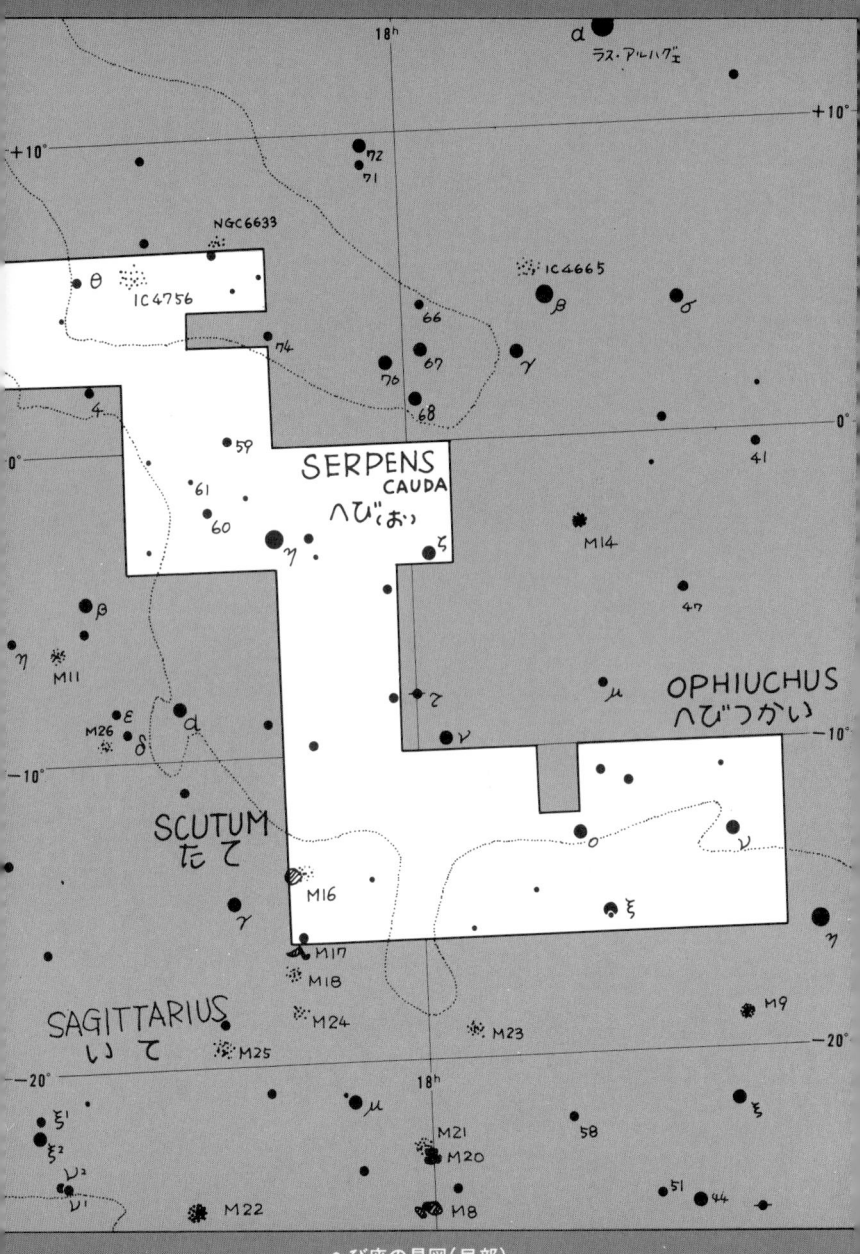

へび座の星図（尾部）

へび座のみつけかた

へび座は，もちろんへびつかい座がみつかれば自然にわかる．

頭は7月中旬の宵に南中するが，しっぽが南中するのは，8月下旬の宵になる．

天頂のかんむり座がみつかったらすぐ下（南）にヘビの頭の三角形がある．

星図と首っぴきで，頭から，しっぽの先までたどるのもおもしろい．

頭部は比較的わかりやすいが，しっぽはなかなかむずかしい．

うまくしっぽの先（θ，4.5等星）にたどりつけたら，その先にわし座のアルタイルがある．

へび座の星と名前

※ α アルファ
コル・セルペンティス
（ヘビの心ぞう）

ウヌク・アルハイ（ヘビの首）という呼名もあるが，α—λ—ε の小さな三角がかわいい．たぶん，ヘビの首はここで一回転しているのだろう．

< 2.8等　K2型 >

※ θ シータ
アルヤ（ヘビ）

これといって，めだつ星ではないが，なぜか固有名がのこっている．

ヘビのしっぽの最先端に輝く星なので，その先はわし座．しっぽはわし座の主星アルタイルをさしている．

< 4.5等　A5型 >

ヘビのねらいは小鳥か？たまごか？

コル・セルペンスは赤い2.8等星

球状星団M5は5番星とならんでいる

かんむり座

うしかい座（アルクトゥルス）

へび座の見どころガイド

＊みのがせない大球状星団 M5

　M5は、ヘビの首のちかくにある5番星の北西20′はなれてならんでいる．

　5番星は5.2等で、M5は6.2等だから、肉眼で認めるのはすこしつらい．双眼鏡でなら、主星αからε―φ―10―5とたどって、5番星と同視野にならんだM5の光点がかんたんにみつかる．

　このすこしにじんだ美しい光点は何十万個もの星がボールのようにあつまった直径130光年の大球状星団である．

　天体写真でみる大迫力を、小さな光のシミから感じとることは不可能だが、なんともいえない魅力があなたに迫るだろう．

＜球状星団　6.2等　視直径20′
27000光年＞

M5 口径 10 cm ×80

M5のさがしかた

＊星雲とかさなった散開星団 M16

　天体写真では、散開星団と散光星雲がかさなったみごとな姿をみせてくれるが、残念ながら、双眼鏡では星雲状の淡い光のかたまり以上にはみえない．たて座のγからたどるか、いて座のM17の上（北）をさがしたら、楽にみつかる．逆に、双眼鏡の視野をM16から下へ移動させると、M17―M18―M24がつづいてとびこんでくる．

＜散開星団　6.4等　視直径8′
5870光年＞

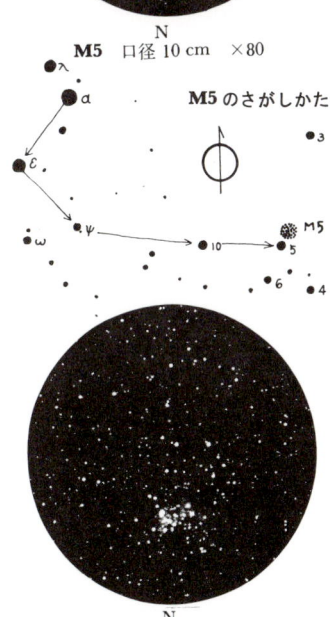

M16 口径 10 cm ×60

＊θは双眼鏡重星

　しっぽの先のθは、$θ^1$と$θ^2$（4.5等―5.4等、共にA5型）にみわけられる二重星．

　黄緑色の5等星が22″はなれて仲よくならんでいるのが、双眼鏡ならみえる．

5 ヘルクレス座（日本名）
HERCULES（学名）
ヘルクレス

ヘルクレス座のみりょく

ヘルクレス座が天頂にみられるのは，真夏の宵．

南からあおぐ勇士ヘルクレスは，頭を下にして，真夏の女王（こと座のベガ）の前でひざまずく．

女王に敬意を表しているようでもあり，女神の前で力尽きてうなだれるようにもみえる．

女神ヘラの呪いをうけて，彼の一生にはかずかずの苦難がつきまとい最後はみずから火中に身を投じて，命を絶ってしまう．

ヘルクレス座は，大きいわりに明るい星がなくてさがしにくい．それはいかにも，薄幸のヘルクレスを象徴しているかのようで淋しい．星になった彼はリュウの頭を踏みつけている．なぜか，そのりゅう座までも影がうすい．冒険物語に登場する勇敢な巨人ヘルクレスのイメージにはほど遠く，逆さになった星のヘルクレスは悲しそう．

ヘルクレスのシンボルマークは H
Hercules の H
Hero の H

ヘルクレスは 英語よみで Hercules ハーキュリーズ

りゅう座は巨人ヘルクレスに頭をふみつけられている

これ Dragon の頭
これ Giant の足

M92は M13にくらべると 小がらだが それなりに味わいのある星団 この星団がすこしかわっているのは 球状星団にはめずらしい青色の巨星がふくまれていること。

※M92

片ひざたてた ヘルクレスの ひざっこぞう

※M13

そのひざこぞうの先に 「オリヒメ」が輝く ひょっとすると ひざまづく ヘルクレスは 花束をささげ て彼女に プロポーズ中では

The Kneeling Man
HERCULES
ヘルクレス

M13は 最高. スバラシイ 球状星団. 双眼鏡で かんたんに みつかる. 小望遠鏡でも 50万個の 星の集団の へんりんが うかがえる.

花たばが?

ラス・アルゲティ

むし めがねを ほしいが ヘルクレスの根棒

なんと 太陽の直径の 800倍もあるまさに巨人の頭. M5型の赤色巨星 みかけはさえないが 類のない巨大な星を想像して ながめてみたい. 星.

ヘルクレス座の星々

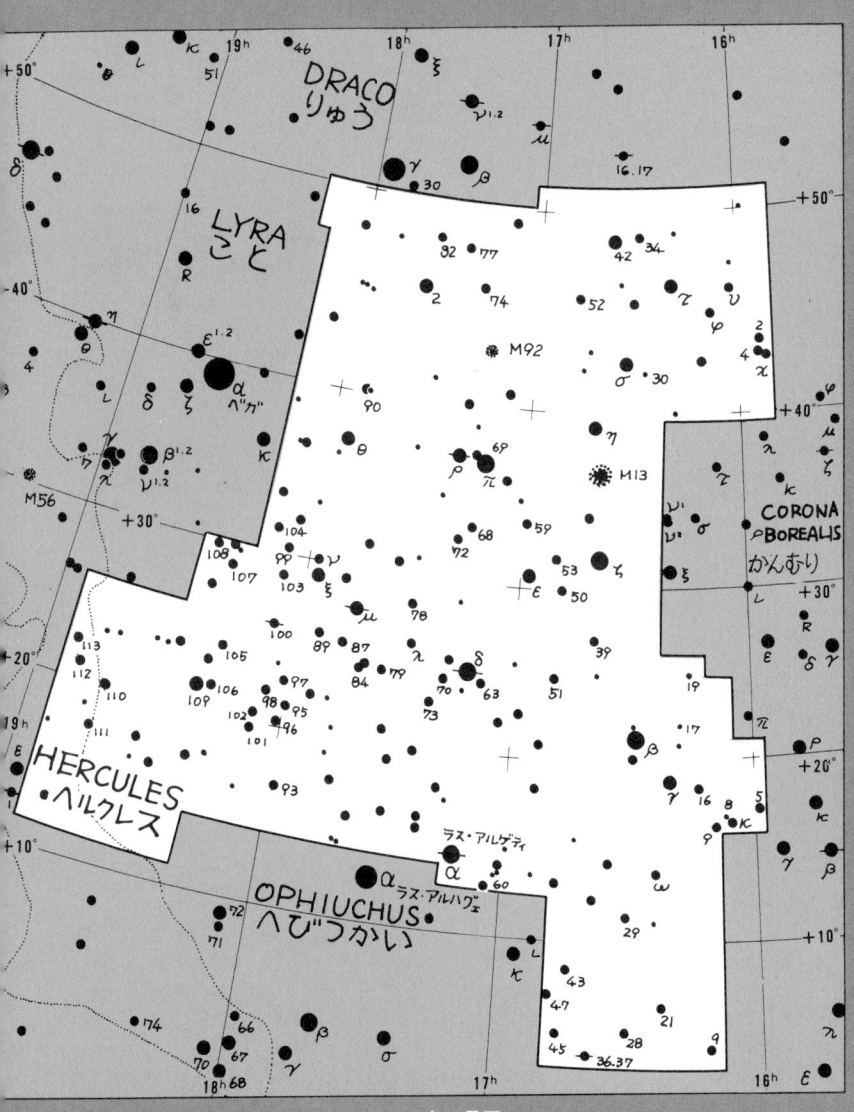

ヘルクレス座の星図

ヘルクレス座の みつけかた

主星αをはじめ、すべて3等星以下というヘルクレス座は、いきなりさがすより、ちかくの目だつ星の助けを借りたほうがいい。

さそり座が南中するころなら、すぐ上にへびつかい座があって、そのまた上に、ヘルクレス座がある。

へびつかい座の頭（α）の右（西）どなりにある3等星が、ヘルクレスの頭（α）だ。

さらにあおぐと、天頂にまん中のすこしくびれた変形のHがみつかるだろう。頭を下にしたヘルクレスのからだだ。

こと座と、かんむり座にはさまれたあたりに、ヘルクレスのHをさがすという手もある。

ヘルクレス座の日周運動

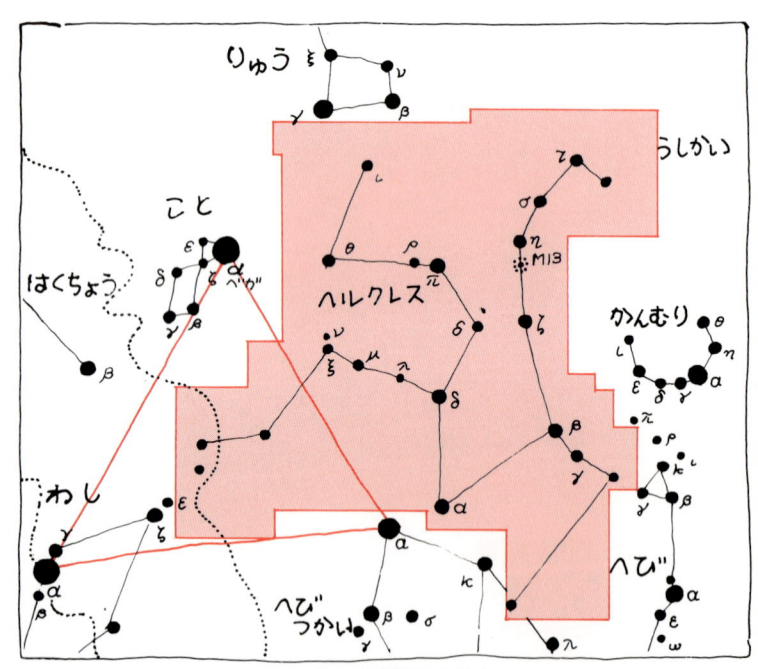

ヘルクレス座周辺の星座

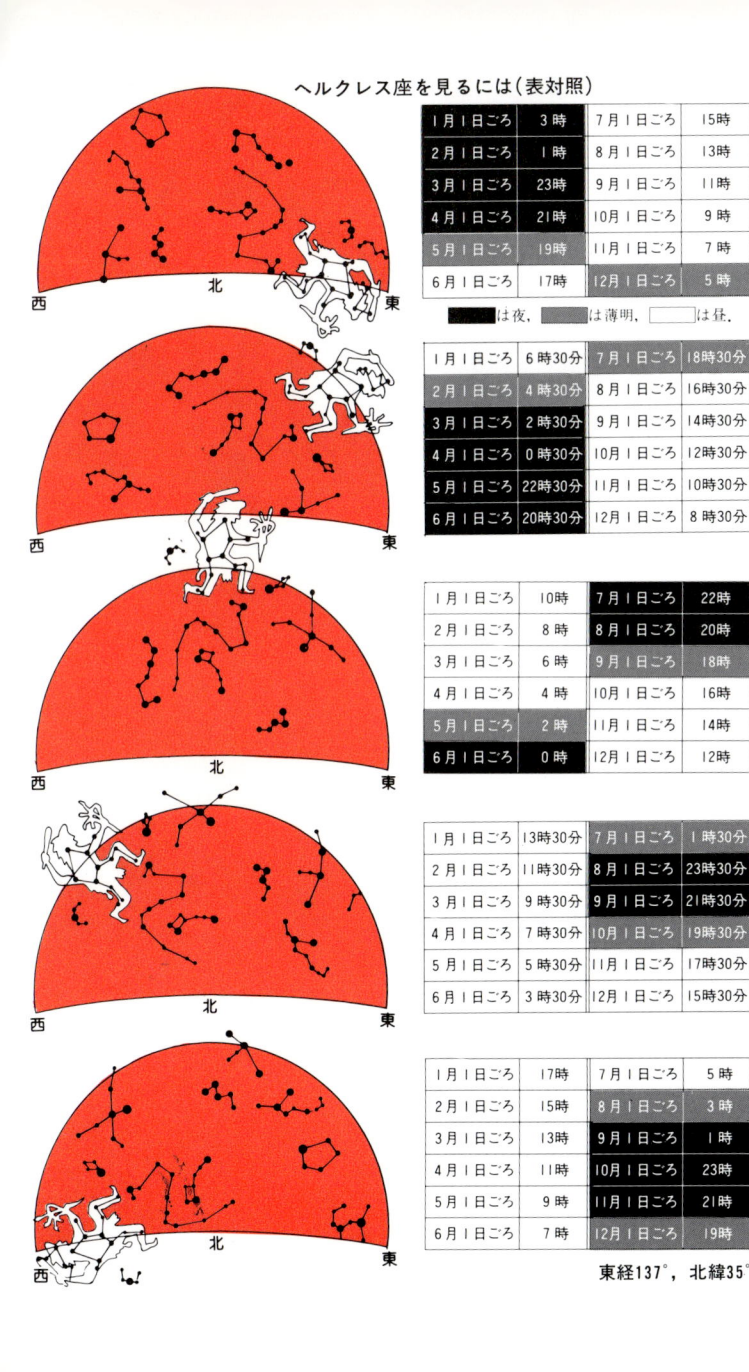

ヘルクレス座を見るには（表対照）

1月1日ごろ	3時	7月1日ごろ	15時
2月1日ごろ	1時	8月1日ごろ	13時
3月1日ごろ	23時	9月1日ごろ	11時
4月1日ごろ	21時	10月1日ごろ	9時
5月1日ごろ	19時	11月1日ごろ	7時
6月1日ごろ	17時	12月1日ごろ	5時

■は夜，■は薄明，□は昼．

1月1日ごろ	6時30分	7月1日ごろ	18時30分
2月1日ごろ	4時30分	8月1日ごろ	16時30分
3月1日ごろ	2時30分	9月1日ごろ	14時30分
4月1日ごろ	0時30分	10月1日ごろ	12時30分
5月1日ごろ	22時30分	11月1日ごろ	10時30分
6月1日ごろ	20時30分	12月1日ごろ	8時30分

1月1日ごろ	10時	7月1日ごろ	22時
2月1日ごろ	8時	8月1日ごろ	20時
3月1日ごろ	6時	9月1日ごろ	18時
4月1日ごろ	4時	10月1日ごろ	16時
5月1日ごろ	2時	11月1日ごろ	14時
6月1日ごろ	0時	12月1日ごろ	12時

1月1日ごろ	13時30分	7月1日ごろ	1時30分
2月1日ごろ	11時30分	8月1日ごろ	23時30分
3月1日ごろ	9時30分	9月1日ごろ	21時30分
4月1日ごろ	7時30分	10月1日ごろ	19時30分
5月1日ごろ	5時30分	11月1日ごろ	17時30分
6月1日ごろ	3時30分	12月1日ごろ	15時30分

1月1日ごろ	17時	7月1日ごろ	5時
2月1日ごろ	15時	8月1日ごろ	3時
3月1日ごろ	13時	9月1日ごろ	1時
4月1日ごろ	11時	10月1日ごろ	23時
5月1日ごろ	9時	11月1日ごろ	21時
6月1日ごろ	7時	12月1日ごろ	19時

東経137°，北緯35°

ヘルクレス座の歴史

　プトレマイオス48星座のひとつ．古くはひざまずく者と呼ばれたが，のちにギリシャ神話の英雄ヘルクレスの姿とされた．

　したがって，星空のヘルクレスは片ひざをついてこん棒をふり上げている．

　それにしても，あの暗い星々を結んで，うまくひざまずく人の姿がえがきだせたものだと思う．

ヘベリウス星図の「ヘルクレス座」

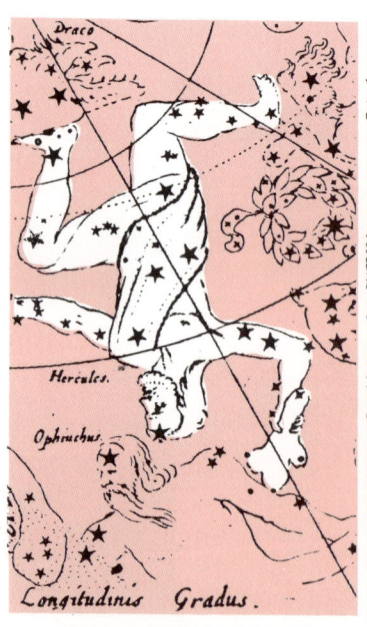

バルチウス星図の「ヘルクレス座」

ロワーエ星図の「ヘルクレス座」

ヘルクレス座の星と名前

*α¹,²アルファ
ラス・アルゲティ（ひざまずくもの）

へびつかい座の頭，ラス・アルハゲの右（西）どなりにある3等星が，ひざまずくヘルクレスの頭だ．

ラス・アルゲティと，ラス・アルハゲ（2等星）が並んでいる．

枕をならべた二人の英雄の体は，まったく逆になって，ヘルクレスのH（からだをあらわす）は頭の上（北）にある．

この星は周期も変光範囲もきわめて不規則な変光星．晩年をむかえた赤色超巨星で，なんと太陽の直径の800倍もある．星になった英雄ヘルクレスはかなりの頭でっかちなのである．

< α¹ 変光 3.0等～4.0等
　　周期100日　M5型 >
< α² 5.4等　F8型 >

バイエル星図の「ヘルクレス座」

デイサイメートール星図の「ヘルクレス座」

*βベータ
コルネフォルス（こん棒をもつもの）

ヘルクレスの右腕のつけねにあるが，こん棒の星列は暗くてはっきりしない．天にのぼったヘルクレスは平和主義者に変身したらしい．

こん棒よりもHEIWAの頭文字Hがヘルクレス座のシンボルなのだ．

< 2.8等　G8型 >

*κカッパ
マルファク（ひじ）

こん棒をふり上げるヘルクレスのひじをあらわす．

< 5.3等　G4型 >

*ωオメガ
クヤム（こん棒）

ヘルクレスのふりあげたこん棒付近にあるが，とても豪けつのもつこん棒とはおもえない．こんなななさけないこん棒でたたかわねばならないヘルクレスはかわいそう．

< 4.5等　A2型 >

ヘルクレス産の伝説

●英雄ヘルクレスの大冒険

ヘルクレス Hercules は，ギリシャ神話の中で，最大の英雄といわれるが，悲劇の人でもある．

悲劇は，大神ゼウスがアムフィトリオン Amphitryon（ペルセウスの孫）の妻，アルクメネ Alkmene を愛したことに始まる．

ゼウスは，夫の留守をみはからってアルクメネをたずねた．その日の夜はゼウスによって三倍も長くひきのばされた．

やがて，アルクメネから，アムフィトリオンの子イピクレスと，ゼウスの子ヘルクレスが，双児として生まれた．

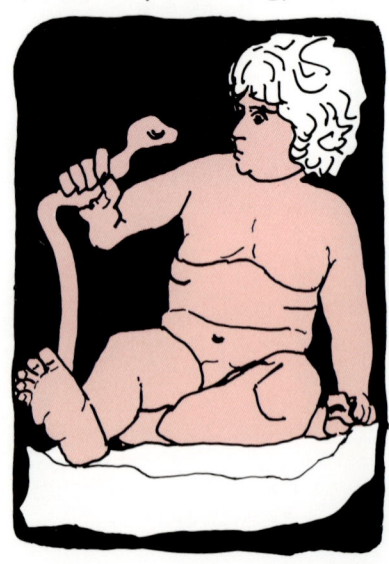

ゼウスの妻ヘラはこのことを嫉妬して，以後ことごとくヘルクレスにつらくあたった．

同情した富と幸福の神ヘルメスは，ヘルクレスを不死身にしようと，ヘラの眠っているすきに彼女の乳を吸わせようとした．

女神が目覚めて赤ん坊のヘルクレスをつきとばした時，赤ん坊ながら怪力のヘルクレスが乳房をつかんだので，ほとばしりでた乳は天までとどいた．天をよこぎったヘラの乳は，そのまま銀河 Milky Way になったという．

ヘルクレスが生まれて八か月後，ヘラは二匹の毒蛇をおくって，赤ん坊の殺害をくわだてたが，ヘルクレスは両手に一匹ずつつかんで締め殺してしまった．

ヘルクレスは成長するにしたがって，ますます怪力ぶりを発揮するのだが，そればかりではなく，音楽をはじめ多くのことを学び，文武両道にすぐれた英雄になった．

*

ヘルクレスは，テーバイの王クレオンの娘メガラを妻にし，8人の子どももできた．しかし，女神ヘラの呪いはどこまでも追ってきた．

ヘルクレスは，ある日突然正気をうしなって，自分の子と，兄弟イピクレスの子を火中に投げて殺してしまった．

正気にかえったヘルクレスは，自分のしたことの恐しさに震え，自殺をくわだてたが，女神アテナはその罪をつぐなうようにさとした．

ヘルクレスはアポロンの指示をうけて，12年間，この世に奉仕することを誓った．アポロンはそれが終っ

たとき，彼を不死身にすると約束した．

こうして，彼の12の冒険が始まるのだが，彼にとっては罪をつぐなうための難行苦行であった．

第1の冒険は，ネメアの森のライオン退治（しし座）．

第2の冒険は，レルネの沼にすむヒドラという九頭の毒蛇と，大ガニ退治（うみへび座とかに座）．

第3の冒険は，ケリュネイアの山中で，黄金の角をもった大鹿の生けどり．

第4の冒険は，エリュマントスの山での大猪（イノシシ）の生けどり．

第5の冒険は，エリス王アウゲイアスの家畜小屋の大掃除．

この小屋は3000頭の牛を飼育していたが，すでに30年間まったく掃除をしてなかった．

ヘルクレスは1日で溜った糞をはこびだしてしまう約束をした．

彼は小屋の床に穴をあけてから，流れる川をひきこんだ．川はたちまち小屋の中を洗い流してしまった．

第6の冒険は，ステムパリデス湖畔の怪鳥退治．

銅の爪と銅のくちばしをした猛禽で，人を食べたという．

第7の冒険は，クレタ島のあばれ牡牛の生けどり．

第8の冒険は，ディオメデス王の人食い馬の生けどり．

第9の冒険は，女人国アマゾンの

歳差のいたずら
ひっくりかえった英雄
星座の早がえり

さかさまになった現代のヘルクレスは，生まれた頃（5000年昔？）は歳差のせいで頭が天頂付近にあって，北からあおぐとさかさまではなかったはず．当時北緯35度（ギリシャのアテネは北緯38度，メソポタミア地方は北緯35度付近）であおぐと，頭の南中高度が80度をこえるのでからだをあらわすH字形の星列は，南中時でも北の空でみられる．

ところが，そのかわり"うしかい座"が北天に移動して，逆立してしまうのはどういうことだろう．当時のうしかい座は周極星座でほとんど沈まないから，北極星の下を通るとき，正常に見えたからだろうか．

さて，同じ手で，上下逆さまの天馬ペガススを正常な姿勢で飛ばせられるだろうか？

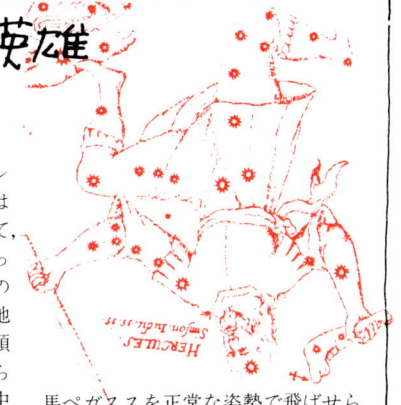

実は，5000年前のペガススは現在よりもっと低く，天の赤道上を逆さまになって飛んでいた．なぜ先人たちは天馬をさかさまにしたのだろう．ペガススが北の空で正常に飛ぶのは，これから4000年ほど未来の夜空を待たなければならない．

女王ヒッポリテの帯をうばうこと.

第10の冒険は，ゲリュオンの牛をぬすみだすこと．ゲリュオンは無数の牛をもつ怪物．

第11の冒険は，ヘスペリデスの園から黄金のリンゴをうばうこと．

このリンゴはヘスペリデスの七人の娘たちと，百の頭をもつ不死身の竜が番をしていた（りゅう座）．

第12の冒険は，死の世界の番犬ケルベルスの生けどり．

ケルベルスはネメアのライオンの

幻の星座シリーズ

ケルベルス座
CERBERUS

現在のヘルクレス座の左手付近に，ポーランドのヘベリウスが1690年に設定した星座．109番星を中心にして微光星がいくつかかたまっている．

ケルベルスは，ギリシャ神話に登場する地獄の番犬である．頭が3つ，首から蛇がかま首をもたげているという化け犬で，ヘルクレスの冒険物語では，彼に捕えられる．

このものすごい怪犬のイメージは，ケルベルス座にはない．むしろ冬のおおいぬ座に結びつけたいところだ．はげしいシリウスの輝

↖ ヘルクレスににぎられた「ケルベルス座」
↙ ヘルクレスとケルベルス

きは地獄の番犬にふさわしい．オリオンの猟犬とするだけでは役不足というものだ．

ヘベリウスのケルベルス座はいまはない．

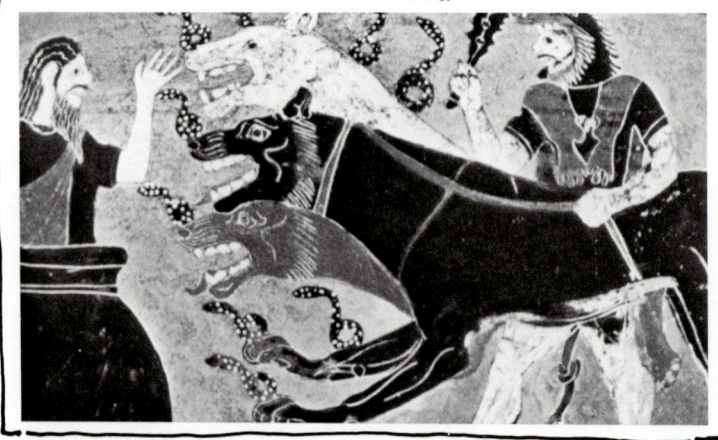

兄弟で,三つの頭と,竜の尾をもち首のまわりには無数の蛇が鎌首をもたげるという怪犬だ.

*

12の大冒険をやりとげて自由になったヘルクレスは,その後も多難であった.しばしば女神ヘラの命をうけた"狂気"が,ヘルクレスの胸に舞い降りて彼を苦しめたからだ.

新しい妻デイアネイラと二人で旅にでて,大きな川にさしかかったとき,妻は渡し守のネッソス(ケンタウロス族)に襲われた.

ヘルクレスは,河からでてくるネッソスの心臓を毒矢で射抜いた.

射たれたネッソスは,ヘルクレスの心が欲しい時には,自分の血をつかうといいと,彼女にいいのこして死んだ.

さてその後,夫の前にイオレとい

リヒテンベルク星図の「ヘルクレス座」

う魅力的な女性があらわれた.デイアネイラは夫ヘルクレスの愛を失うことを恐れ,ネッソスの言葉をおもいだした.そして,ひそかに夫の下着に彼の血をぬりこんだのだ.

血に含まれた毒が,その下着をつけたヘルクレスの体内にまわりはじめた.気がついた時はすでに遅く,皮膚は腐蝕し,下着をぬごうにも肉もろとも引き剝がさなければならなかった.

みじめな姿で帰ってきた夫をみた妻は,自分のおろかさを恥じてその場で自害した.

ヘルクレスは,オイテ山の上に自分の火葬の用意をするよう子どもたちに命じた.そして,火をつけるようたのんだが,だれもそれをのぞまなかった.

そこで彼は,ちょうど通りかかった羊かいの男にたのんで火をつけさせた.

炎はたちまち彼をつつみ,やがて煙が天にとどくと,突然雷鳴がとどろき稲妻がはしった.すると,厚い雲がわきあがり,ヘルクレスをかくすように包みこんで天にはこんだ.

天にのぼったヘルクレスは星になった.彼の父大神ゼウスがそうさせたのだ.

(ギリシャ)

ヒドラ退治 アントニオ・ポライウオロ画

ヘルクレス座の 見どころガイド

*みごとな大星団 M13

ヘルクレス座の M 13 は、はじめて見た球状星団だという人が多い．

これぞ球状星団といえるみごとな姿をみせてくれるし、みごとな天体写真をみて誰もが一度は本物をみたいと思っているからだ．

η とζの間、ζから 2/3 あたり、η の南約 2.5°をさがしてみよう．暗夜なら肉眼で十分認められる大星団だ．双眼鏡ではにじんだ星雲状の姿が美しい．

チャンスがあれば天体望遠鏡で、それもできるだけ大口径のもので、ぜひこの球状星団のみごとな姿をみてもらいたいとおもう．

球状星団 M13 には 50 万個以上の星がひしめいている．しかし、ほとんどが温度の低い赤い星ばかりであること、なぜか球状に集まっていること、銀河付近にみられる散開星団とちがって星間ガスがみられないこ

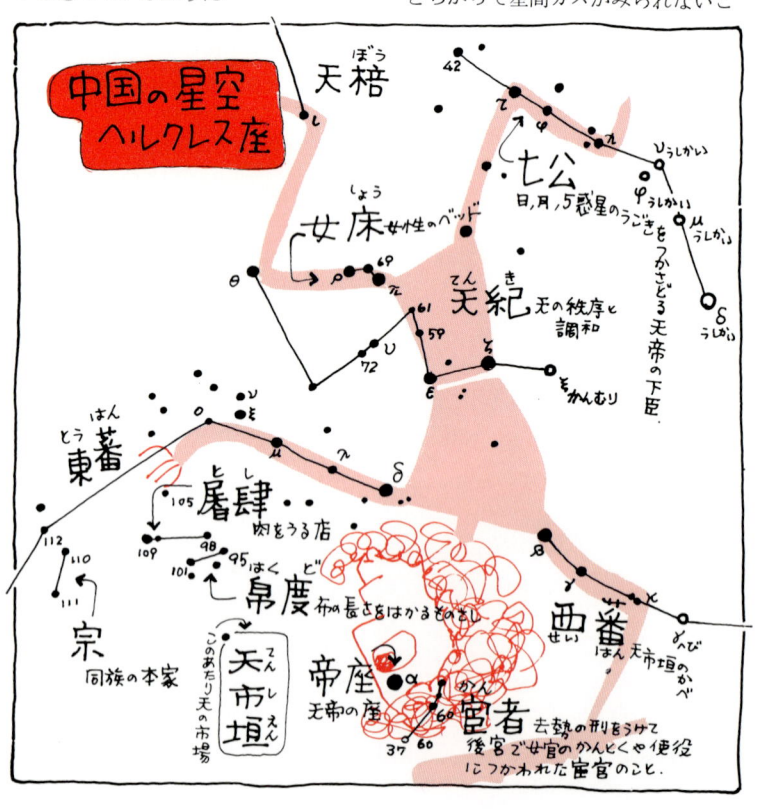

中国の星空 ヘルクレス座

天棓 ぼう
七公 日,月,5惑星のラごきをつかさどる天帝の下臣
うしかい
女床 女性のベッド しょう
天紀 天の秩序と調和 き
かんむり
東蕃 とうはん
屠肆 肉をうる店 としし
西蕃 せいはん 天市垣のかべ
鼻度 布の長さをはかるものさし びど
宗 同族の本家
天市垣 このあたり天の市場 てんしえん
帝座 天帝の座
宦者 去勢の刑をうけて後宮で女官のかんとくや使役にっかわれた宦官のこと．

となど，わが太陽や，付近の星々とはちょっとばかりようすがちがう．

たいへん興味深いことは，この球状星団の星々は，わが銀河系で最初に生まれた星々で，その生きのこりの集団だと考えられることだ．

この"星の化石？たち"の奇妙なふるまいは，まだ多くの謎につつまれている．たとえば，なぜ彼等は球状にあつまっているのだろう？　古い星の集団なら多くの星が爆発してその一生を終えているはずなのに，なぜこの星団の中にガス星雲がみられないのか？　など，かんじんなことがわからない．

球状星団の謎がとけたとき，わが銀河系誕生の秘密も，宇宙誕生の秘密も解きあかされることになるのだろうか？　それもわからない．

< 球状星団　5.7等　視直径23′
22500光年 >

✴小粒でピリッとからいM92

有名なM13のかげにかくれて見のがされがちだが，小粒でピリッとからい感じのけっこう立派な球状星団だ．

肉眼でもみつける人がいるくらいだから，双眼鏡ならかんたんに小さな星雲状のかたまりがみつかるはずだ．

中心部の密度がたかい球状星団で大きさも，星数も，M13にくらべて小型軽量．M13が王様なら，こちらは女王様といったところ．

ηとιの中間，すこしιよりに見当をつけるとみつかる．

< 球状星団　6.1等　視直径10′
37000光年 >

M13　口径10cm ×60

✴巨人の赤ら顔

あらためて，この巨人ヘルクレスの頭（ラス・アルゲティ）に注目してみよう．

一見さえない3等星だが，M5型という赤い顔は，となりのへびつかいの白い顔（A5型）と対照させてみるとはっきりわかる．ヘルクレス座のαはなんと太陽の直径の800倍もあろうという赤色超巨星なのだ．巨人の頭にふさわしい"巨人の星"である．

壮年期を過ぎたこの星は，いま苦しそうに脈動して不規則に明るさをかえる．100日ぐらいの周期で3等から4等の間で変光する半規則変光星だ．ところでこの星には，4.″6はなれて黄色の5.4等星がくっついている．もし，小口径の天体望遠鏡をのぞくチャンスがあれば，赤と黄（オレンジと緑）の色の対照が楽しめるだろう．実はこの5等星はαの伴星で，主星のまわりを約111年かかって回っている．そしてこの伴星には，更にそのまわりを約50日で回るお伴の星がいるらしい．

< 変光星－5.4等星（M5-F8型）
α¹　α²
α¹ 3.0～4.0等 >

● 星座絵のある星図 ●

もっとも ポピュラーな
フラムスチードの星図

　フラムスチードJohn Flamsteed（1646—1719）は，イギリスの有名な天文学者である．

　彼はグリニッジ天文台の初代台長をつとめ，星の位置観測の第1人者として活躍した．精密な観測の結果は，死後，遺志をついだ友人によって星表(1725)や星図(1729)にまとめて出版された．

　フラムスチードの星図には，ロンドンからみられる54の星座と3000の星がかきこまれている．この星図がながく活用され，愛用されたのは，これまでの多くの星図が，星占い的な興味の対象であったり，美術的な鑑賞用であったのに対して，天文学用として信頼できるものであったかたらだろう．

　加えて，フラムスチードの星図で忘れてならないものは，新しい記名法が採用されたことと，すばらしい星座絵がえがかれたことだ．

　新しい記名法は，フラムスチード番号と呼ばれ，バイエル記号と共に現在もなお，もっとも一般的に活用されている．

　バイエルは，星座ごと光度順にギリシャ文字とローマ文字をつかって呼ぶ記名法を採用したが，フラムスチードは，それにもれた星をふくめ

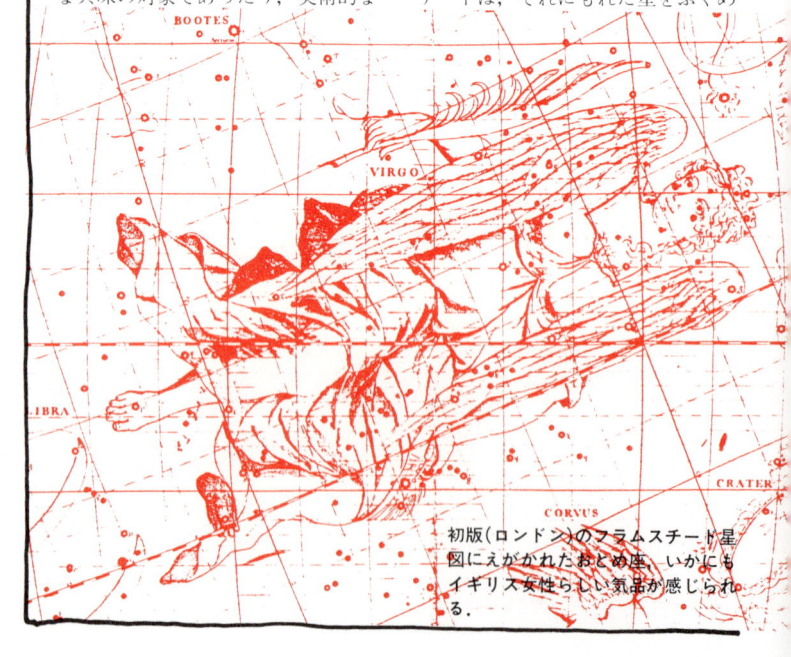

初版（ロンドン）のフラムスチード星図にえがかれたおとめ座，いかにもイギリス女性らしい気品が感じられる．

て，星座ごと赤経順に数字（1から順に）による記名法をとった．この記名法によって，肉眼でみられるすべての星に名前がつけられたわけで，その功績は大きい．

みごとな星座絵は，ジェームス・ソーンヒルSir James Thornhillというイギリスの有名な歴史画家によってえがかれたものだが，その魅力的な星座絵があったからこそ，この星図がこれだけ多くの人々に愛されたのだ．

現在，星座絵といえば，だれもがフラムスチードの星座絵をおもいうかべる，といってもいい．

星座絵の基本形として，この絵を参考にいくつかの星座絵が生まれている．

ロンドンで出版された初版は，木版で27図，たて24インチ×よこ20インチ（60cm×51cm）という大版だったが，1776年にフランスのパリで出版された第2版は，使いやすいように16cm×21cmの縮少版（銅版30図）となった．

第2版は，フランスのフォルタンJ. Fortinによって発行された．銀河をかきこんだり，パリから見える星や，ラカイユやメシエの観測した星雲・星団を加えるなど，いくつかの改良，訂正をするとともに，ルモニエの南天星図も加えられた．その後フラムスチードの星図は，1781年にはドイツのベルリン版が，1795年にパリ版の改訂版がでている．

第2版(パリ版)は，日本で恒星社から複刻版がでているので，私たちにも簡単に手に入れられる．

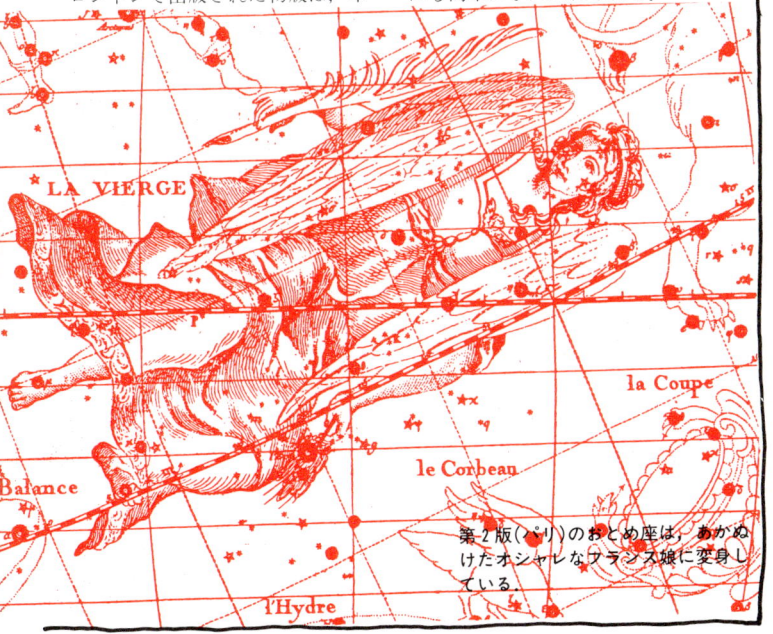

第2版（パリ）のおとめ座は，あかぬけたオシャレなフランス娘に変身している．

6 こぐま座（日本名）
URSA MINOR （学名）
ウルサ・ミノル

こぐま座の みりょく

こぐま座のしっぽの先に北極星がある．だから，こぐま座は一年中地平線の下に沈むことはない．

コグマのしっぽの先を画鋲でとめてぐるぐるふりまわしたら，ずいぶんしっぽが長くのびてしまった．のびすぎて，いまにも切れそうなしっぽに心細げなコグマだが，オオグマ（おおぐま座）が，いたわるようにやさしくその周囲をまわる．

しっぽの先の画鋲だけが，やけに目だって，いたましくさえ感じられる．

すこし目をこらすと，小北斗と呼ばれる七つ星が，ひしゃくのようにならんでいる．本物の北斗七星にくらべると小さいし，星も暗くめだたないが，それがいかにもコグマらしくて可愛い．

こぐま座の北極星というより，北極星あってのこぐま座といったほうがふさわしい"こぐま座"である．

ところでコグマのシッポをとめたこの画鋲，コグマどころか，実は天のすべてをふりまわしている．

「天の角笛」という 呼名があった.
耳をすませてみよう
天の北極の角笛のかなでる
"北極星の詩"がきこえてくるに
ちがいない.

Polaris
北極星
天の北極
約1°はなれている

ギリシャ時代のこぐま,
こぐまは天の北極のま
わりをおたがいにまわったのに
歳差のせいで、いまは
こぐまが北極につながれ
おおぐまは心配そうにその
まわりをまわる.

おおぐま
こぐま
大昔の天の北極
(ギリシャ時代)

長すぎるこぐまのしっぽ.
しっぽの先を
画びょうで
とめられて
毎日毎日
ぐるぐる ぐるぐる
だから こぐまのしっぽは
こんなにのびてしまった
のだ. かわいそうなこぐまの
はなし.

URSA MINOR
ウルサ ミノル
こぐま
the Little Bear

北極星

こぐま座の星々

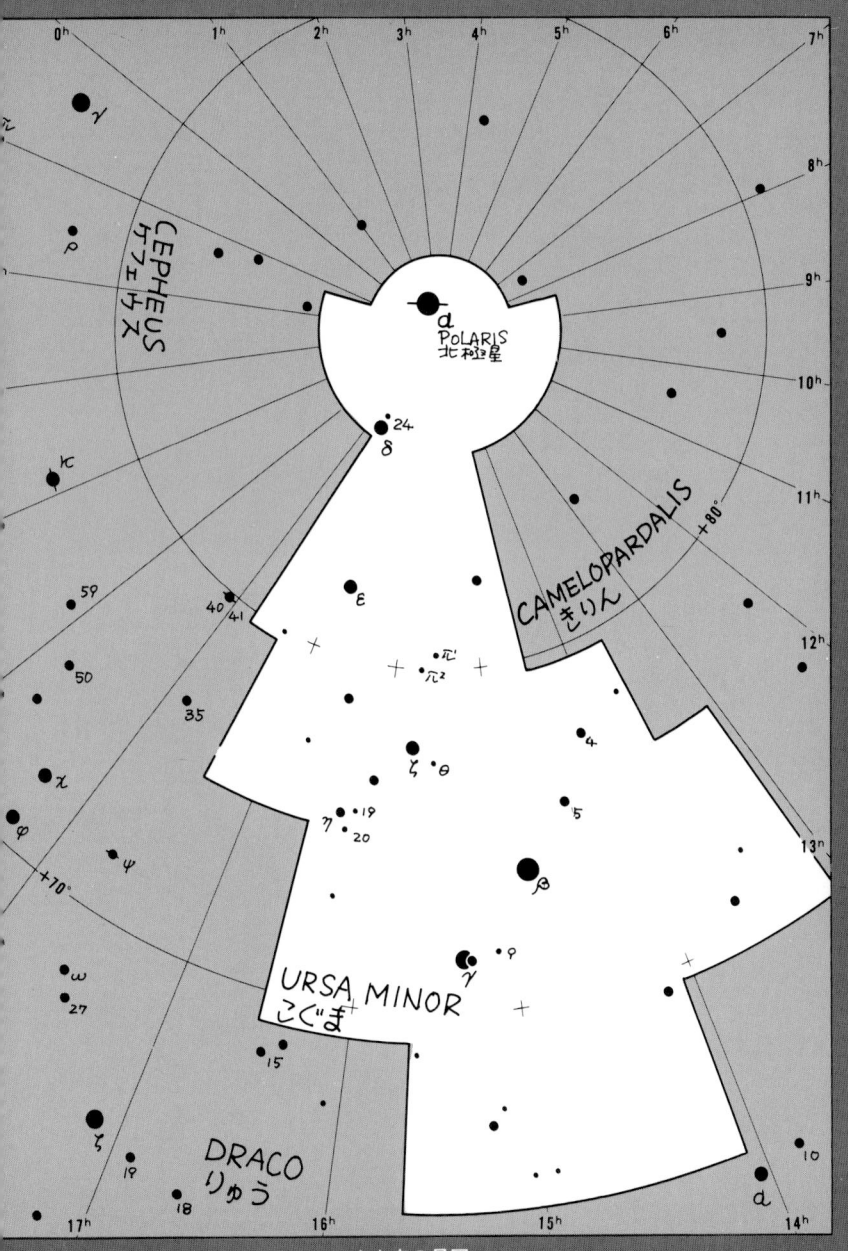

こぐま座の星図

こぐま座の みつけかた

　こぐま座はまず北極星をみつけることだ.

　北極のほぼ真上にあって，一年中ほとんど位置をかえないし，ちかくに明るい星もないので，みつけるのに苦労しない.

　この北極星（α）から，δ—ε—ζ—η—γ—β と結んだミニ北斗七星がコグマのしっぽとからだだが，都会の空でたどれたら，よほど空の条件がいいときか，あるいは，よほど目のいい人なのだろう.

　北極星のみつけかたはいろいろあるが，北をむいて，その土地の緯度だけあおぐのが，もっとも簡単で確実.

　逆に北が知りたいときのために，北斗七星やカシオペヤからとか，夏の大三角や，秋の四角星を利用する法など，北極星のみつけかたをいろいろ知っていると便利だ.

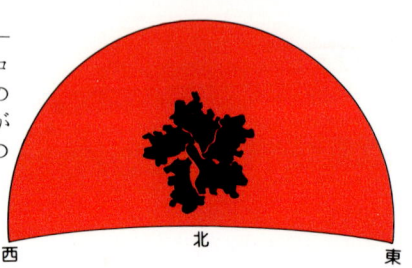

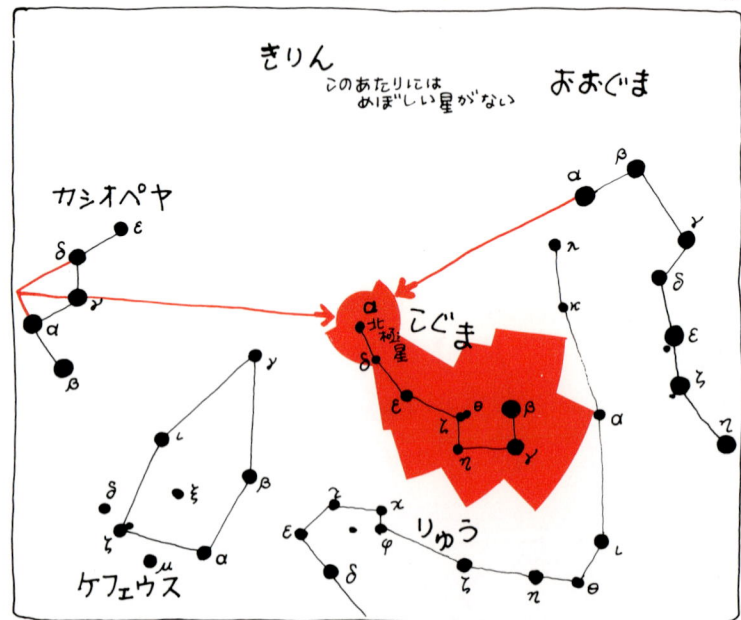

こぐま座の日周運動

西　　　北　　　東

こぐま座周辺の星座

こぐま座を見るには（表対照）

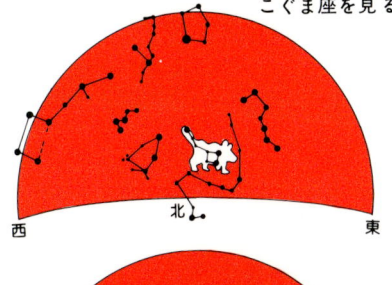

1月1日ごろ	23時	7月1日ごろ	11時
2月1日ごろ	21時	8月1日ごろ	9時
3月1日ごろ	19時	9月1日ごろ	7時
4月1日ごろ	17時	10月1日ごろ	5時
5月1日ごろ	15時	11月1日ごろ	3時
6月1日ごろ	13時	12月1日ごろ	1時

■は夜，▨は薄明，□は昼．

1月1日ごろ	4時	7月1日ごろ	16時
2月1日ごろ	2時	8月1日ごろ	14時
3月1日ごろ	0時	9月1日ごろ	12時
4月1日ごろ	22時	10月1日ごろ	10時
5月1日ごろ	20時	11月1日ごろ	8時
6月1日ごろ	18時	12月1日ごろ	6時

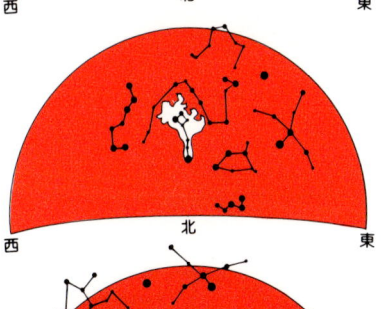

1月1日ごろ	9時	7月1日ごろ	21時
2月1日ごろ	7時	8月1日ごろ	19時
3月1日ごろ	5時	9月1日ごろ	17時
4月1日ごろ	3時	10月1日ごろ	15時
5月1日ごろ	1時	11月1日ごろ	13時
6月1日ごろ	23時	12月1日ごろ	11時

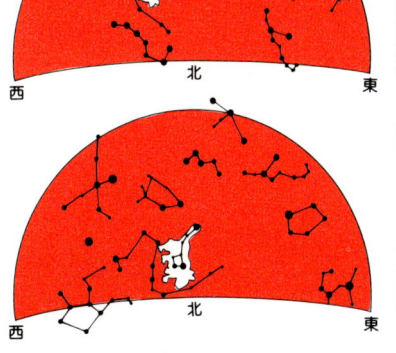

1月1日ごろ	14時	7月1日ごろ	2時
2月1日ごろ	12時	8月1日ごろ	0時
3月1日ごろ	10時	9月1日ごろ	22時
4月1日ごろ	8時	10月1日ごろ	20時
5月1日ごろ	6時	11月1日ごろ	18時
6月1日ごろ	4時	12月1日ごろ	16時

1月1日ごろ	19時	7月1日ごろ	7時
2月1日ごろ	17時	8月1日ごろ	5時
3月1日ごろ	15時	9月1日ごろ	3時
4月1日ごろ	13時	10月1日ごろ	1時
5月1日ごろ	11時	11月1日ごろ	23時
6月1日ごろ	9時	12月1日ごろ	21時

東経137°，北緯35°

こぐま座の歴史

おおぐま座の北斗七星と，こぐま座の小北斗の星列が似ているのは，偶然がつくった大傑作だ．

古くから人々の目にとまって，古代バビロニアでは，大小の荷車にみていたらしい．のちにフェニキア人か，あるいはギリシャ人によって大小の熊になったのだろう．

ヘベリウス星図のこぐま座

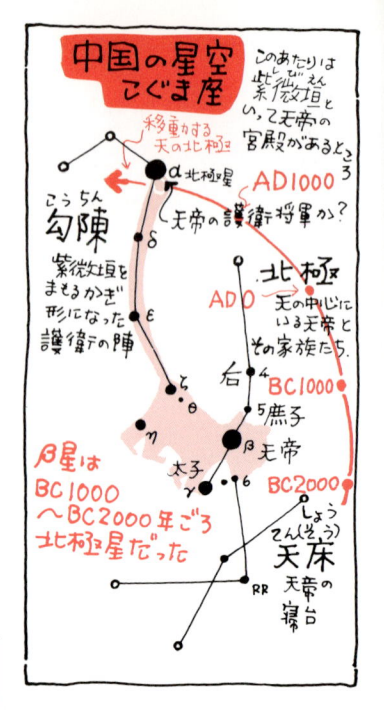

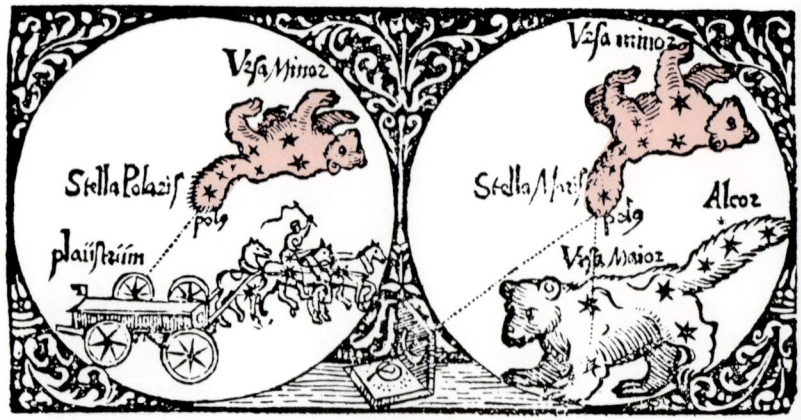

中国の星空 こぐま座

このあたりは紫微垣(しびえん)といって天帝の宮殿があるところ

移動する天の北極
α 北極星
AD1000
勾陳(こうちん) — 天帝の護衛将軍か？
紫微垣をまもるかぎ形になった護衛の陣

北極 — 天の中心にいる天帝とその家族たち
AD0
BC1000
右
5 庶子
太子 天帝
β γ δ
BC2000

β星はBC1000～BC2000年ごろ北極星だった

天床(しょうとう) — 天帝の寝台
RR

アピアン星図(1524年)のこぐま座とおおぐま座
（ワシントン州議会図書館所蔵）

こぐま座の星と名前

*α アルファ
北極星／ポラリス

　その名のとおり，北極のま上に輝く星で，日本人でこの星を知らない人はあるまい．

　"ポラリス Polaris" とか，"ポールスター Polestar" と呼ばれるように，星空の日周運動の軸となるわけで，年中いつも同じところに輝く．かなり古くから，どの民族も，方角を教えてくれる星として大切にし，利用もしていたようだ．

　マルコポーロも，漂流した万次郎も，そして，ヨットで太平洋を横断した堀江氏も，何度もこの星をあおいだにちがいない．

　日本にもいくつかの呼名がある．
　"子（ね）のほし" のネは十二支で方角をあらわすときの北のこと，"北のひとつ星"，"方角星（ほうがくぼし）"，"目じるし星"，"北の心星"，"北星" はいずれも北極星以外の なにものでもないという呼名だ．

　"北辰（ほくしん）" という呼名もある．中国が漢といったころ，北辰を神とあがめて星祭がさかんであった．北辰信仰はもちろん日本にも伝わり，平安時代には熱狂的な信者が多かったという．

　すべての星が，北辰を中心にまわるようすから，すべてを従える神というみかたが生まれたのだろう．

　中心に妙見菩薩（みょうけんぼさつ）があって，そのまわりに北斗七星（七菩薩）をしたがえているというみかたもあったようだ．

妙見菩薩 みょうけんぼさつ
北辰妙見尊星王

　ところでこの北辰は，正確には約1°（満月を二つならべたくらい）天の北極からはずれている．

　カメラを固定して長時間露出をすると，北極星の軌跡が半径1°の小さな円をえがいて動くことがわかる．

　北辰妙見信仰の盛んであった時代に，北辰は天の中心ではないと話したら，信者の袋だたきにあったかもしれない．

地球の歳差運動で，天の北極と北極星は今後更に接近し，2102年には27.′6までちかづく予定だ．
"妙見さま"や"北辰さま"の霊験は一層あらたかになることだろう．
ゆめゆめ疑うことなかれ．
< 2.1等　F8型 >

＊α-δ-ε-ζ-η-γ-β
小北斗

北極星から七つの星を結んで小さなひしゃくができる．北斗七星に対して"小北斗"と呼ぶが，δからηまでの4星は，すべて4等星以下と暗い．都会の空で小北斗を認めることはむずかしくなった．

ところで，イタリヤではこの形を"天の角笛（つのぶえ）"と，ロマンチックな見かたをした．北極星に口をつけて，おもいきり吹いたらどんな音色がきこえるのだろう？

都会でみる天の角笛からは，きっと，つまったスモッグと騒音が飛びだすにちがいない．

＊β ベータ
コカブ（星）

歳差のせいで，3000年ほど前はこの星が天の北極にもっとも近い"北の星"であった．つまり，昔北辰，今はただの星，というわけだ．

現在のβは，γと並んで北極星の周囲をまわる．そのようすからこの二星に"番の星"，"やらい（矢来）の星"という呼名もある．

北斗七星につけねらわれる北極星を守る星ということだ．同じ意味で"Guards of Pole（北極のガードマンたち）"という英名があるのもおもしろい．
< 2.1等　K4型 >

＊γ ガンマ
フェルカド（子牛）

βと並んで，二匹の子牛たちといったところなのだろう．
< 3.1等　A2型 >

● 星座絵のある星図 ●

有名な画家 デューラーの星図

　1515年に出版されたデューラーの星図は、この種の星図のなかではもっとも古いものの一つである．

　ドイツの有名な画家アルブレヒト・デューラー Albrecht Dürer によってえがかれただけあって、かなりきめのこまかい絵、そして楽しい絵になっている．天球儀と同じように裏がえしにえがかれたので、星座がみなうしろ向きになっているのが残念だ．

　木版による北天と南天の二枚の円形星図だが、南天の星座がつくられる以前なので、南天の星図は空白が多くさみしい．星座や星の位置は、当時のドイツの天文学者が担当している．

　北天図の四すみにえがかれた人物は、いずれも天文学者だ．シルクハットをかぶったのはプトレマイオス、つば広の帽子をかぶって星を指さすのはアラートスである．

デューラーの星図（北天）

こぐま座の伝説

● 船頭(せんどう)とねのほし

　昔，浪速に桑名屋の徳蔵という船頭がいた．

　徳蔵は，船頭の神様といわれるほど，船のあつかいがうまく，北廻船をあやつって，コンブやニシンの仕入れに遠く北海道へもでかけた．

　当時の船頭たちは夜になると船を出すのをこわがったが，徳蔵は平気だった．だから誰よりも早く目的地につくことができたのだ．

　実は，徳蔵には秘密があった．それは"ねのほし"がいつも空の同じ位置で輝くので，どんな難所でも星さえでていれば，それを目あてに船をあやつればよいということを知っていたのだ．でも，それは自分の女房以外の誰にも教えないで一人じめにしていた．

　夫がでかけた夜，徳蔵の女房はいつも夜なべに機（はた）をおって帰りを待った．夫の安全を気づかう女房は，北の窓の桟（さん）の間から，彼に教わった"ねのほし"を時折しかめては仕事をつづけるのだ．

　ある夜，いつものように夜なべをしながら，"ねのほし"に目を向けると，さきほど確かにあった"ねのほし"が消えてなくなっているではないか．

　まっ青になった女房は，ころげるように戸外にとびだして空をあおいだ．

　"ねのほし"は，いつもとかわらず北の空にポツンと輝いていた．

　ほっと胸をなでおろした女房は，ふと，ひょっとすると"ねのほし"は突然姿を消すのではないか，と心

配になった.

　もし長い間姿を消してしまったら目あてを失った夫は, 無事にかえることができないだろう. そう考えると夜なべどころではない.

　仕事をやめて, じっと北の窓から"ねのほし"を見張った. ねむくなると, 彼女はたらいに水をはって, ペタンとその中にすわりこんで, 見張りを続けた.

　そして, 彼女は"ねのほし"は消えるのではなく, 一夜に桟(さん)一本分だけ動くことをみつけた.

　徳蔵はこのことを女房から知らされると, それはきっと, 自分が"ねのほし"を一人じめにしたことを, 神様が怒って動かしたにちがいないと考えた. そして, 早速仲間の船頭たちをあつめて"ねのほし"をめあてにする彼独特の夜の航海術を伝授したという. 　　　　　（日本）

＊

　桑名屋徳蔵伝説は各地にあって, ときに, 熊野屋であったり, 銭屋五兵衛や, 天竺(てんじく)徳兵衛であったりするわけだが, それにしても, わずか半径1度の円をえがく北極星の日周運動を, 船頭のおかみさんが発見するという話は, 世界にも類をみない珍しい伝説といえる.

　江戸時代の船頭たちは, 北極星がすこしだけ動くことを知っていたのだろうか.

7 りゅう座 (日本名)
DRACO (学名) ドラコ

りゅう座の みりょく

夏がくると、リュウが元気になって天にのぼる.

北からのぼって美しいオリヒメをつけねらう. オリヒメ（こと座のベガ）のすぐ下（北）にある小さな四辺形がリュウの頭だ.

ところが、そのリュウの頭を巨人ヘルクレスが踏みつけている.

頭の四辺形がすこしゆがんでいるのは、そのせいだろうか？ 威勢のいい昇竜も、獲物を目前にして頭をおさえられ、すこしとまどっているようだ.

リュウは、大きなからだを北極星と北斗七星の間にくねらせてのぼるのだが、しっぽのほうは、いささかたよりない.

首のつけねから、$\delta-\varepsilon-\chi-\varphi-\omega-\zeta-\eta-\theta-\iota-\alpha-\kappa-\lambda$ と、星図上でみるように、しっぽの先までたどることは至難のわざ.

どうやら、りゅう座は星になった"竜頭蛇尾（りゅうとうだび）"といったところである.

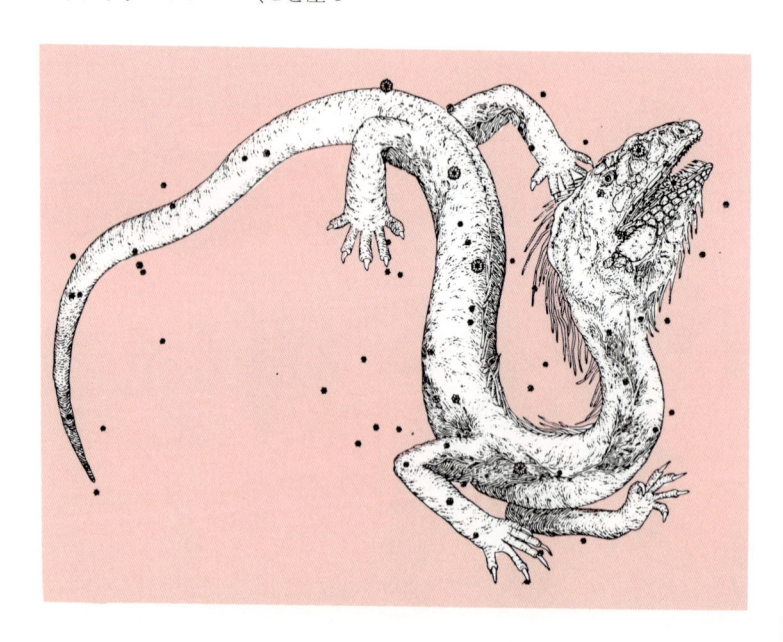

いまから5000年ほど昔、歳差のせいで、いまの北極星は北極星ではなかった。

Giansar
ギアンサル
(ふたご)

いまの北極星

Thuban
ツーバン

昔の北極星どのです。

昔、天の星々はみな私のまわりをまわったものだ

りゅう座は昔の名門星座?

(竜)たつのおとしご座

りゅう座がのぼり竜になるのは、6月から8月にかけてのよい空

落ちる竜座

Nodus I 第1の結び目

Nodus II 第2の結び目

エタミン
(りゅうの頭)

DRACO
ドラコ
りゅう
the Dragon

りゅう座の星々

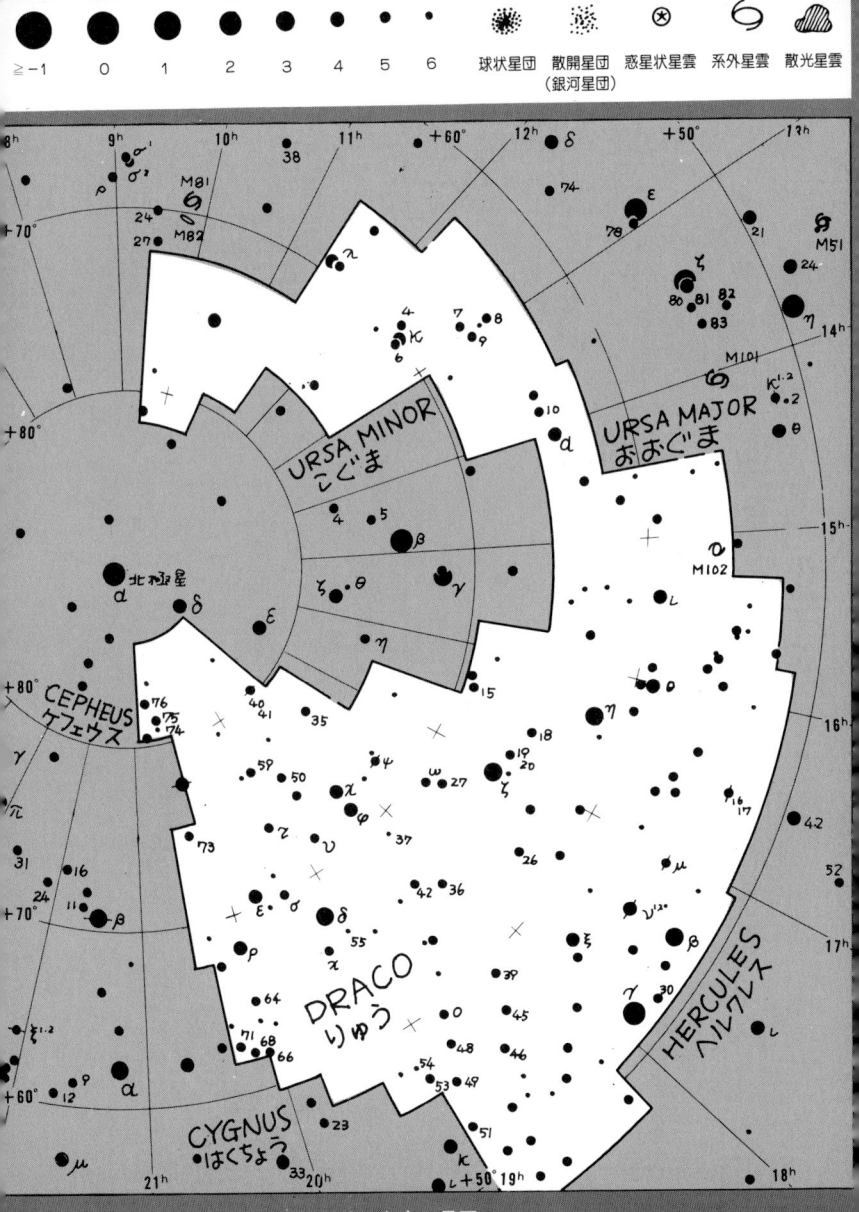

| ≥ -1 | 0 | 1 | 2 | 3 | 4 | 5 | 6 | 球状星団 | 散開星団(銀河星団) | 惑星状星雲 | 系外星雲 | 散光星雲 |

りゅう座の星図

りゅう座の みつけかた

　まとまりの悪いりゅう座は，さがしにくい星座のひとつだ．
　まず頭の四辺形をみつけて，あとは星図をたよりに順にたどるよりしかたがない．
　8月の宵（よい）に，北からあおぐと，天頂のこと座のベガのすぐ下に，2等星(γ)—3等星(β)—4等星(ξ)—5等星(ν)の四辺形がある．もっとも，よごれた都会の空ではγとβの二つしかみられないだろうが….
　主星α（ツーバン）は光度3.6等と暗く，おおぐま座のζと，こぐま座のβ,γにはさまれてひっそり輝いている．

りゅう座の日周運動

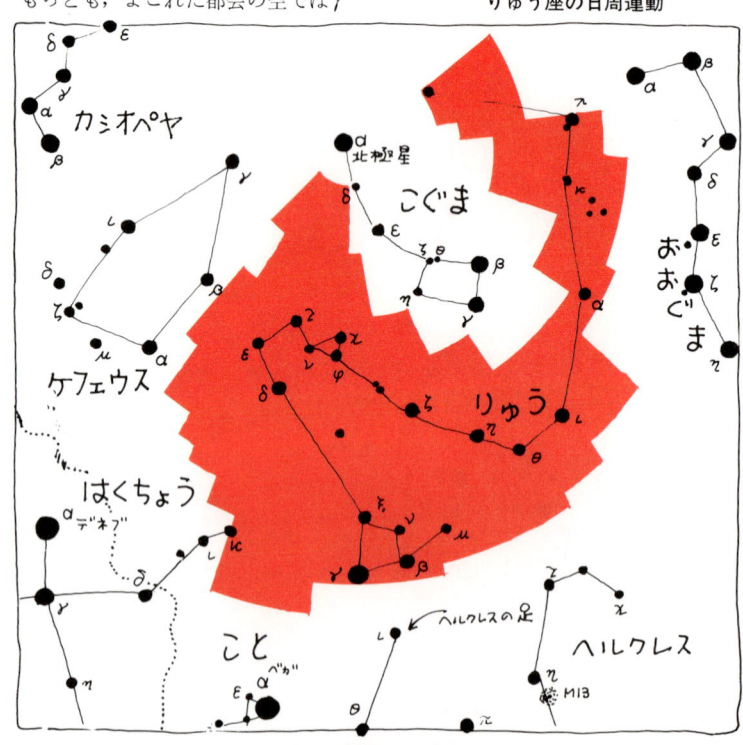

りゅう座周辺の星座

りゅう座を見るには（表対照）

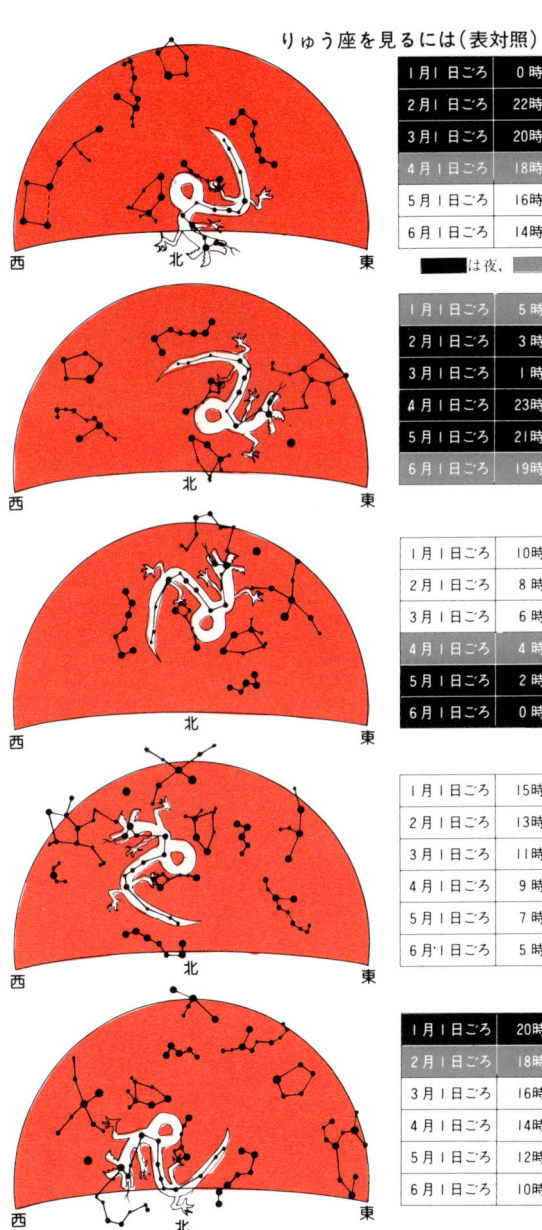

1月1日ごろ	0時	7月1日ごろ	12時
2月1日ごろ	22時	8月1日ごろ	10時
3月1日ごろ	20時	9月1日ごろ	8時
4月1日ごろ	18時	10月1日ごろ	6時
5月1日ごろ	16時	11月1日ごろ	4時
6月1日ごろ	14時	12月1日ごろ	2時

■は夜，▨は薄明，□は昼．

1月1日ごろ	5時	7月1日ごろ	17時
2月1日ごろ	3時	8月1日ごろ	15時
3月1日ごろ	1時	9月1日ごろ	13時
4月1日ごろ	23時	10月1日ごろ	11時
5月1日ごろ	21時	11月1日ごろ	9時
6月1日ごろ	19時	12月1日ごろ	7時

1月1日ごろ	10時	7月1日ごろ	22時
2月1日ごろ	8時	8月1日ごろ	20時
3月1日ごろ	6時	9月1日ごろ	18時
4月1日ごろ	4時	10月1日ごろ	16時
5月1日ごろ	2時	11月1日ごろ	14時
6月1日ごろ	0時	12月1日ごろ	12時

1月1日ごろ	15時	7月1日ごろ	3時
2月1日ごろ	13時	8月1日ごろ	1時
3月1日ごろ	11時	9月1日ごろ	23時
4月1日ごろ	9時	10月1日ごろ	21時
5月1日ごろ	7時	11月1日ごろ	19時
6月1日ごろ	5時	12月1日ごろ	17時

1月1日ごろ	20時	7月1日ごろ	8時
2月1日ごろ	18時	8月1日ごろ	6時
3月1日ごろ	16時	9月1日ごろ	4時
4月1日ごろ	14時	10月1日ごろ	2時
5月1日ごろ	12時	11月1日ごろ	0時
6月1日ごろ	10時	12月1日ごろ	22時

東経137°，北緯35°

りゅう座の歴史

めだたない星列だが，古い星座でギリシャ時代にはすでに竜として認知されていた．プトレマイオス48星座のひとつ．

今から5000年昔，古代エジプト時代の天の北極に輝いた星は，このりゅう座のα星だったのだから，ゆいしょある名門星座としての貫禄は十分ある．

1795年に，フランスの天文学者ラランドが，このりゅう座とうしかい座とヘルクレス座のさかいめ付近に，壁面四分儀座をつくった．現在は消えてしまった星座だが，毎年1月3～4日ごろを中心に活動する活発な流星群の輻射点(ふくしゃてん)がここにある．しぶんぎ座流星群のよび名は近年までつかわれた．

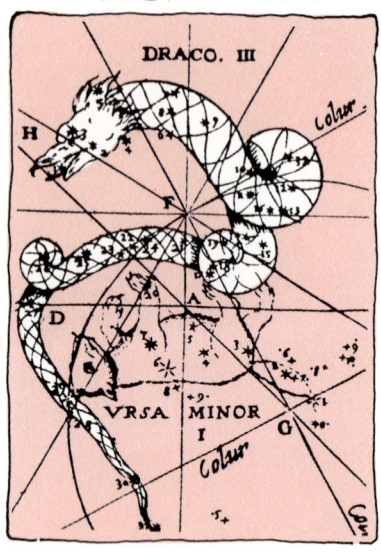

グリエンバーガー星図の「りゅう座」

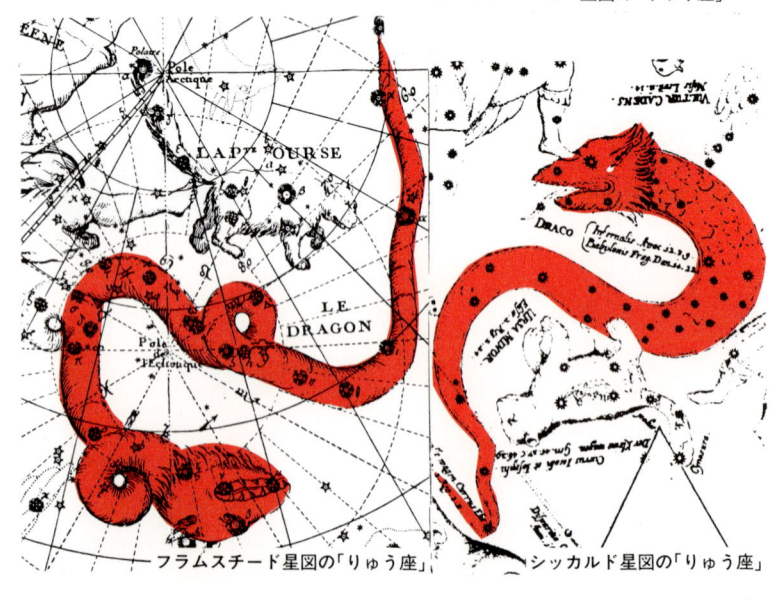

フラムスチード星図の「りゅう座」

シッカルド星図の「りゅう座」

りゅう座の星と名前

＊α アルファ
ツーバン （リュウ）

怪獣ドラゴンの主星にしては、いささかさえない4等星だが、昔、北極の真上に輝いた栄光の北極星であったことを考えると、ばかにはできない。

由緒あるりゅう座の主星ともおもえない元気のなさは、5000年昔の栄光の重みにたえかねているようにもみえるが、今の北極星に現役の座をゆずり、のんびり隠居（いんきょ）生活を楽しむ、といったふうでもある。

< 3.6等　A0型 >

＊β ベータ
ラスタバン （リュウのあたま）

リュウの頭はβ—γ—ν—ξでつくる四辺形だが、βとγをリュウの目にみたてると、下から上目づかいで織姫星をつけねらうすこしエッチなリュウの顔がみえてくる。

< 3.0等　G2型 >

＊γ ガンマ
エタミン （リュウの頭）

りゅう座の中でもっとも明るく、実質上の主星である。

この星の近くを輻射点とするジャコビニ流星群（りゅう座γ流星群）は、1972年の10月にひょっとすると流星の雨をみせてくれるのでは……と、日本中の熱い期待をあつめながら、まんまと裏ぎったことが記憶に新しい。

< 2.4等　K5型 >

移りかわる北極星

AD.8000 / AD.1980 / AD.0 / BC.2000 α / AD.14000

リュウのαはB.C 2000〜3000年ごろの北極星　ピラミッドもそのころつくられた

歳差のため天の北極がかわる

12000年後はこと座のα/ベガが北極星になりそう。

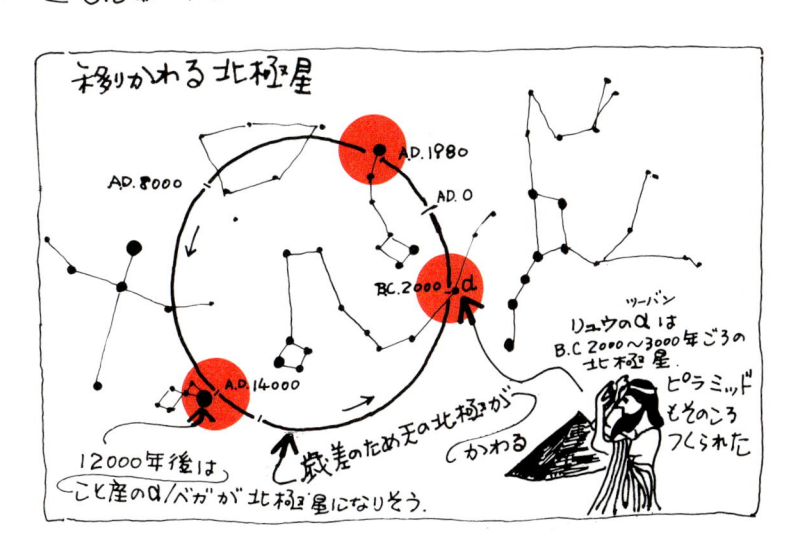

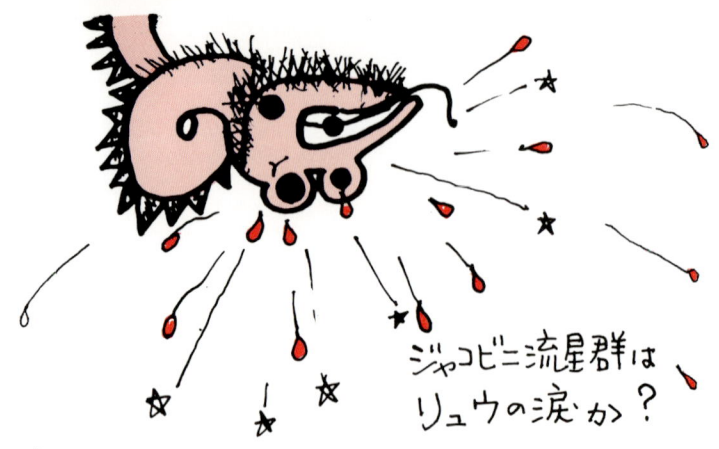

ジャコビニ流星群はリュウの涙か？

過去，1926年，1933年，1946年，1952年と4回も流星の雨をふらせているのだが，リュウの流す涙もついに枯れてしまったのだろうか．

母彗星（ジャコビニ）は6.6年ごとにかえってくる．

幻の星座シリーズ

へきめんしぶんぎ座　壁面四分儀
QUADRANS MURALIS
クアドラーンス　　ムラーリス

りゅう座ι（イオタ）を中心にしたあたりに，フランスのラランドが，1795年に設定した星座．

当時，ラランド自身が観測に使用した壁面四分儀を，記念に星にして残そうとしたものだ．

扇形をした円周に角度目盛を入れた観測器具で，星の高度を測定した．円周を4分割（90°）した部分をつかうのでその名があるが，大きな器具で，壁面に設置されていた．同様な目的で，八分儀，六分儀などがのちに使われたが，現在，はちぶんぎ座と，ろくぶんぎ座は残ったのに，なぜか，しぶんぎ座だけが消えた．

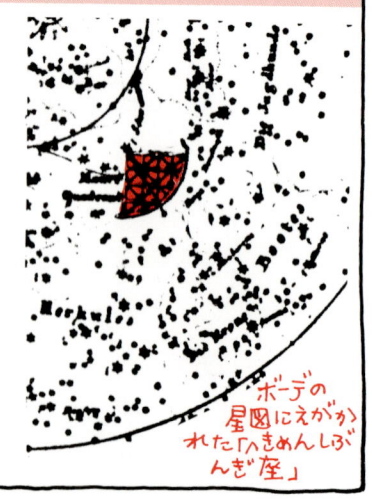

ボーデの星図にえがかれた「へきめんしぶんぎ座」

*δ デルタ
ノドウス・セクンドゥス
（第2の結び目）

*ζ ゼータ
ノドウス・プリムス
（第1の結び目）

リュウをえがくとき，ここで首がひとひねりしている，ということなのだろう．

< δ 3.2等　G8型 >
< ζ 3.2等　B5型 >

*λ ラムダ
ギアンサル（双子）

λ(1番星)のすぐとなりに，2番星(5.4等)がなかよく並んだ肉眼二重星．視力に自信のある人は，リュウのしっぽにあるギアンサルに挑戦を….

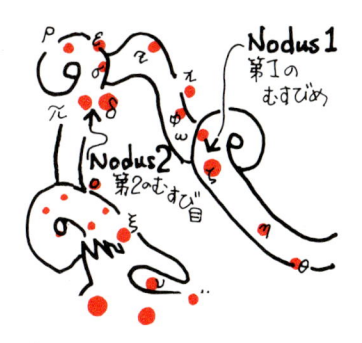

< 4.1等　M0型 >

アピアンのアラビア星図ではりゅう座付近に2匹のやまいぬと1匹の子ラクダと4匹のメスラクダがえがかれている．子どもを守る4匹のラクダは，りゅう座のγ，β，ν，ξ星，子どもラクダとおそう山犬は，ι，η星．

*μ ミュー
アルラキス（ダンサー）

となりのβ星をリュート奏者（ギターに似た楽器）にみたてたらしい．とびはねるものという意味をもつ．

β星を年老いたラクダとみて，μ星を放たれて自由になったラクダにみたとも考えられる．

< 5.1等　F6型 >

*ι イオタ
エドアシク
（ハイエナのおす）

昔，このへんは四分儀座と呼ばれたことがある．毎年1月4日ごろ，このι付近を輻射点にかなりの流星がみられる．りゅう座ι流星群はいまでも四分儀座流星群と呼ぶ人がいる．

さて，このハイエナはこぐま座とうしかい座の間をはいかいしているが，ねらいはいったい何だろう．

リュウの頭の4星に "老いたラクダとかヤギ" という呼名がある．おそらく彼のえものは，このラクダかヤギだろう．

< 3.5等　K2型 >

りゅう座の伝説

● 金のリンゴと竜
―ヘルクレスの冒険―

ヘルクレスの11番めの冒険は，ラドン Ladon とよばれる怪物竜が番をする，ヘスペリデスの金のリンゴをとってくることだった．

金のリンゴの木は，大神ゼウスと女神ヘラが結婚したとき，大地の女神ガイアが二人に贈ったものだ．

この木は，アトラスが天をささえる山に近い，世界の西のはての園に植えられて，アトラスの三人娘ヘスペリデスと，ラドンが見張りをしていた．

ラドンは，百の頭をもち，けっして目を閉じることのない竜の怪物だった．

ヘルクレスは，まずエーゲ海の底に住む老海神ネレウスにヘスペリデスの園のありかをたずねることにした．

ネレウスは，火，水，蛇…とあらゆるものに姿を変えて逃げまわったが，ついにつかまって，園への道順を教えた．

ヘスペリデスの園への道は，遠くけわしく，ヘルクレスは何度も危険

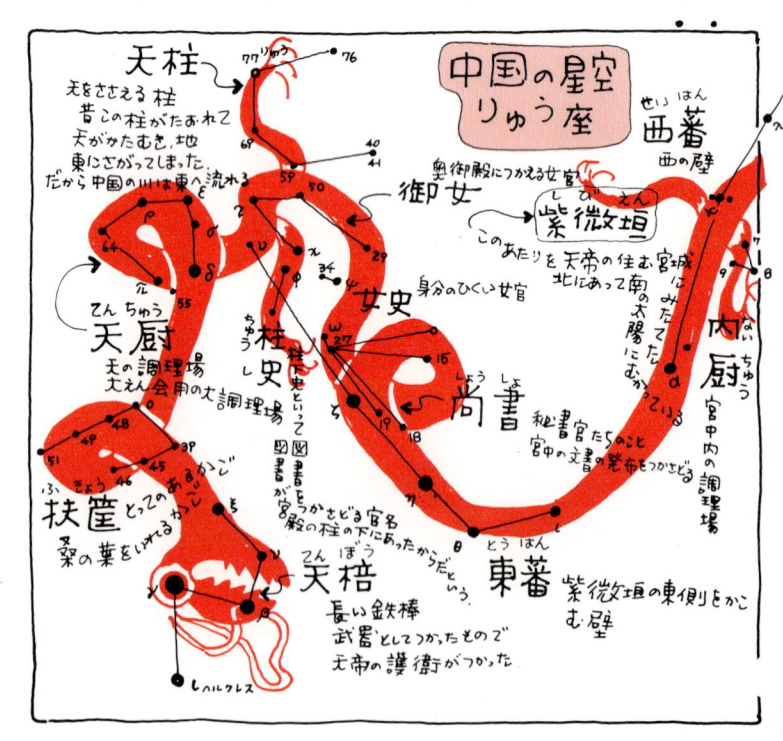

中国の星空 りゅう座

天柱
天をささえる柱
昔この柱がたおれて
天がかたむき，地
東にさがってしまった．
だから中国の川は東へ流れる

奥御殿につかえる女官
御女

紫微垣
このあたりを天帝の住む宮城
北にあって南の太陽にむ

西蕃
西の壁

女史
身分のひくい女官

天厨
天の調理場
大えん会用の大調理場

柱史
柱というのは
図書をつかどる官名
宮殿の柱の下にあったからだという

尚書
秘書官たちのこと
宮中の文書の発布をつかさどる

内厨
宮中内の調理場

扶筐
とっての あるかご
桑の葉をいれるかご

天棓
長い鉄棒
武器としてつかったもので
天帝の護衛がつかった

東蕃
紫微垣の東側をかこむ壁

ヘルクレス

をおかして進んだ.

　途中，岩につながれて，ゼウスのワシに肝臓をたべられているプロメテウスを助けた時，彼はその礼に『金のリンゴは，自分でとりにいかないでアトラスにたのむといい』など，いろいろアドバイスをしてくれた.

　山にたどりつくと，プロメテウスのいったとおり，巨人アトラスは，山の頂上で天をかついでいた.

　山のずうっとむこうには，美しく魅力的なヘスペリデスの園がある.

　ヘルクレスの話をきいたアトラスは『わかった，おまえが園にはいることは無理だ．もしはいったら永遠にでられんだろう．わしが，かわりにいってやろう．ただし，わしの二つの頼みをきいてくれたらだが…』

　そのひとつは，ラドンをやっつけてくれること．そして，もうひとつは，アトラスがリンゴをとりに行ってくる間，かわりに天をかついでほしい，ということだった.

　『おやすいごようだ』

　園にちかづくと，ヘルクレスは弓をひきしぼった.

　巨大なラドンは，金色と銀青色に輝くうろこをつけて，リンゴの大木にまきついていた.

　矢はみごとに頭をつらぬき，ラドンは幹からすべり落ちた.

　アトラスは，さっそく天をヘルクレスの肩にのせて，いかにも楽になったというふうに，軽やかな足どりで，ヘスペリデスの園にむかった.

　日が暮れてもアトラスは帰ってこなかった．さすがのヘルクレスも，天の重さには閉口した.

　朝，アトラスは三つの金のリンゴをもって帰ってきた.

　ところが，アトラスは，やっと肩の荷がおろせるとよろこぶヘルクレスの前で立ちどまって，彼をあわてさせた.

　『いやー，自由に大地をあるけるということは，実にすばらしいことだよ．どうだい，このリンゴはわしがおまえのかわりにとどけてやろうじゃないか』

　ヘルクレスは，できるだけ平静をよそおっていった.

　『いいだろう．たしかにこいつは重すぎる．しばらくおれがかつぐことにしよう．ところで，ちょっと頼みがあるんだが，ながくかつぐんだから肩あてをしたい．そのあいだちょっとだけかわってくれないか』

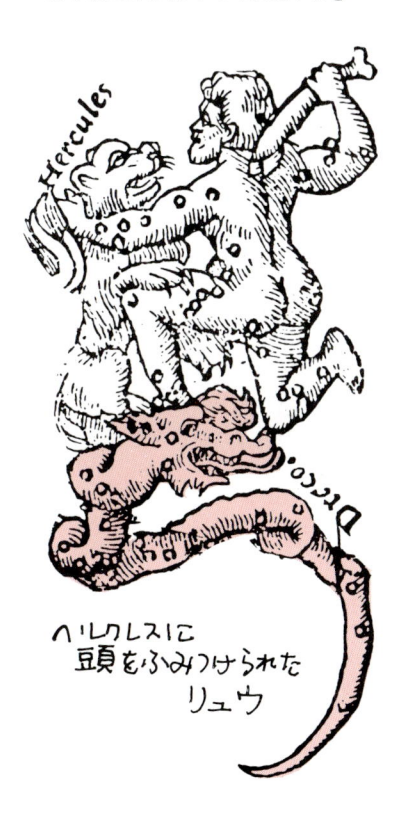

ヘルクレスに頭をふみつけられたリュウ

天をかつぐアトラス

　自由を手に入れて有頂天（うちょうてん）になったお人よしのアトラスは，それもそうだと，うっかり天をうけとってしまった．
　ヘルクレスは，いかにもあらためて気がついたといったふうに，感心してみせた．
　『なるほど，天はあなたがかつぐほうが絵になるようだ．リンゴごときをとどけるには役不足というものだ．やっぱり自分でとどけるよ』
　というと，一目散に山をかけおりてしまった．
　ヘルクレスにあっさり退治された竜の怪物は，女神ヘラが天にあげて星にしたという．
　星になった竜は，星になったヘルクレスの足の下にあって，やっぱり彼には頭があがらないようだ．

＊

　この竜の怪物，古代エジプト人はテュフォン Typhon というこの世でもっともみにくい悪神にみたてた．
　からだはカバ，手と胸は人間の女だが，足はヤギ，ワニの頭に角が1本あって，背中にコウモリの羽根をつけ，へそからヘビが1匹かま首をもたげている．そして，おまけに，うそつき，やきもちやき，いやがらせと乱ぼうが大好きというたいへんなしろものだ．
　ギリシャ神話では，頭が100もある怪物になって登場する．

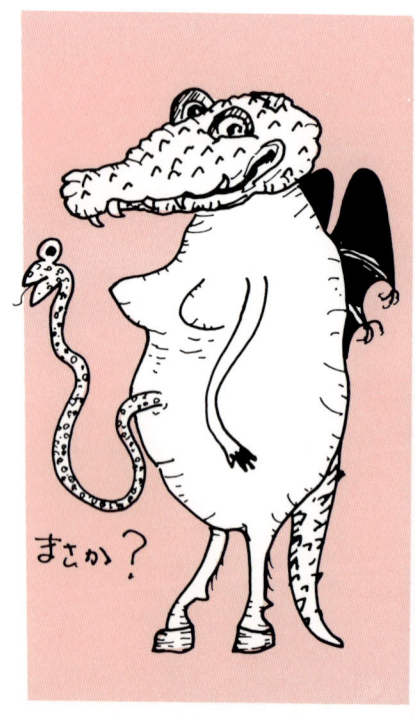

まさか？

8 いて座（日本名）
SAGITTARIUS
サギッタリウス（学名）

みなみのかんむり座
CORONA AUSTRINA
コロナ・アウストリナ

いて座の みりょく

さそり座のすぐうしろに，弓を引いてつけねらう射手がいる．

自信満々のサソリも，身の危険を感じるのか，夏の終りには大きなからだをすばやく倒して，南西の地平線にかくれる．

射手（いて）座には，ケンタウルス族という半人半馬の怪人がえがかれている．

サソリの見張り役をおおせつかった射手は，毎年，夏の暑さにもめげず徹夜でがんばっている．

サソリの挙動に不審が感じられると，彼の矢はただちにサソリの心臓にむけて放たれる．

矢はみごとに命中！ といきたいところだが，実はわずか下にはずれて，サソリのオシリにズブリッ，サソリがイテーッ！ といったところである．ねらいがすこしはずれるところがご愛敬だ．

連日の猛暑がねらいを狂わせたのか，それとも，ながすぎた見張り役にすこしおつかれなのだろうか？

みなみのかんむり座のみりょく

いて座の足もとに，めだたない小さなかんむりがころがっている．

北の"かんむり座"に似た半円形の星列から"南のかんむり"と呼ばれるのだが，4等星以下の微光星のつらなりをみつけることはかなりむずかしい．暗い星だから，というより南中しても東京で約15°にしかならない低さのせいだ．

いて座すら足もとの宝物に気がついていないようだ．草むらにうもれた"みなみのかんむり"だが，低倍率の双眼鏡をつかえば簡単にみつかる．

渦巻き状の半円形は，かんむりというより，"かたつむり"と呼んだほうがふさわしいようにもおもう．

"みなみのかたつむり座"は，"いて座"に踏みつぶされまいと必死に逃げる．秋も深まる10月ごろ，やっと西の地平線にたどりつき落葉のなかに姿をかくすのだ．

● 星座絵のある星図 ●

エジプトの星図

ナイル河流域に栄えたエジプト文明は，エジプト独自の星座をいくつか生みだしたらしい．

デンデラの神殿で発見された円形天図の中にもいくつかみられる．よくみるとカバやサルらしい姿が発見できる．(年代不詳)

デンデラのイシスの神殿の天井に円形天図が，ハトルの神殿には方形の天図がみつかった．この神殿はB.C.100年とも，B.C.300年とも建設年代には意見がいろいろだがすでにバビロニア星図の影響をうけているはずの年代であることにはちがいない．

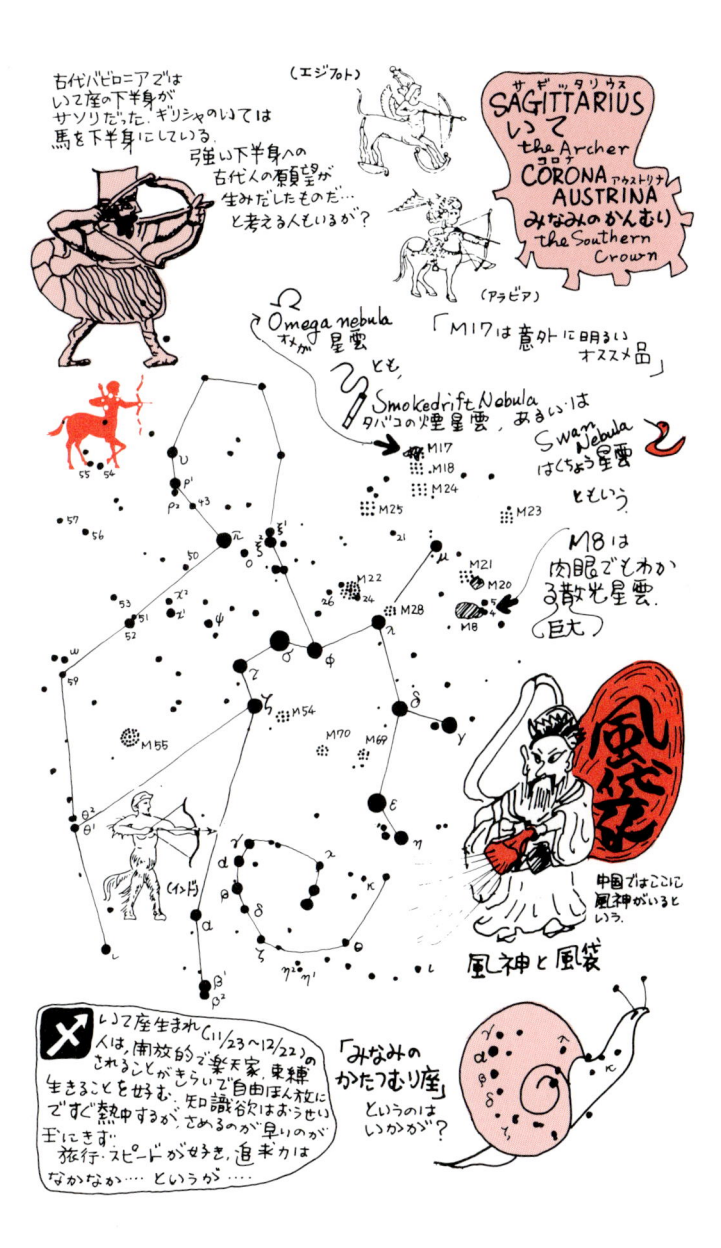

古代バビロニアでは
いて座の下半身が
サソリだった。ギリシャのいては
馬を下半身にしている。

（エジプト）

SAGITTARIUS
サジッタリウス
いて
the Archer
CORONA
コロナ
AUSTRINA
アウストリナ
みなみのかんむり
the Southern Crown

強い下半身への
古代人の願望が
生みだしたものだ...
と考える人もいるが？

（アラビア）

Omega nebula
オメガ星雲

「M17は意外に明るい
オススメ品」

とも、

Smokedrift Nebula
タバコの煙星雲、あるいは

→ M17

Swan Nebula
はくちょう星雲

ともいう

M8は
肉眼でもわかる散光星雲。
巨大

中国ではここに
風神がいるという。

風神と風袋

いて座生まれ（11/23〜12/22）の
人は、南放的で楽天家。束縛
されることがきらいで自由ほん放に
生きることを好む。知識欲はおうせい
ですぐ熱中するが、さめるのが早いのが
王にきず。
旅行・スピードが好き。追求力は
なかなぁ...というが....

「みなみの
かたつむり座」
というのは
いかがう？

いて座・みなみのかんむり座の星々

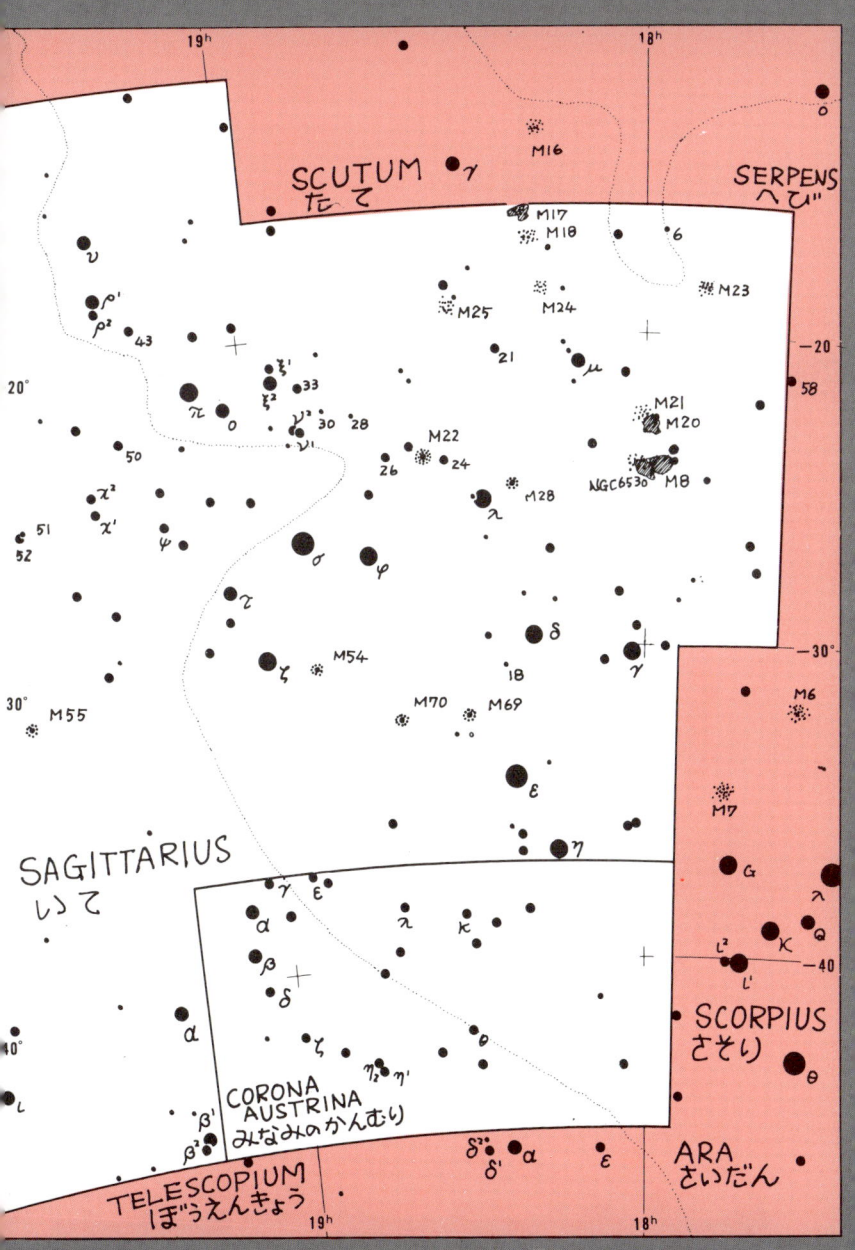

いて座・みなみのかんむり座の星図

いて座 みなみのかんむり座 の みつけかた

夏の銀河が，南の海にそそぐところにいて座がある．

とびぬけて目だつ輝星がないのでアンタレスのあるさそり座からさがすほうが賢明だろう．

λ—δ—ε の弓 と，γ をつがえた矢の先，ζ—τ—σ—φ の四辺形を矢を引きしぼった手もととみると，これだけで，サソリをねらういて座の雰囲気は十分感じられる．

いて座の下半身は，星をどう結んでも星座絵のようなたくましい姿は想像できない．

天高くのぼる"北のかんむり"に対して，地平線に近い"南のかんむり"の条件はきわめて悪い．

南の地平線近くまで透明で，しかも，いて座が南中しているときという，めったにないチャンスにめぐまれたら，みなみのかんむり座をさがしてみたい．

いて座・みなみのかんむり座の日周運動

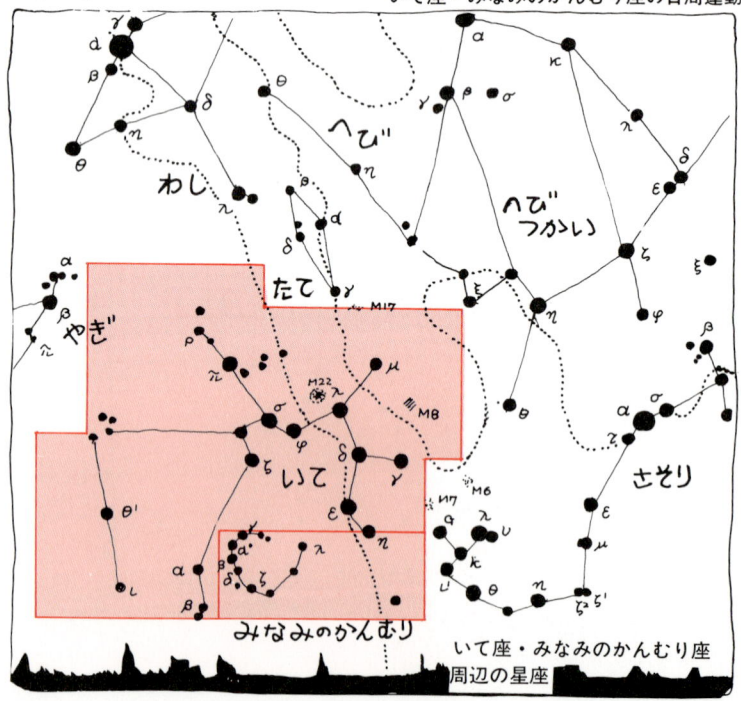

いて座・みなみのかんむり座 周辺の星座

いて座・みなみのかんむり座を見るには（表対照）

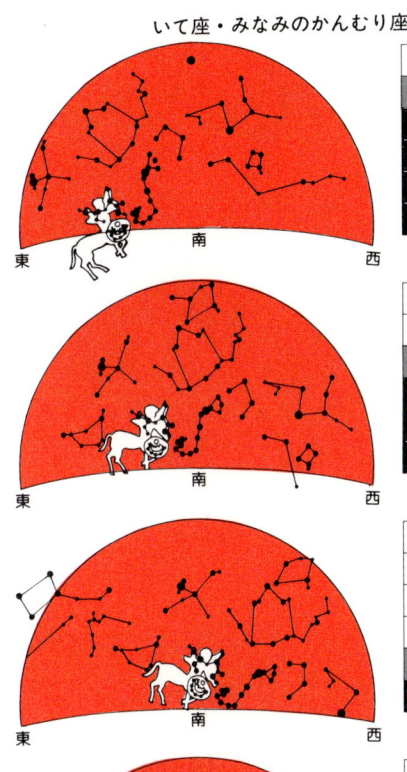

1月1日ごろ	7時	7月1日ごろ	19時
2月1日ごろ	5時	8月1日ごろ	17時
3月1日ごろ	3時	9月1日ごろ	15時
4月1日ごろ	1時	10月1日ごろ	13時
5月1日ごろ	23時	11月1日ごろ	11時
6月1日ごろ	21時	12月1日ごろ	9時

■は夜，■は薄明，□は昼．

1月1日ごろ	9時30分	7月1日ごろ	21時30分
2月1日ごろ	7時30分	8月1日ごろ	19時30分
3月1日ごろ	5時30分	9月1日ごろ	17時30分
4月1日ごろ	3時30分	10月1日ごろ	15時30分
5月1日ごろ	1時30分	11月1日ごろ	13時30分
6月1日ごろ	23時30分	12月1日ごろ	11時30分

1月1日ごろ	12時	7月1日ごろ	0時
2月1日ごろ	10時	8月1日ごろ	22時
3月1日ごろ	8時	9月1日ごろ	20時
4月1日ごろ	6時	10月1日ごろ	18時
5月1日ごろ	4時	11月1日ごろ	16時
6月1日ごろ	2時	12月1日ごろ	14時

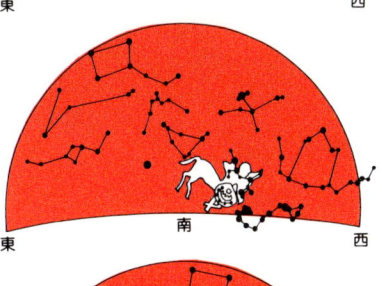

1月1日ごろ	14時30分	7月1日ごろ	2時30分
2月1日ごろ	12時30分	8月1日ごろ	0時30分
3月1日ごろ	10時30分	9月1日ごろ	22時30分
4月1日ごろ	8時30分	10月1日ごろ	20時30分
5月1日ごろ	6時30分	11月1日ごろ	18時30分
6月1日ごろ	4時30分	12月1日ごろ	16時30分

1月1日ごろ	17時	7月1日ごろ	5時
2月1日ごろ	15時	8月1日ごろ	3時
3月1日ごろ	13時	9月1日ごろ	1時
4月1日ごろ	11時	10月1日ごろ	23時
5月1日ごろ	9時	11月1日ごろ	21時
6月1日ごろ	7時	12月1日ごろ	19時

東経137°，北緯35°

いて座の歴史

歴史は古く、古代バビロニア時代の石標（せきひょう）にも、いて座の原形らしき弓をひく怪人が登場する。

もっとも、これは半人半馬ではなく、下半身はサソリになっている。

いずれにしても、サソリや馬のように強い体をもちたいという、古代の人々の願望の産物にちがいない。

プトレマイオスの48星座のひとつであると同時に、黄道12星座では、さそり座につづく第9番目の星座。

メルカトール星図の「いて座」と「みなみのかんむり座」

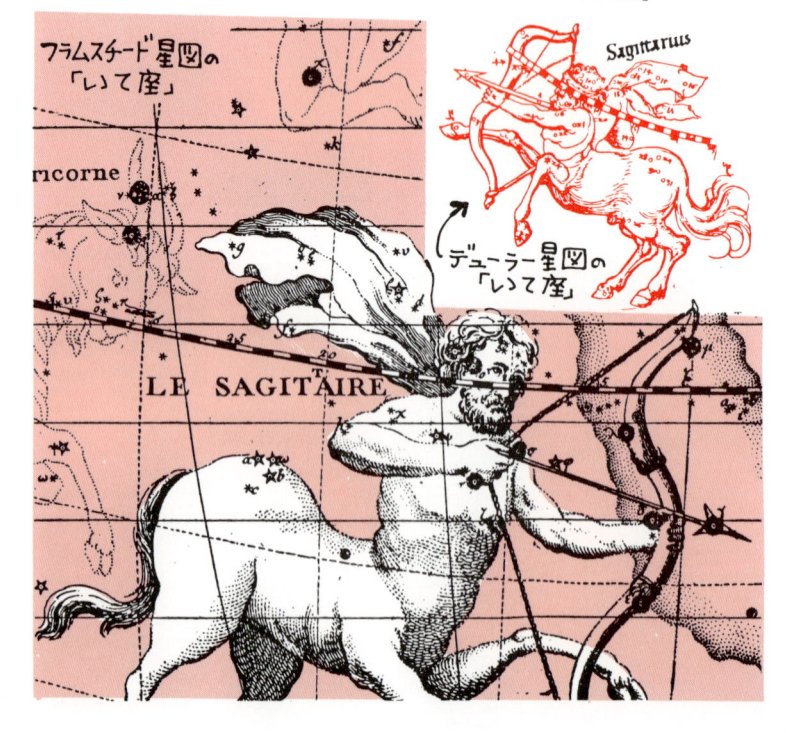

フラムスチード星図の「いて座」

デューラー星図の「いて座」

みなみのかんむり座の歴史

いて座の足もとにある目だたない星列だが，かなり古くからこの星列は認められていたらしく，すでにプトレマイオスの48星座の中に登場している．

北のかんむり（かんむり座）と対照させて，南のかんむりとしたのだろう．

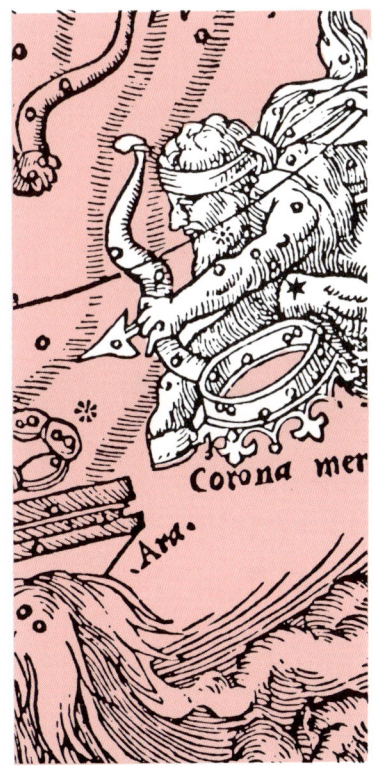

「アピアン星図の「みなみのかんむり座」」

いて座の星と名前

✳ α アルファ
ルクバト（ひざ）

いて座の主星は，どういうわけかあまり優遇されていない．

α，β共に，南のはずれにポチポチと並んださきやかな4等星で，いて座の足をあらわしている．

下半身を強調したがらないようすは，伝説のケイロンが知性と教養の人であったことと符合する．

＜4.1等　B9型＞

✳ β ベータ
アルカブ（けん）

いて座のもっとも南のはしにあって，いての足のアキレス腱（けん）といったところ．

β¹とβ²は，4等星がたてにならんだ肉眼二重星だが，低すぎて双眼鏡のたすけが必要な日が多い．

βがよくみえる夜は，西どなりの"みなみのかんむり座"も楽しめるだろう．

＜4.2等-4.5等　B8型-A9型＞

✳ γ ガンマ
アルナスル（弓のあたま）

その名のとおり射手の矢に輝くのだが，矢の先をサソリの心臓（アンタレス）にむけて放つと，途中，銀河の中心を射ぬいてしまう．

わが銀河系の中心はγ星のすぐ西（赤経 $17^h\ 42^m$，赤緯 $-28°55'$）のあたりになる．したがって，このあたりの銀河はもっとも明るく，川幅も広い．

< 3.1等　　K0型 >

*δ デルタ
カウス・メディウス
(弓のまんなか)

これもまた名前どおりの位置に輝く．つがえた矢は，γ―δ―τ とみるか，γ―δ―φ―σ と結んでもいい．

< 2.8等　　K2型 >

*ε エプシロン
カウス・アウストラリス
(弓の南)

いて座の最輝星だから，本来ならこの星が主星αの座につくべきなのだが…．

< 1.8等　　B9型 >

*ζ ゼータ
アスケラ
(わきの下)

弓をひきしぼった射手のわきの下にある．

< 2.7等　　A4型 >

*λ ラムダ
カウス・ボレアリス
(弓の北)

λ―δ―ε が弓なりにならんでいて，その名のとおりだ．

この λ 星のまわりに，肉眼や双眼鏡で認められる星雲や星団がたくさんある．

< 2.9等　　K1型 >

*σ シグマ
ヌンキ (海のはじまり)

この星を"海のはじまり"としたのは，この星に続いてのぼる秋の星座たちが，やぎ座（魚山羊），みずがめ座，くじら座，うお座，みなみのうお座というように，水にえんのある星座ばかりだということと，大いに関係がありそうだ．

おそらく，いて座のヌンキより東側の星座を，昔は海にみたてたのであろう．ヌンキがのぼると，そのあと海がつづくので"海がはじまるしるしの星"とか"海を先導する星"といった意味の呼名が生まれたのだろう．

< 2.1等　　B3型 >

TEASPOON
ティースプーン (いて)

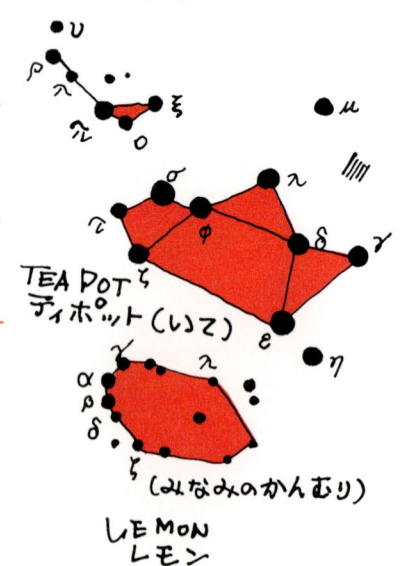

TEA POT
ティポット (いて)

(みなみのかんむり)

LEMON
レモン

ζ−τ−σ−φ−λ−μ
南斗六星

ζからμまでを結ぶと，北斗七星に似たかわいいひしゃくができる．

形も雰囲気もよく似ているが，もちろん北斗七星ではない．

星は六つしかないし，南の空にあるし，北斗にくらべてひとまわり小型である．

北斗でなく南斗，七星でなく六星しかない．中国で斗宿（としゅく），そして，この六星をなんと"南斗六星"と呼んだ．

さて，このかわいいひしゃくの役わりだが，銀河の水があふれそうになったとき，係の神様が余分な水をこのひしゃくでくみ出して，洪水を防ぐのだという．

それにしても，暗夜にみるこのあたりの銀河はみごとに明るい．この水量豊富な大河の洪水が，あの小さなひしゃくで防げるとはおもえないのだが….

双眼鏡の力をかりると，ここはまさに星の洪水である．

ところで，この南のひしゃくが，宵空に南中する9月のはじめは，台風のシーズンだ．台風災害用のひしゃくというのだろうか．

この六星には，ミルクのスプーン (Milk Dipper) という呼名もある．ミルキーウエイ (Milky Way, 天の川) とミルクディッパーのとりあわせも，なるほどとおもわせておもしろい．

アメリカでは，ここをティーポットにしてしまった．スプーンとレモンと，そしてコップまでそろっている．

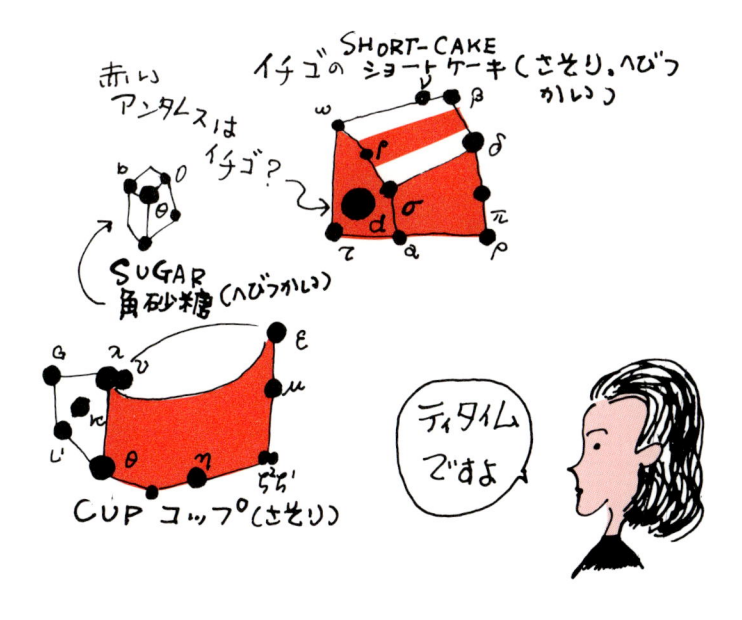

赤い アンタレスは イチゴ？

SHORT-CAKE
イチゴの ショートケーキ（さそり，へびつかい）

SUGAR 角砂糖（へびつかい）

CUP コップ（さそり）

ティタイムですよ

いて座 みなみのかんむり座の 伝説

● 風神の宿

中国では、いて座の右下付近を箕宿（きしゅく）とし、左上付近を斗宿（としゅく）と呼んだ。

箕（き）は、農家がつかう"み"のこと、斗は"ひしゃく"のことだ。

なるほど、弓の下の η, ε, δ, γ の四辺形は、モミをふるう"み"の形にみえる。

*

どういうわけか、風の神はこの箕宿がきにいって、長期滞在をしているらしい。

月が箕宿にちかづくと風が吹くまえぶれだとか、箕宿にむかって祈れば、風を吹かせることができるともいわれる。

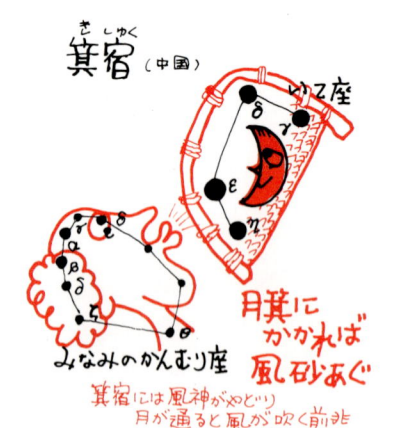

箕宿（中国）
いて座
みなみのかんむり座
月箕にかかれば風砂あぐ
箕宿には風神がやどり
月が通ると風が吹く前兆
——史記

箕宿が風神の常宿となったのは、箕宿が宵に南中する9月が、ちょうど台風シーズンと一致するからだろうか。それとも、口をとがらせた風神が、フーッフーッと、みの中のモミガラを吹きとばす図を想像したものだろうか。

真相はとにかく、すぐ東側にある"みなみのかんむり座"の星がまるく並んでいて、風神のせおった風袋にみえておもしろい。

日本では斗宿四星を箕星（みぼし）と呼んだらしい。

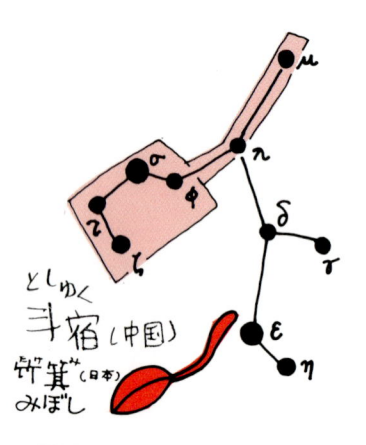

としゅく 斗宿（中国）
南箕（日本）
みぼし

● 南斗六星物語

中国に、北斗七星を死神、南斗六星を長寿の神とする伝説がある。

人の寿命は、北斗と南斗の二神が相談をしてきめるというのだ。

人がオギャーと生まれると、

北斗『どうもこの子の泣き声がきにいらん。目つきもよくない。25歳に交通事故でおしまいじゃ』

南斗『いやいや、それはまずい。けっこうりっぱな足をしとる。腕

もふとくて強そうじゃ．きっと世の中に役立つ男になるとおもうよ．95歳くらいまでは生かしたいの—』
北斗『おまえさんの人のいいのにはいつもまいるよ．うん，しかたがない．なかをとって55歳で手をうっちゃどうかね』
南斗『そうか，それほどいうなら，まあそれでよかろう』

そして，南斗は筆をとると，寿命帳に"なんの太郎兵衛55歳"と書きこむのだ．

●黒仙人と白仙人

中国に，19歳までの寿命しかなかった趙顔（ちょうがん）という少年がいた．

あるとき，通りがかりの旅の男にそのことを知らされた親子は，驚いて男を追った．そして，なんとか生きのびられるようになりませんか，と熱心にたのんだ．

男は管輅（かんろ）といって，魏（ぎ）の国の賢人で，人相をみることもできた．あまりに熱心な親子のたのみに負けて，うまくいくかどうかはわからんが……といって，奇妙なアドバイスをしてくれた．

それは，村の東のはずれに麦畑があるから，畑の一番南にある桑（クワ）の大木をさがして，彼が指定する日に，特上の酒と鹿の乾肉をとどけろというのだ．その日は，仙人が二人で碁（ご）をうっているから，だまって酒と肉をすすめるようにしろ，けっして口をきいてはならないと注意された．

少年は，いわれた日に，いわれたとおり，桑の木の下で碁をうつ仙人のところへ行った．そして，いわれたとおり，だまって酒と鹿の肉をすすめた．

黒い髪をした北側の仙人は，目の険しい陰気な感じで，南側の仙人は白髪でやさしい目をしていた．

二人は碁をうちながら，少年のすすめる酒をのみ，肉をたべた．

やがて，仙人達は酒をつぐ少年に気がついた．

『なにしに来た』とたずねたが，

少年は、いわれたとおり、二人にただだまって酒と肉をすすめた。

仙人は少年にしばらく座をはずすように命令して、なにやら相談をすると、南側の仙人が少年にむかって『おまえの酒と肉を、ただ食いをするわけにもいかんからなあ』といった。

北側の仙人は、不服そうに口の中でなにかぶつぶついいかけたが、南側の仙人は、それにかまわず寿命帳（えんま帳）をめくった。

『えーっと、趙顔、趙顔、ああこれか、19歳はちとかわいそうだな』そういうと、筆をとって、いきなり十九歳とかいてあるよこに、上下をさかさに読む記号をかきこんだ。

そして、寿命帳をポンと閉じると『これでいいだろう。もう帰れ』といった。

喜んだ少年は、とぶようにして家に帰った。

管輅は、礼にきた親子に、仙人のことを話してくれた。

『北側にすわって、黒い碁石をもった黒髪の仙人は、北斗といって死神だ。南側の白髪の仙人は、南斗といって長寿の神だが、どうやらおまえは白仙人に気にいられたようだ。91歳とは上出来だ。よかったよかった』

(中国)

*

"北まくら"といって、死者の頭を北にむけるのも、生きているわれわれが北まくらでねるのを忌みきらうのも、北に死神がいるという考えによるものだろう。

なるほど、中国は、陸続きの北側から国がほろびることが多かった。万里の長城ですら死神の侵入を防ぐのに成功していない。

長生きがしたかったら、ゆめゆめ南斗の心証を悪くすることは、つつしまなければならない。

縁起（えんぎ）をかつぐ人は、南斗六星に頭をむけてねるように、こころがけることだ。

もっとも、南斗は時刻と共に、日周運動でどんどん西に移動してしまうし、季節の移りかわりと共に、南中時刻も一定していない。南斗に頭をむけて寝ることはけっこうむずかしく、かなりの努力が必要だ。

努力をしたら、いくらかのご利益はあるはずである。第1、そんなバカバカしいことに真剣にとりくむ人が、長生きしないわけがないではないか。

● 星になったケイロンの悲しみ

 ギリシャ神話には，上半身は人間の姿をし，下半身は馬という奇妙な怪人が登場する．

 ケンタウルス Kentaurus 族と呼ばれた彼等は，山野をかけまわり，いたるところで乱暴を働いた．

 束縛（そくばく）をきらい野性を好むケンタウルスは，現代人にも通じる人間のある種のあこがれを表現したものかもしれない．

 テッサリアの山岳地方に住むラピテス族の王イクシオン Ixion は，大神ゼウスの妻ヘラに恋をした．

 それを知ったゼウスは，雲を女神の形にしあげて身がわりとした．

 イクシオンはそうとも知らず，にせもののヘラを愛してしまう．

 イクシオンと雲との間に生まれたのが，ケンタウルスだとも，生まれた子が一匹の牝馬（めすうま）を愛した結果，生まれたのだともいわれる．

 ところで，さそり座のうしろで弓をひくケイロン Cheiron は，他のケンタウルス達と，すこし生まれと育ちがちがっている．

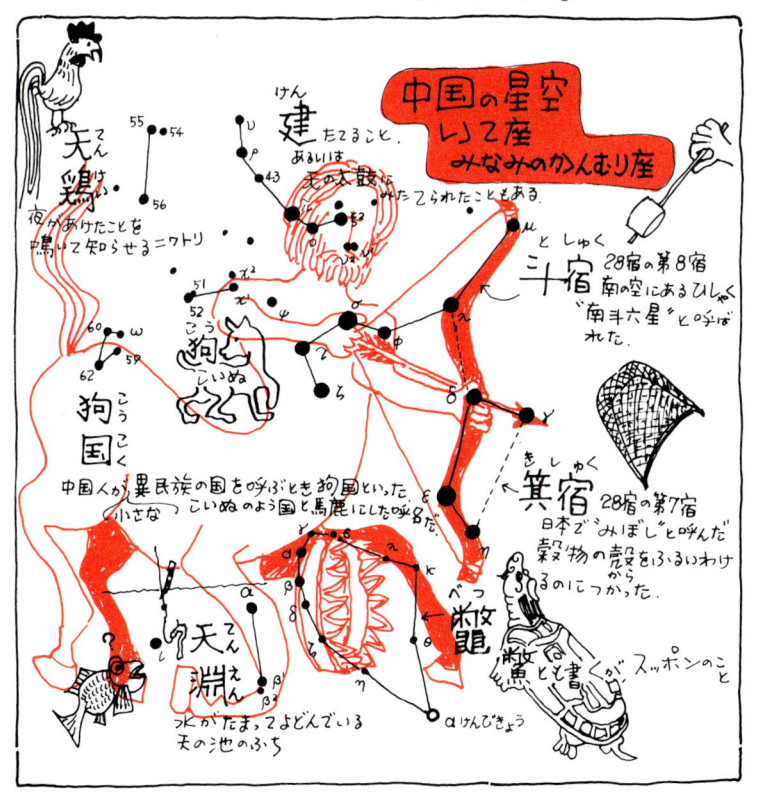

彼は，天空の神ウラノスの子クロノスと水の女神オケアノスの娘フィリュラとのあいだに生まれた．

　クロノスはフィリュラを愛したが二人の仲を妻のレアにみつかってしまった．あわてたクロノスは，フィリュラを馬の形にかえて難をのがれたが，なんと半人半馬の姿をした赤ちゃんが生まれてしまった．

　母は自分の生んだケイロンの姿を恥じて，一本の木になった．フィリュラには菩提樹（ぼだいじゅ）という意味がある．

　ケイロンは，姿はケンタウルスだが，粗野で乱暴，そして無知で知られた仲間たちとはちがって，いつも公正で賢明，医術，音楽，予言，そして狩や運動，武術にもすぐれた能力を発揮した．

　彼は多くの英雄の養育と教育をひきうけた．とくに自分の境遇（きょうぐう）に似た不幸なものには親切だった．アスクレピオスも，アキレウスも，彼にそだてられた英雄たちのなかのひとりだ．

　彼は，仲間のケンタウルス族と共に，ペリオン山を追われたとき，ヘルクレスの毒矢を誤って膝にうけてしまった．

　毒矢の傷は絶対になおることはないのだが，ケイロンは不死身なので死ぬことができなかった．

　ケイロンは永遠に続く傷の痛みにたえられず，心から死ぬことを願った．

　願いは聞きとどけられ，英雄プロメテウスが彼の不死を引きつぎ，彼は死んだ．（ギリシャ）

＊

　星になったケイロンは悲しそうにみえる．毒虫サソリに弓を引いてはいるが，サソリを倒せるほどの迫力は感じられない．

　彼の矢のねらいが，すこし急所をはずしているのは，やさしい彼の心がそうさせているのだろう．

ケイロンは蒸発亭主第1号か？

嫉妬に狂った妻に手をやいたケイロンはおもいあまって馬に姿をかえてのがれた----という説もある

いて座の 見どころガイド

＊星団・星雲の宝庫をあるく

●まばらな M18

いて座は星団・星雲の宝庫という名にふさわしい。軒なみのみものに目うつりがするほどである。7×50くらいの大型双眼鏡なら時を忘れさせられるだろう。

双眼鏡で認められるもののほとんどは，λとμの周辺でみつかる。

M18はμから上へたどるといい。オメガ星雲(M17)の約1°下にぼんやり小さな光のかたまりがみつかる。星団の星はまばらで多くはないが，このあたり天の川の中なので周囲がたいへんにぎやかなところだ。まるで銀座の夜を散歩しながら，きままに気のきいたショーウインドをのぞく，つまり銀ブラの感じである。

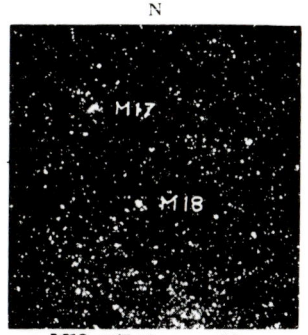

＜散開星団　7.5等　視直径12′
　星数12　4900光年＞

M18 口径10cm ×60

●三裂星雲と並んだ M21

μから約2.5°上（北）へ，そして約3.5°右（西）で，6等星と同視野に並んでいる。まばらなので周囲の天の川に圧倒されそう。

＜散開星団　6.9等　視直径35′
　2150光年＞

●天の川にめりこんだ M23

μの右下（南西）約2.5°，明るい星雲M8の上（北）約2°のところにある。

となりの三裂星雲（M20）とは約1°はなれて並んだ，すこしまばらな感じの散開星団。

＜散開星団　6.5等　視直径12′
　4250光年＞

●みごとなスタークラウドと M24　4.6等－11.6等

天の川の中でおぼれてしまったM24が M18 のすぐ下（南）にある。

暗夜なら肉眼でぼんやり明るくみえるあたりで，双眼鏡をむけると視野一杯に微光星がひろがってみごとだ。「きもちがわるいくらい…」と表現する人もいる。

ところで，このみごとな姿は，散開星団 M24 の真の姿？ ではなく，天の川の特に星が密集してみえる部分（Milky Way Star-Cloud）なのだ。本物の散開星団は，はでなスタークラウドの中に小さくなってひそんでいる。それは光度11.4等，視直径4′.5とささやかなからだで，望遠鏡でも小さくて淡い星雲状にしかみられない。

＜スタークラウドの中の散開星団
　11.4等　視直径4′.5　16000光年＞

● 大がらな M25

μから上（北）へ2°，4°左（東）に6等星と並んだ大がらな散開星団がある．

簡単にみつかるし，双眼鏡で楽しめる．

＜散開星団　6.5等　視直径35′
2060光年＞

● 星雲の中の星団 NGC6530

有名な干潟星雲（M8）とかさなっている散開星団で，M8と共に楽しめる．星雲と星団のコントラストを楽しんでほしい．

μの右下（南西），λの右（西），M20，M21のすぐ下（南）といったズボラなさがしかたで簡単にみつかる．

＜散開星団　6.3等　視直径10′
4850光年＞

● みごとな M22

絶対みのがせない豪華大型球状星団である．月のない夜なら，おそらく肉眼でもうすぼんやりと認められるだろう．

λから約2°左上（北東）の24番星をさがしたら，24番星と26番星にはさまれたM22が同視野に並ぶ．

ヘルクレス座のM13に負けない明るく大型の球状星団なので，一度は大型の天体望遠鏡でのぞいてみたい天体だ．口径10cmクラスの小望遠鏡でも，すこし星に分解できるのでボロボロした感じの光のボールがみえる．おもわずため息のでる美しさである．

＜球状星団　5.9等　視直径17′
9600光年＞

● いて座の球状星団いろいろ

λの1°右上（北西）にM28がくっつくように並んでいる．さがしやすい位置にあるのだが，双眼鏡では極く淡い光のシミなので見のがしてしまいそうだ．小さくぎっしり集まった中心の明るい球状星団．

M54と，M70，M69がεとζの間に並んでいる．その内もっとも明るいM54だけは双眼鏡で認められるが，あとの二つはあなたの能力しだいといったところだ．

M55はζから左（東）へ7°ほど離れている．M75はπから左（東）へ12°ほど離れたやぎ座との境界線ちかくにある．M55はおもったより

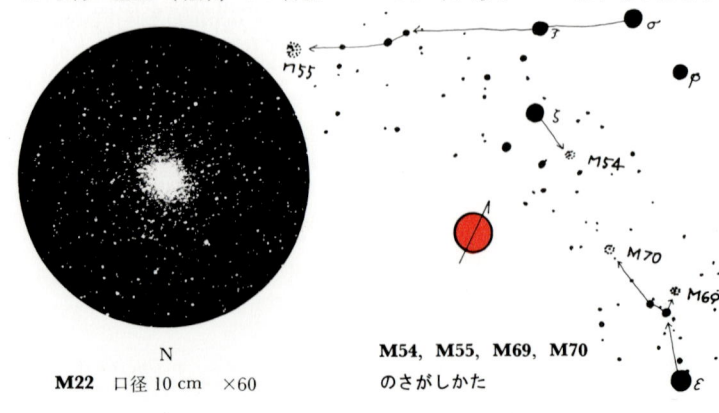

N
M22　口径10cm　×60

M54, M55, M69, M70
のさがしかた

大きく明るいので,肉眼で認められる人もあるだろう.球状星団としては星の密集度が小さい.

＜球状星団 M54　7.3等
　視直径 6′　49000光年＞
＜球状星団 M55　7.6等
　　　　　15′　18900光年＞
＜球状星団 M69　8.9等
　　　　　4′　23500光年＞
＜球状星団 M70　9.6等
　　　　　4′　65000光年＞
＜球状星団 M75　8.0等
　　　　　5′　78000光年＞

●肉眼でみえる いて座の大星雲 M8

冬のオリオン座の大星雲 (M42) が東の正横綱なら,夏のいて座の大星雲は西の正横綱である.

射手がかまえた矢の先のすぐ上にぼんやり光る M8 は,肉眼で楽にみとめられるほど明るい.双眼鏡でなら,少々空の状態が悪くても簡単にみつかるだろう.

オリオンの大星雲に匹敵するみごとな散光星雲で,いまここで多くの新しい星が生まれている.

M8 と NGC6530　口径 10 cm　×40

干潟星雲 (Lagoon ラグーン星雲) という呼名もあるが,天体写真でみる M8 は,中央を横切る暗黒星雲のおびに異様な魅力がある.赤ちゃんのオシリのようだという人もあるが….

＜散光星雲　6.8等
　視直径 60′×35′　4850光年＞

●M17 と白鳥の湖

M8 についで明るい M17 は,μ の

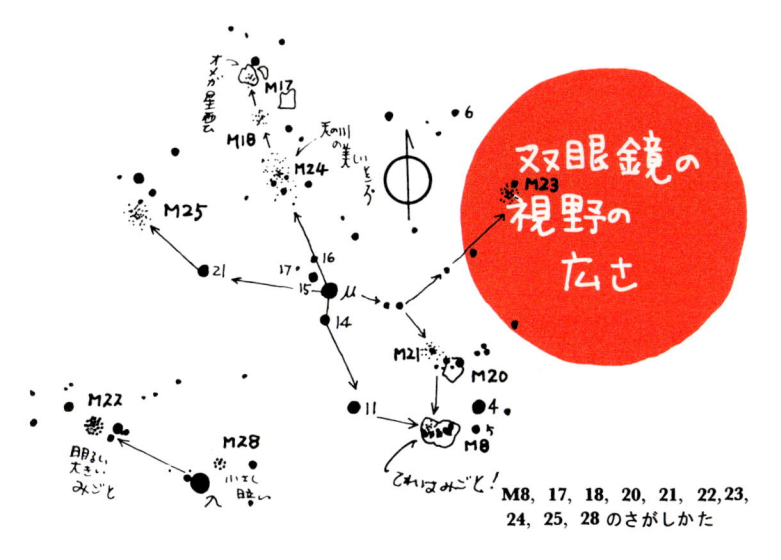

M8, 17, 18, 20, 21, 22, 23, 24, 25, 28 のさがしかた

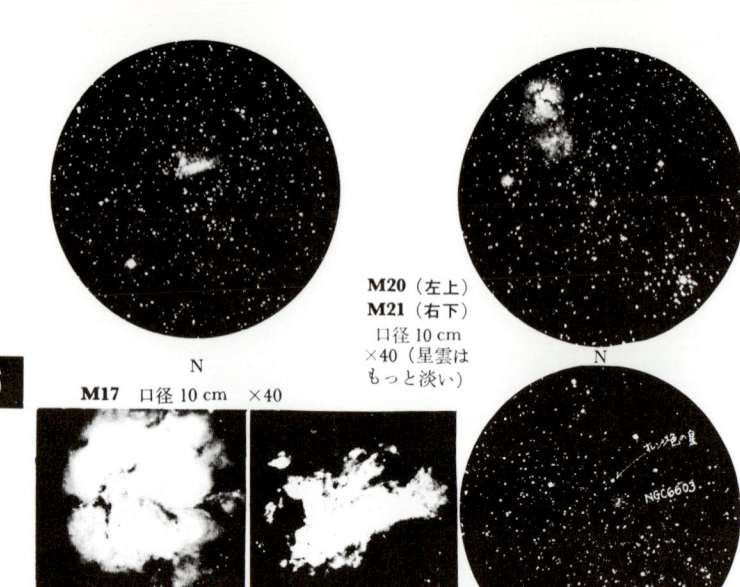

M20 (左上)
M21 (右下)
口径 10 cm
×40 (星雲は
もっと淡い)

N

M17 口径 10 cm ×40

M20　**M17**　**M24** 口径 5 cm ×40

N

NGC6603
オレンジ色の星

N

上をさがすか，たて座のγがわかればその右下（南西）約2°のところにある．このあたり M17—M18—M24 とたてに並んでいて，天の川銀座のメインストリートである．

ギリシャ文字のΩ（オメガ）に形がにているから"オメガ星雲"，水にうかぶ白鳥のようだから"Swan Nebula 白鳥星雲"，風にたなびくたばこの煙 (Smokedrift Nebula) のようだとか，馬蹄形星雲 Horseshoe だとか，多くの人々にこれほど多くのニックネームをもらった星雲もめずらしい．

いずれも M17 の奇妙な形からの連想だが，私にはこの形が楽譜の中の休符にみえる．天の川を五線にみたてると，星団や星雲たちが荘厳な銀河交響曲をかなではじめる．

さて，あなたの双眼鏡がみせてくれる M17 はハクチョウ？　それともガチョウ？　あるいは…？

星雲と共にみられる散開星団は，NGC 6618．

< 散光星雲　7.0等
　視直径 46'×37'　5870光年 >

● 三裂星雲 M20

三つにわれてみえる大迫力の天体写真で有名な三裂星雲は，あまり期待をすると，がっかりしてしまう．

双眼鏡では，明るい M8 の上に淡い光のシミのひろがりをみつける程度と覚悟してほしい．

小型の天体望遠鏡でなら形がいくらかはっきりするが，三つの散光星雲にサンドイッチされた暗黒星雲のすじを認めることはむずかしい．

< 散光星雲　9.0等
　視直径 29'×27'　2300光年 >

ぼうえんきょう座 The Telescope
TELESCOPIUM (学名)
テレスコピウム (英名)

いて座とみなみのかんむり座の下（南）にあるが，じょうぎ座と同じで，星を結んで望遠鏡がえがけるわけではない．

フランスのラカーユが，1776年に南天の14星座を設定したが，望遠鏡もその中のひとつ．当時望遠鏡は最新鋭の観測器械であり，その働きが天文学の発展に大いなる貢献をしたことを記念したものだろう．

主星 α の3.8等をのぞくと，あとはみな4等星以下の微光星である．これ等の星をどう組立てたら，当時の望遠鏡がえがけるのだろう？

17世紀の望遠鏡は，対物レンズが球面の単レンズだったので，色収差のせいで高倍率はのぞめなかった．そこで非常に焦点距離の長いレンズをつくり，収差の少ない中央部だけをつかって高倍率を得るという方法をとった．

Heveliusが
ヘベリウス
つかった46メートルの
長焦点天体望遠鏡

9 こと座 (日本名)
LYRA (学名)
リラ

海ガメの甲らでつくったオルフェウスの琴(こと)

こと座の みりょく

　なぜかこと座は，女性的な愛らしさを感じさせる．

　"真夏の女王"ともいわれる主星ベガの美しい輝きと，小さくまとまったかわいい星列のせいだろう．

　中国の七夕伝説も，ギリシャ神話のオルフェウスの悲劇も，共にこの星座にまつわる恋の物語だ．

　ベガの青白い輝きに，悲劇を予感させるエキスが秘められているにちがいない．

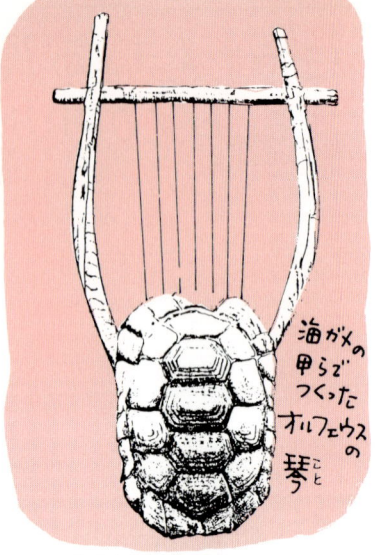

　小さな三角と，小さな平行四辺形の組合せは，可れんな乙女を象徴するのにふさわしく，主星のベガが七夕伝説のおりひめであることもうなずける．

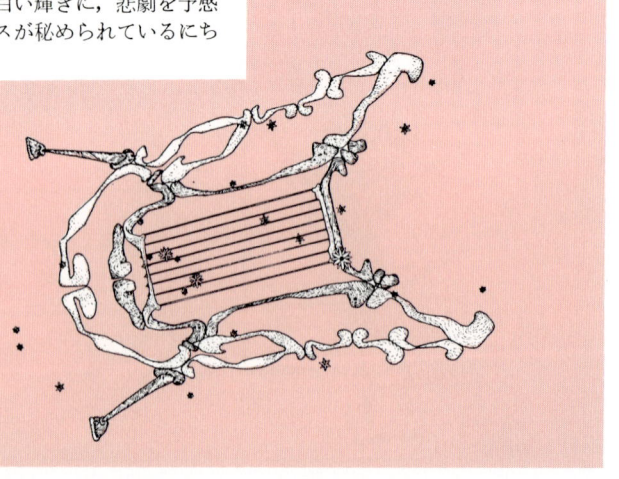

こといろいろ

ギリシャ神話のオルフェウスの琴

カメの甲ら

ギリシャ

エジプトの琴

シュメールの琴

大昔のハープ

ε¹とε²が肉眼で二つにみえたらメチャクチャすごい目。楕円状にみえる人もある。

望遠鏡をつかうとなんとεは4重星

LYRA こと the Lyre

カワイー!

これははなれすぎていてεのようにカワイクない

バッチリ！デス

美しい星 オリヒメ 青い輝きが最高。

→出 M56

究極デス
はなやかなM57のかげにかくれてひっそり。めだたない小球状星団

M56もM57も小天体望遠鏡の対象天体。

Vega=落ちるワシ

メシエ **M57**

『ドーナツ星雲』『リング状星雲』

ヒコボシにもらった『エンゲージリング』？

実は星の爆発のあとで…『オソーシキの花輪』かもしれない。

ドーナツ 花輪 リング

こと座の星々

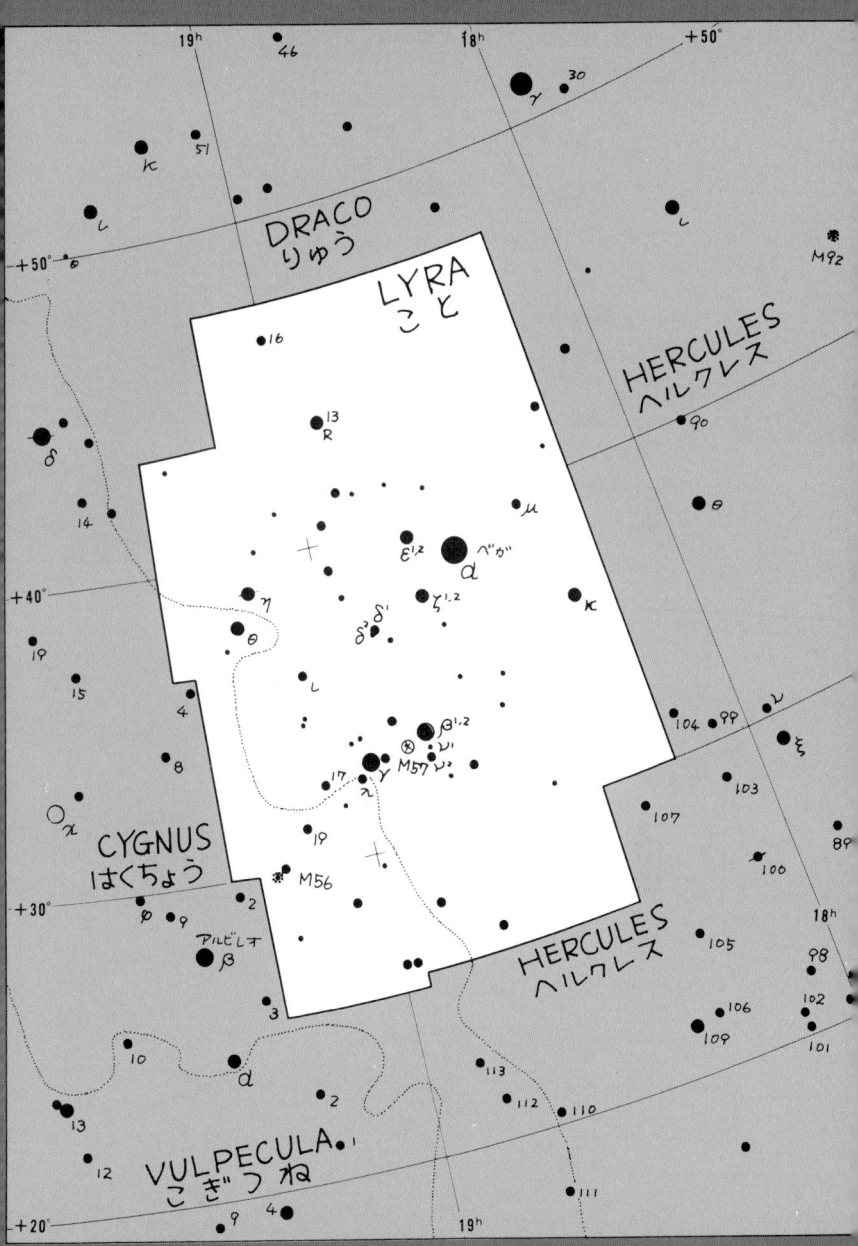

こと座の星図

こと座の みつけかた

こと座はさがしやすい.

主星 α (ベガ) が, 夏の宵のてっぺんで, もっとも明るく, もっとも青白く輝くからだ.

夏の三角星のなかで, 一番明るい星をみつければいい.

目をこらすと, ベガの近くに4等星が二つ (ζ, ε) くっついて, ミニミニ三角ができ, ζ—δ—γ—β の小さな平行四辺形と共に, こと座の目じるしになる.

都会の空では ε, ζ, δ が消えて, 目じるしはベガ—β—γ がつくる細長い三角にかわってしまう.

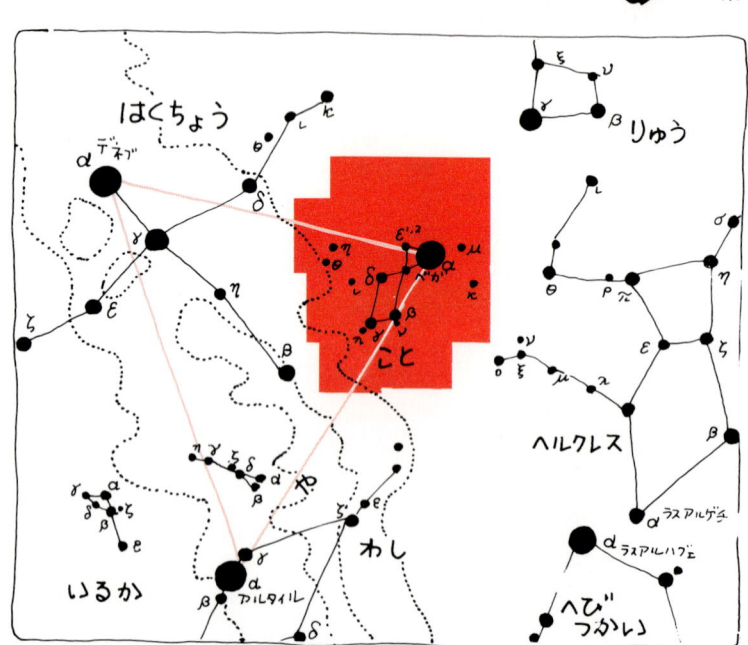

こと座の日周運動

西　　北　　東

こと座周辺の星座

こと座を見るには（表対照）

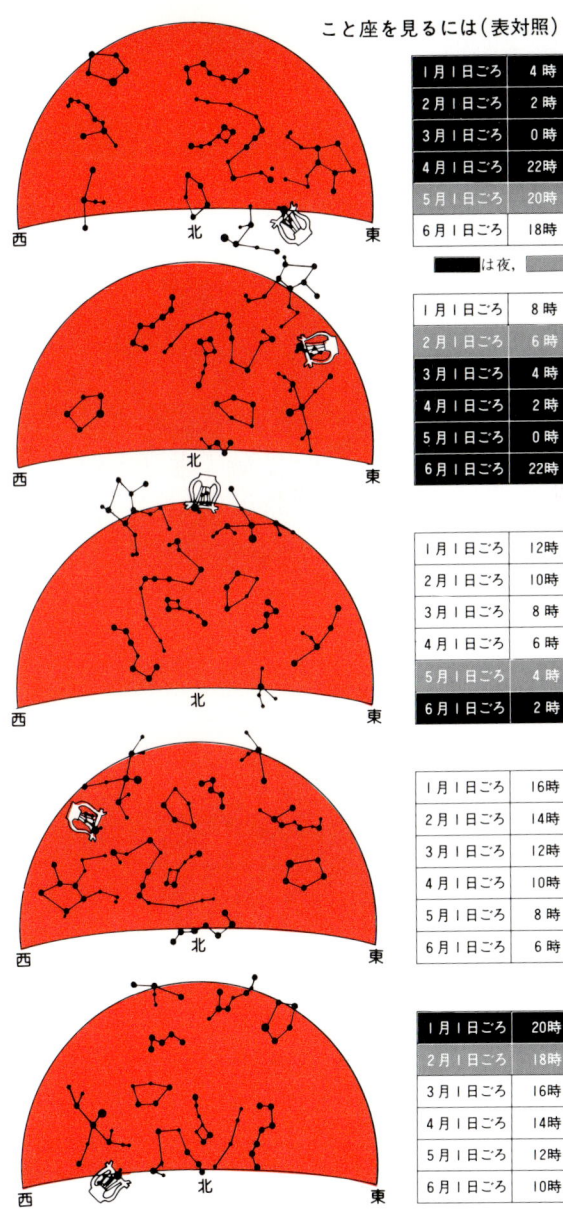

1月1日ごろ	4時	7月1日ごろ	16時
2月1日ごろ	2時	8月1日ごろ	14時
3月1日ごろ	0時	9月1日ごろ	12時
4月1日ごろ	22時	10月1日ごろ	10時
5月1日ごろ	20時	11月1日ごろ	8時
6月1日ごろ	18時	12月1日ごろ	6時

■は夜, ▨は薄明, □は昼.

1月1日ごろ	8時	7月1日ごろ	20時
2月1日ごろ	6時	8月1日ごろ	18時
3月1日ごろ	4時	9月1日ごろ	16時
4月1日ごろ	2時	10月1日ごろ	14時
5月1日ごろ	0時	11月1日ごろ	12時
6月1日ごろ	22時	12月1日ごろ	10時

1月1日ごろ	12時	7月1日ごろ	0時
2月1日ごろ	10時	8月1日ごろ	22時
3月1日ごろ	8時	9月1日ごろ	20時
4月1日ごろ	6時	10月1日ごろ	18時
5月1日ごろ	4時	11月1日ごろ	16時
6月1日ごろ	2時	12月1日ごろ	14時

1月1日ごろ	16時	7月1日ごろ	4時
2月1日ごろ	14時	8月1日ごろ	2時
3月1日ごろ	12時	9月1日ごろ	0時
4月1日ごろ	10時	10月1日ごろ	22時
5月1日ごろ	8時	11月1日ごろ	20時
6月1日ごろ	6時	12月1日ごろ	18時

1月1日ごろ	20時	7月1日ごろ	8時
2月1日ごろ	18時	8月1日ごろ	6時
3月1日ごろ	16時	9月1日ごろ	4時
4月1日ごろ	14時	10月1日ごろ	2時
5月1日ごろ	12時	11月1日ごろ	0時
6月1日ごろ	10時	12月1日ごろ	22時

東経137°，北緯35°

こと座の歴史

琴（こと）といっても，日本の琴とちがって，リラと呼ばれる小型の携帯用ハープのような楽器で，かなり古くからつかわれたらしい．

プトレマイオスの48星座のひとつ．

ギリシャ神話では，器用で発明ずきなヘルメス Hermes が，亀の甲らに穴をあけ，牛からとったガットを7本はって作った竪琴（たてごと）である．

その音色はすばらしく，音楽の神アポロンは，それがたいへん気にいって，牛とひきかえに自分のものにするが，そののち，オルフェウスに授けたことになっている．

ヘルメスは，次にシューリンクスの笛を発明するが，アポロンはこの笛も欲しくなって，黄金のつえ（ケリュケイオンの杖）ととりかえてしまう．

フラムスチード星図のこと座

バイエル星図の「こと座」

こと座の星と名前

＊α アルファ
ベガ （落ちるワシ）

となりのεとζと結んでできる小さな三角（織女三星）が、翼を折って"落ちるワシ"にみえるのだ。

七夕の"おりひめぼし"、"真夏の女王"、"夜空のアーク灯"と呼ばれる夏の夜の最輝星で、しかも南中時にはほとんど天頂にのぼる。

青白い輝きと共に、女王の名にふさしい輝星である。

< 0.1等　A1型 >

＊β ベータ
シェリアク （こと）

この星はシェリアクとしてより、"こと座β型の変光星"と呼ばれて、一風かわった食変光星の代表として有名だ。

これは非常に接近した主星と伴星が、おたがいに共通重心のまわりを超スピードでまわり、主星から伴星にむかって、大量のガスが秒速300キロでやすみなく噴きでているらしい。

< 食変光星　3.4等～4.3等
周期12.9日　B2型-B8型 >

＊γ ガンマ
スラファト （カメ）

ヘルメスがカメの甲をつかって琴をつくったというギリシャ神話によるものだろう。

< 3.3等　B9型 >

＊η エータ
アラドファル （爪）

コトのつめという意味ではなく、落ちるワシ（ベガ）のするどい爪をあらわすのだろう。

< 4.5等　B5型 >

＊$\varepsilon^{1,2}$ エプシロン
＊$\zeta^{1,2}$ ゼータ
たなばたの子ども

その名のとおり、織女星にくっついているようすがかわいい。εは双眼鏡で2個にわかれ、望遠鏡で更に2個ずつにわかれる四重星だ。これ等は"たなばたの孫（まご）"そして"たなばたのひ孫たち"とでも呼ぼうか。

ところで、ζのほうも二重星だ。ε^1とε^2の207″に対して43.″7と、かなり接近しているので、条件のいい夜に双眼鏡で挑戦してみよう。

< $\varepsilon^{1,2}$ 4.7等-4.5等 >
< $\zeta^{1,2}$ 4.3等-5.9等 >

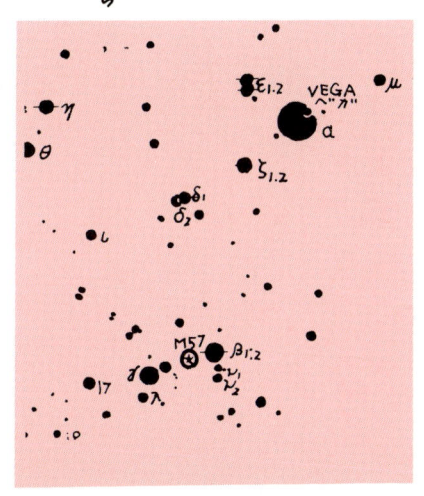

こと座の伝説

● オルフェウスの琴

こと座にえがかれた琴（こと）は，伝令の神ヘルメスが，波うちぎわで拾った海ガメの甲らに，七本の糸を張ってつくり，音楽の神アポロンにゆずったものだという．

のちに琴は，息子のオルフェウス Orpheus にわたったが，オルフェウスと琴にまつわる伝説は，ギリシャ神話の中でも，もっとも美しく悲しい恋の物語だ．

オルフェウスとエウリディケ

*

音楽の神アポロンの子，オルフェウスの琴の音色はさすがにすばらしく，神も人も獣も鳥も，森の木々やトラキヤの野の草や虫たちまでが，自然のいとなみを忘れて聞きほれたという．

彼は，木の精のニンフを愛した．

名をエウリディケ Eurydike という清そな美しい娘だった．

婚礼の夜，多くの神々があつまって二人を祝福したが，その夜の祝宴の途中，突風がかがり火を消してしまうという，ちょっとしたトラブルがあった．

くすぶった煙が祝宴の会場をおおったのだが，エウリディケは，その煙が目にしみておもわず涙を流してしまった．

めでたいときの涙は不吉ということは知っていたが，楽しさとうれしさがそれを忘れさせてしまった．

しかし，不吉は忘れず二人のもとへしのびこんできた．

エウリディケが水の精のニンフたちとトラキヤの野で花摘みをしたときのことだ．

かねてから，エウリディケに恋をしていた，オルフェウスとは腹違いの兄弟になるアリスタイオスにでありうのだ．

アリスタイオスは，自分の愛を告白し，いやがる彼女を追いかけた．

必死になって逃げたエウリディケは，いつのまにか仲間のニンフたちとはぐれてしまった．

逃げこんだ森の中をさまよううちに，彼女はうっかり草むらにひそむ毒蛇を踏んでしまった．蛇は白く魅力的な彼女の足にからまり咬みついた．毒はたちまち彼女を死の世界へみちびいた．

妻をうしなったオルフェウスは，どんなことをしても彼女をもう一度自分の腕の中にとりもどしたいと考え，冥府（めいふ，死の世界）へむかった．

　彼の琴の音は冥府のすべてを魅了した．

　イクシオンの火焔車（ゼウスの妻ヘラを犯そうとした罰でしばりつけられた）は回転をとめ，シシュポスの岩（死神をだました罰で，急坂の岩を転がしあげるのだが，あげてもあげても岩は転げ落ち，仕事は永遠に終らない）すら転がるのを休むほどだった．

　そして，ついに彼の琴の音は冥府の女王ペルセポネの涙をさそい，王ハデス Hades（別名プルトン）は，エウリディケを彼にかえすことを約束した．

　ハデスは，地上にでるまでは，けっして，うしろをふりむいてはならないことを条件にした．もちろん，オルフェウスは承知した．しかし，悲しいことにオルフェウスはこの約束が守れなかった．

　いま一歩で，地上の太陽がみられるというとき，なぜか，彼はうしろをふりかえって妻の姿をみてしまった．

　エウリディケはたちまち冥府に引きもどされた．我にかえったオルフェウスは，ふたたび妻を追ったが，それは許されなかった．

　ひとりになったオルフェウスは，以後，妻以外の女をけっして近づけようとしなかった．トラキヤの女たちは，それをぶじょくされたと誤解して怒った．

　ディオニソス（酒の神）の祭の夜に，酒に狂った女たちは，彼を八つ裂きにして河にすててしまった．

　彼の琴は河から海へ，そして，レスボス島に流れついた．琴はひきてをうしなっても，なお悲しい音色をかなで続けた．

　やがて，悲しいオルフェウスの琴は天にのぼって星になった．

　　　　　　　　　　（ギリシャ）

＊

　なぜ，オルフェウスはふりむいてしまったのだろう？

　前方に地上の光をみたとき，うれしさのあまり我を忘れたのだとも，冥府の女王への不信から，うしろを確かめたのだとも，あるいは，妻がすでに心を他人に移してしまったのでは…という疑惑が，しだいにオルフェウスの愛を憎しみにかえてしまったからだともいう．

ことをかなでるオルフェウス

天女と牛飼い
―七夕物語―

● たなばた物語 PART 1

　天の川の東に美しい乙女がいた．

　天帝の娘で織女と呼ばれた．彼女の仕事は機織りで，明けても暮れても休むこともなく織り続ける毎日をおくっていたからだ．

　化粧ひとつするわけでもなく，毎日仕事にはげむ織女のけなげさをみた天帝は，

　「若い娘があれではかわいそうだ．いつまでも独り身ではさびしいだろう．夫をもたせてやろう」

　そこで天帝は，天の川の西の地方に住んでいた牛飼いの牽牛という若者といっしょにくらせるようにはからった．

　ところが，織女は牽牛とくらすようになると，すっかり夢中になって，機を織ることをまるで忘れてしまった．朝から晩まで天の川の西へ行きっきりで，牽牛のそばでぺちゃくちゃとおしゃべりにうつつをぬかす毎日であった．

　天帝はとうとう腹を立てて

　「織女よ，お前の天職は機を織ることだ．さあすぐ川の東へかえって仕事をしなさい．これからは一年に一度しか牽牛に会うことを許さないからそのつもりでいなさい」

　天帝のきつい言葉に，織女は泣きながら川の東へ帰った．それからは毎日，年に一度の再会の日を楽しみに機を織るようになった．

　天帝は二人があう日を七月七日ときめた．ところが，二人が待ちこがれたその頃になると，大雨が降って水量がふえ，川をわたることができなくなることがある．

　そういう日は，両岸の二人は恨めしそうに川面を眺めて泣くのだ．すると，それを見て可哀そうにおもったカササギが飛んできて，翼をひろげて橋をつくり，織女を西の岸まで渡してやるのだ…という．　（中国）

＊

　中国では，織女星と牽牛星にはさまれた"はくちょう座"付近を天津といって，天の渡し場にみていた．旧暦七月七日の半月（上弦の月）が，川の流れが強くて，こいでもこいでも二人の待つ上流へのぼれない天の小舟にもみえておもしろい．

天の川をはさむ織女と牽牛

● たなばた物語 PART 2

天の川の東西に、無数の星のむれがあって、それぞれ星の国をつくっていた。

天の星の国にも人間の世界と同じようにいろいろなできごとがあった。

ある星の国の王は、美しい姫がいて自まんだった。姫は機織がたいへん上手で、風月花鳥の綾織りは、実物をしのぐほどの生彩をはなった。

毎日機を織る姫を人々は織女と呼んだ。

毎日機を織る姫をみて、父王は婿選びをせねばと思った。そして、さんざ頭を悩ませたあげく、隣の星の国の王子を婿として迎えることにした。王子は、毎日牛をひいて天上を駆けまわっている牧童だったので、牽牛と呼ばれた。

夫婦になった牽牛と織女は、楽しい蜜のような生活をおくった。

しかし、二人はやがてそういった生活におぼれて、織女は機を織ることを忘れ、牽牛は牛に草を食べさせることも忘れてしまった。

このようすをしばらくがまんして見ていた父王だったが、ついに怒りがばくはつしてしまった。

「若い者は一年に一度あうくらいのほうが、ほんとうの愛の味がわかるものだ。おまえたちの仕業は、愛しあうもののすることではない。おまえたちは自分の天職を忘れてしまった。不心得千万じゃ。今後おまえたちは、一年に一回だけあうことを許してやろう。織女は天の川の東側（実は織女星は天の川の西側に輝いているのだが…）で機を織り、牽牛は西側で牛に草をたべさせなさい。それが守れたら、七月七日にあえるように取りはからってやろう」
と厳しい命令がくだされた。

西と東に別れた二人は、しばらくは涙にくれたのだが、やがて、織女は牽牛の幸福を祈りながら機を織りはじめ、牽牛は牧草を牛にたべさせながら織女の幸せをいのった。

やがて一年の歳月が流れると、二人は、それぞれ天の川の岸にむかって天上の旅にでる。七月七日に二人は同時に天の川の両岸にたどりつくことができるのだ。

二人は互いに相手の姿をみつけると「織女！」「牽牛！」と呼びあいながら駆けよるが、悲しいことに、二人の間には、とうとうと流れる大きな天の川があって、それ以上近づくことができない。このことを知った二人は、気も狂わんばかりに、川を渡りたいと思うのだが、どうすることもできない。

おもいあまった二人の目から涙があふれはじめた。それはまるで大河の堰をきったようにとめどなく流れでた。

*

七月七日の朝から、下界では雨が降りはじめると、その雨はますます雨量を増して、いっこうに止みそうにない。

地上ではちょうど穀物が実りかけるころだから、この大雨には大弱りである。

朝まで快晴だった空が、急変したのは、きっと天上でなにかがおこったにちがいない、と地上の人々は考えた。

「天の底が抜けたのでは…」と思えるほどの大雨に、畑はくずれるし、穀物は流れ、やがて家を押しながされる人もでるしまつだ。

地上の王は、天界についてくわし

い日官に,このことについて占ってくれるようたのんだ.
「原因は天上の牽牛と織女のせいです.川に橋をかけてやるより方法がございますまい」
と日官は説明した.
「しかし,天上の橋を地上の我々がどうやってかけられる」
「幸いこの国には,天上まで飛んでいけるカチ(朝鮮鵲あるいは朝鮮烏)という鳥が沢山おります.このカチに橋をかけさせてはいかがでしょう」
「そうか,それはよい考えだ」

王はさっそく国中のカチを全部集めて,そのことを命じた.

カチは,この国に住ませてもらった恩がえしにと,いっせいに天に向って飛びたち,空がまっ黒になるほどであった.カチたちは天の川につくと,一列に並んで大きな天の川にりっぱな橋をかけた.

天上の二人は突然の橋に驚き,そして喜んだ.牽牛がカチの頭を踏んで向う岸へ渡り,二人のおもいはかなえられた.

地上の雨は止んで,青空がみえはじめると,人々はカチの行為に大いに感謝した.

以後,この国ではカチ(鵲カササギ)を大切にあつかうようになった.
(韓国)

*

韓国では,七月七日になると一羽の鵲もみられない.それは天の川へ橋をかけにいくからだという.

天から帰ってきた鵲の頭が白いのは,牽牛に頭を踏まれたせいだろうか.

七月七日の朝の雨は,牽牛と織女が天の川の両岸で泣いている雨,昼の雨は,一年ぶりにあえた二人のうれし涙,そして,夜の雨は二人が別離を悲しむ雨だ.

● たなばたは身分の ちがう悲恋物語か?

中国のたなばた伝説は,身分のちがう男女の悲恋をえがいたものである.

たなばたの夜,二つの星が本当に接近するわけではない.

どちらも,近くに暗い星が二つあること,天の川をはさんで同じ光度の星が輝くことから,この二つが結びつけられたのだろう.

同じ三つ星でも,ベガは両手をすぼめたかわいい三角に,アルタイルは両手を広げて一列に並んでいる.

かわいい三角のほうを女性とみる感覚は,女性が強くなったといわれる現代もかわっていない.

ベガは高くのぼるが.アルタイルはそれにくらべて低い.ベガが身分の高い天帝の娘や天女にされて,アルタイルが貧乏な農家の息子や牛飼

いにされたのは，おそらく，二星の南中高度のちがいのせいだろう．

たなばた伝説は，各時代各地方によって，すこしずつ内容が変化している．

羽衣をとられて人間の女房になる天女も，たすけられた鶴が女房になって，自分の羽根で夫のためにはたを織る夕鶴の物語も，天にかえってしまうかぐや姫のはなしも，すべてたなばた伝説の変形ではないだろうか．

●竹にのぼったミケラン

ミケランという若者がいた．

彼は狩りの帰り道で，天女が水浴びをしているのをみつけた．それはいつも彼が仕事のあとで汗を流す小さな泉だった．

木影からのぞきみた天女は，すきとおるように美しかった．ミケランはおもわず天女の羽衣をとりあげてしまった．

そして，自分の嫁になってほしいと，何度も何度もたのんだ．

ミケランの嫁になった天女は，楽しい毎日に，すっかり天のことを忘れてしまった．

子どもが二人できて，犬のシロと四人の家族は幸せだった．

ある日，ミケランが仕事にでたあと，いつものようにはたを織る天女の耳に，いつもとちがう子どもたちのうた声が聞えてきた．

"おくらのおくの，たわらの下に，きれいなおべべがあるよ…"

天女は我を忘れて土蔵へかけこんだ．土蔵の中の俵の下から，ミケランがかくしておいた羽衣のすそがみえた．

天女は，忘れていた天が急になつかしくなった．とうとう天女は子どもをつれて天にのぼってしまった．

ミケランが家にかえると，犬のシロが天女のかきおきをくわえて待っていた．

『天にかえります．子どもたちはつれていきますが，あなたは重いのでそれができません．シロといっしょにあとで来てください．それにはぞうりを千足つくって庭にうめてください．そして，その上に竹の子を植えてください』と書いてある．

ミケランはいわれたとおり，毎日ひっ死になってぞうりをあんだ．村の人々も手伝ってくれた．

千足のぞうりをうめて，竹の子を植えると，なんと竹の子はみるみるうちに，高い高い天にむかってのびた．

ミケランは，シロといっしょに，天までのびた竹に登った．

雲の上にでると，竹はだんだん細くなった．

『おとうさーん　ここよっ』という子どもたちの声がすぐ上の雲から聞えてきた．もうすこし登ると手がとどきそうだが，でもそうすると彼

の重みで竹が弓のように曲って,しかも風に吹かれて右に左にゆれてしまう.

　あとわずかなのに,どうしても届かない.突然,シロが彼の頭をのりこえて雲にとびうつった.そして,尻尾を彼の前にたらして"ワンワンつかまれつかまれ"というのだ.

　尻尾につかまったミケランは,やっとのおもいで天人の世界によじのぼった.親子4人はだきあって喜んだ.

　さて,人間のミケランが天人の世界で住むためには,天人になるための試験に合格しなければいけない.

　天人は人間とちがって,いつも人の反対をするのだ.つまり,天人は人間のようにすなおではなく,へそまがりなのだ.

　試験は王の前でおこなわれた.ミケランは天女に教えられたように,いっしょうけんめいに,なんでも逆に考えて,反対に反対にとからだをうごかした.

　最後に,王と食事をとることになった.順調にすすんでいよいよ食事も終りにちかづき,デザートに瓜がでた.

　この瓜を食べおわると,とうとう天人になれて,可愛い天女や子どもたちといっしょにくらせるとおもった.ところが,そうおもったとたんに,ミケランの心はへそまがりの天人の心から,昔のやさしい人間の心に逆もどりしてしまった.

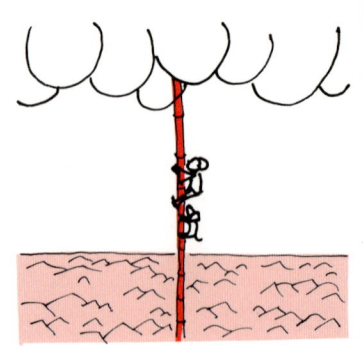

　『ミケラン,その瓜はたてに切ったらよかろう』王はそのミケランの心のすきをついてこう命令した.

　突然の王の言葉にうろたえたミケランは,おもわずいわれたとおり,瓜をたてに切ってしまった.

　瓜の中からドオッと水があふれでて,あっというまにミケランを押しながしてしまった.

　瓜の中からとめどもなく涌きでる水は,天の川になって向う岸に流されたミケランの前にたちふさがってしまった.

　あまりにも悲しそうなミケランをみて,王は年に一度だけ家族に逢うことをゆるした.　　　　　（日本）

＊

　たなばた伝説が沖なわ（琉球）地方で変形したものだ.

　こと座のベガ（α）と,手をつなぐようによりそうεとζを,天女と二人の子どもにみたてたのだろう.もちろんミケランは対岸のわし座のαだ.となりのγが犬のシロである.

●雨よ降れ！七夕さん

たなばたの二人のデートは，7月7日の夜ということになっている．

この夜，雨が降ると天の川が増水して，二人のデートはやむなく中止となる．だから，子どもたちはてるてる坊主をつくって二人をあわせようとする．

しかし，子どもたちの願いもむなしく，たなばたの夜がからりと晴れあがることはめったにない．

それもそのはず，もともと七夕の星祭は，太陰暦の7月7日の行事だったのだから，今の太陽暦では8月～9月にあたる．天候も安定しているし，宵のおりひめ，ひこぼしも高くのぼって星祭りにふさわしい．

ところが，太陽暦の7月7日は，梅雨期のまっただなかだ．

ところで，日本の農村には，七夕の夜，雨が降ることを願うところがあるのだからおもしろい．

もし，雨が降らなくて二人があうと，一年間恋こがれた気持がいちどに燃えあがる．その結果，たなばたの子どもたちが何人も生まれるのだが，それがなんとみんな悪い子ばかりで，村の田や畑をあらしまわるというのだ．

梅雨時に雨が降ってくれないと，農村では田植えもできないからだ．

なんと科学的で，合理的ないい伝えだろうか．

恋よりまず生活というわけだ．

*

たなばたの二つの星のみえかたもなかなかおもしろい．

おりひめ星は，毎年はやばやと5月の宵に姿をみせるが，ひこぼしは5月のなかばになってから，ゆうゆうとのぼる．いや，息せききって駆けつけるのかもしれない．

もちろん，七夕のデートにはまにあうが，かわいい恋人をかなり待たせてしまう．

おりひめは天頂に，ひこぼしは南に30°ほど低く南中する．

この女性上位の関係は，デートに遅れた彼のひけめのせいだろうか．

夏も終り，冬がちかづく頃，二人はすっかり意気投合して，仲よく横に並んで手をつなぐ．

12月の宵，西に沈む二人のまん中に，はくちょう座の十字架が立つのだが，星を結ぶと相々傘にもみえてほほえましい．

たなばたアメ
七夕雨

こと座の見どころガイド

＊ちかづきすぎた恋人たち？
－風がわりな食変光星β－

こと座のβ星は，特異食変光星の部類にはいる．つまり，風がわりな食変光星ということだ．

食変光星は，2個以上の星が日食と同じように，重なりあってみかけの光度をかえる星をいうのだが，こと座のβの場合は，主星と伴星が異状に近づきすぎている．

超接近連星がしめす特徴のひとつは，変光曲線に楕円効果がみられることだ．あまりに近づきすぎた2星は，おたがいに重力でひっぱりあってサツマイモのように楕円体になってしまうのだ．

普通，食が始まったある瞬間から減光しはじめ，終った瞬間から変光は認められないわけだが，星自身が楕円体である場合は，観測者に向ける面の面積が常に変化するために，食をおこしていないときも，連続的にみかけの光度変化がみられるわけだ．（楕円効果）

こと座のβは，主星も伴星もたがいに潮汐作用でかなり細ながくなっているらしい．

それだけではない，この連星のスペクトルは，2星の軌道運動と共にゆれうごく．

それは主星から伴星にむけて，秒速300kmというたいへんないきおいでガスが噴出していること，そのガスの一部は伴星に吸収され，一部は伴星をまわって主星に，そして大部分はこの連星の軌道にそった宇宙空間にまきち されている．

ほとんど手をつながんばかりに接近したこと座βのカップルは，いま恋に狂って，激しく燃えているらしい．

主星はB型のたくましい超巨星，伴星はF型の中肉中背の美人？

＊

さてこの恋人たちの未来だが，主星のからだを吸収した伴星が急に進化をはやめて先に一生を終えてしまうか，すでに超巨星にまで進化した主星がどさくさの内に一生を終えるか，いずれにしてもどちらかが，生き残って相手の遺骨（白色わい星と呼ばれる密度がひじょうに高い小さな星になる）とくらすことになるだろう．

この種の変光星は"こと座β型"の変光星と呼ばれる．

こと座βは周期12.9日で3.4等から4.3等にまで変光する．

たがいに相手の強い影響をうけてそれがたがいの生涯を左右する．けっしてわかれることはないこのカップル，ちかくのおりひめ星をうらやましがらせているにちがいない．

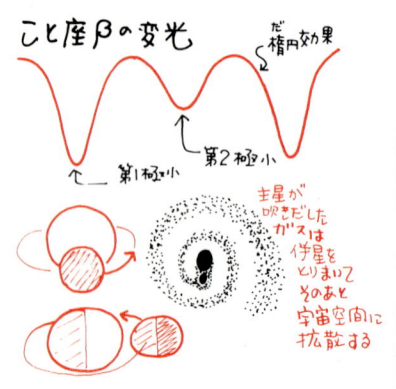

こと座βの変光

だ楕円効果

第1極小　第2極小

主星が吸いだしたガスは伴星をとりまいてのみ宇宙空間に拡散する

※ ダブル・ダブル
こと座の double double ε¹ と ε²

ベガのとなりにあるεを，目をこらして，じーっとみつめてみよう．

ひょっとすると，この星が二つの星にわかれるかもしれない．

だめだったら，オペラグラスか，虫めがねを二枚組みあわせた簡易望遠鏡でもいいからのぞいてみよう．かわいい5等星がなかよく二つ並んだダブルスターだ．

さて，この双眼鏡二重星を，さらに天体望遠鏡をつかって倍率をあげてみると，そのε¹とε²が，それぞれ二つずつに分離するが，これが実にかわいい．

これはそれぞれが連星で，おたがいに重力で手をつないでまわっている．

この四重星，ダブルダブル（複重星）は，こと座のみどころナンバーワンである．

ダブルは優秀な肉眼が，ダブルダブルには優秀な天体望遠鏡が必要．

ε¹−ε² (4.7等−4.5等) は3′以上はなれているので，肉眼の分解能が1′ということから考えると，楽にわかれなければいけないのだが，暗いせいかなかなかむずかしい．

ε¹ (A—B, 6,0等−5.1等) とε² (A—B, 5.1等−5.4等) は，共に3″以下と，かなり接近している．もし，天体望遠鏡をおもちなら試してみてほしい．口径5cmで（限界分解能2″32）ダブルダブルがみえれば，それは優秀な望遠鏡といえる．

とりあえず，あなたの優秀な肉眼でダブルスターε（エプシロン）に挑戦を…．

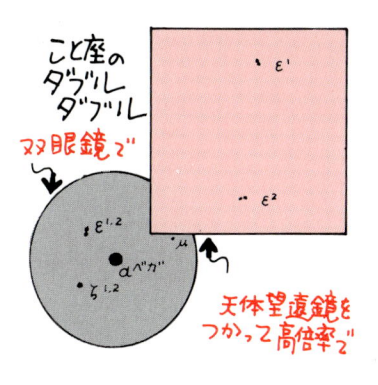

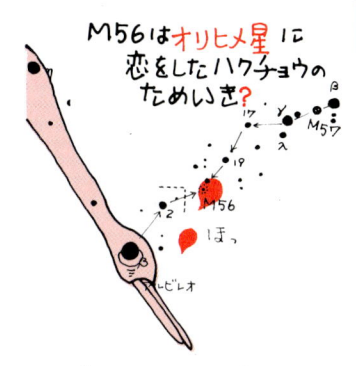

※ M56は白鳥のためいき？

M56は，はくちょう座のくちばしアルビレオ(β)から，約3°右(西)，そして約2°上(北)にある球状星団．

双眼鏡でなら，アルビレオとγの中間あたりに，小さな小さなにじんだ光点がみつかるだろう．20′ほど離れたところに5.5等星が並んでいる．

ことの音色に聞きほれたハクチョウが，そのすばらしさにホッともらした溜息が，このかわいい球状星団になったのだろう．

＜球状星団　8.2等　視直径5′
45600光年＞

✴M57はオリヒメのエンゲージリング

こと座のみものは、なんといっても M57 である。

"ドーナツ星雲""リング星雲"の名で呼ばれ、形のおもしろさで親しまれている。オリヒメ星（α）のちかくにあるので、ヒコボシにもらったエンゲージリングにみたてたいところだが、このリング、実は星の爆発した跡なのだから"大事故のお見舞の花輪"とみるか、"星のお葬式にささげられた花輪"とみるべきなのだろう。この花輪いまもなおどんどんひろがりつつある。

βとγの間、すこしβよりに見当をつけてさがしてみよう。といっても、残念ながら双眼鏡ではごく淡い恒星状の光点がみとめられればバンバンザイといった程度で、とてもドーナツの穴をみることはできない。

口径 10 cm 以上の望遠鏡でならチャーミングな M57 の小さな小さなリングが楽しめるのだが…。

星の爆発の跡がリング状にみえるのは、ガス球の殻の周囲の部分、つまりこちらからみてガスの重なりの多い部分だけがみえているからだろう。中心にこの事故の張本人である青白い 15 等星がある。もちろん双眼鏡ではみとめられない。

〈惑星状星雲　9.3等
視直径 83″×59″　1410光年〉

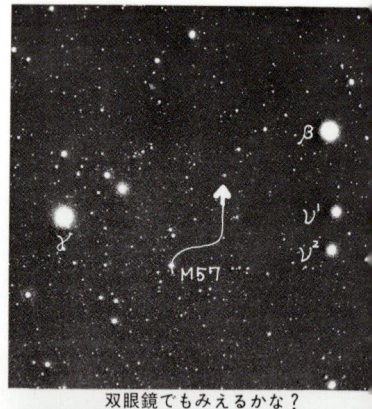

双眼鏡でもみえるかな？

小望遠鏡でみた M57 (左下)
ドーナツの穴がみえるかな？

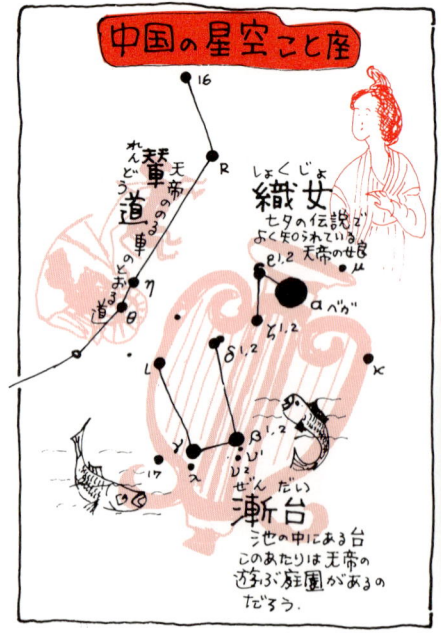

● 星座絵のある星図 ●

アラビア星図にみられる
楽しい星座絵

　ギリシャで開花したすぐれた天文学は，ローマ帝国にうけつがれたが，たいした進歩発展はなく，国力のおとろえと共に，天文学もまた衰退の道をたどりはじめた．

　その衰退をくいとめたのがアラビア人たちであった．イスラム教を中心に勢力をもちはじめた7～8世紀のアラビア人たちは，ギリシャのすぐれた学問を吸収することにつとめた．

　プトレマイオスの天文学大系（メガレ・シンタクシス）も，アラビア語訳の"アルマゲスト"として現在にまでうけつがれることになった．

　しかし，アラビアの天文学は，アルマゲストに始って，アルマゲストに終ってしまった．イスラム教に，あるいはアラビアで開花した占星術のための実用的観測に力をそそぎ，天文学としての進歩はなく，それは15世紀のコペルニクスやガリレオの時代にまでもちこされてしまった．

　ギリシャの天文学を維持した功績は大きいとする人もいるが，彼らの占星術は，ギリシャの純粋な科学までも台なしにした，ときめつける人もいる．

　アラビアでつかわれた星名は，ほとんどがギリシャの星名をアラビア語訳したものだが，ヨーロッパの暗黒の中世に夜明けがおとずれると，ふたたび，アルマゲストと共にヨーロッパに逆輸入されることになった．

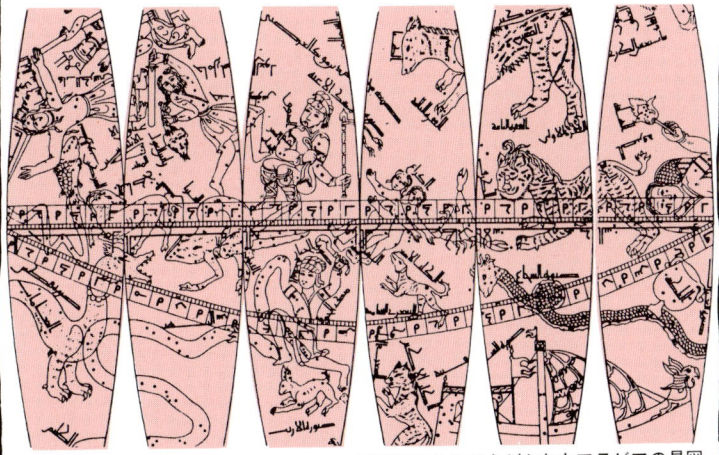

天球儀のためにえがかれたアラビアの星図

10 はくちょう座（日本名）
CYGNUS（学名）
キグヌス

はくちょう座のみりょく

翼をひろげて，天の川の上をとぶハクチョウは，8月から9月にかけての宵がすばらしい。

$\alpha-\gamma-\beta$ を結ぶたて軸と，$\delta-\gamma-\varepsilon$ のよこ軸でつくる星の十字架が，はくちょう座のシンボルマークだ。

はくちょう座のみごとな十字は，南太平洋でみる南十字星と対照させて，北十字星と呼ぶ人もある。

どちらも，たて軸とよこ軸の長さの比がほぼ3：2となり，バランスのよさも天下一品。

ただし，南十字星の3倍半も大きいので，イメージはすこしちがう。北十字がハクチョウなら，南十字はさしずめオシドリといったところだろう。

ハクチョウは，秋のふかまりと共に，しだいにくちばしを下に向けて西の地平線にむかう。そしてついにクリスマスの頃，くちばしが西の山に突きささる。

墜落した白鳥は七面鳥に変身するのだとうがったみかたもできるのだが，西の山の上に立った十字は，ゴルゴダの丘のキリストの十字架といったほうがふさわしい。

十字架のうしろの天の川が，荘厳さを増すのに役立っている。

なんと，日本にも"十文字さま"という呼名がある。

トンボ座？

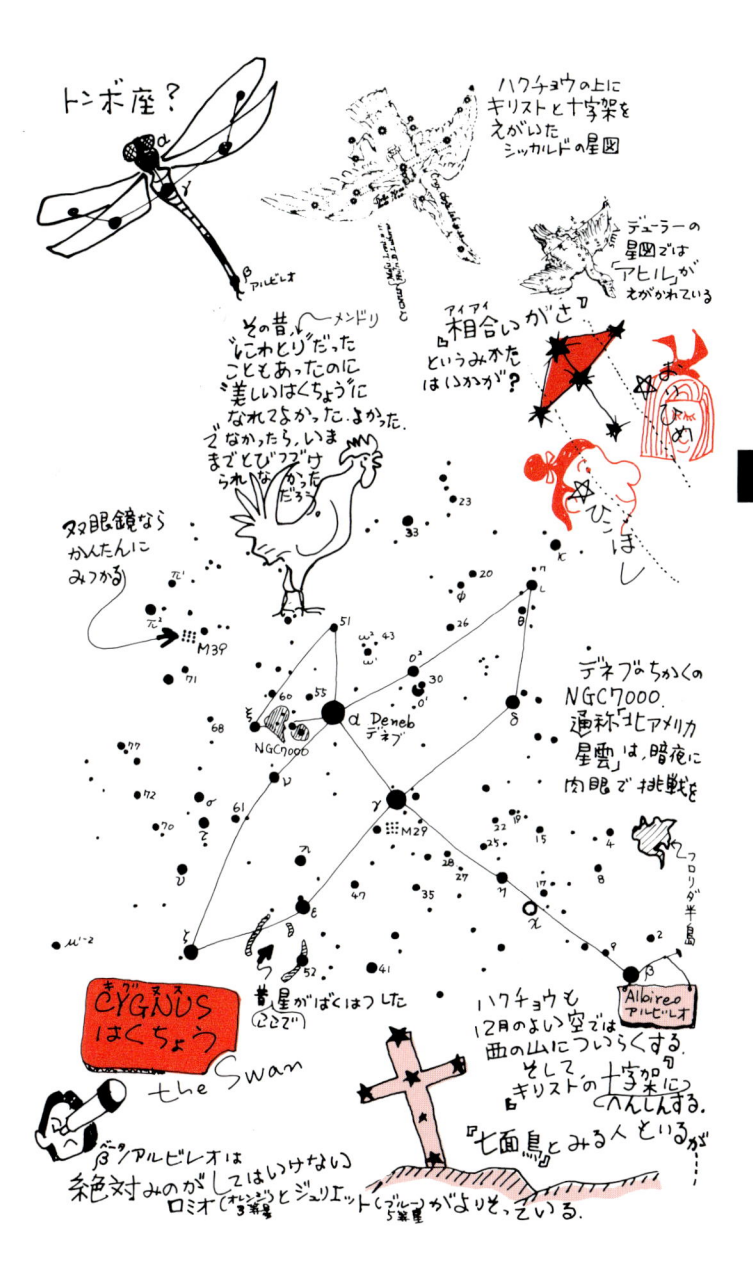

ハクチョウの上にキリストと十字架をえがいたシッカルドの星図

デューラーの星図では「アヒル」がえがかれている

その昔、メンドリにこわとりだったこともあったのに美しいはくちょうになれてよかった、よかった。でなかったら、いままでとびつづけられなかっただろう

アイアイ 相合いがさ というみかたはいかが？

ひしぼし

ヌケ眼鏡ならかんたんにみつかる
→ M39

α Deneb デネブ

デネブのちかくのNGC7000 通称北アメリカ星雲は、暗夜に肉眼で挑戦を

NGC7000

M29

フロリダ半島

CYGNUS はくちょう
the Swan

Albireo アルビレオ

昔 星がばくはつした (ここで)

ハクチョウも12月のよい空では西の山につぃらくする。そしてキリストの十字架にへんしんする

『七面鳥とみる人といる』が…

β アルビレオは絶対みのがしてはいけない
ロミオ(オレンジ3等星)とジュリエット(ブルー5等星)がよりそっている。

はくちょう座の星々

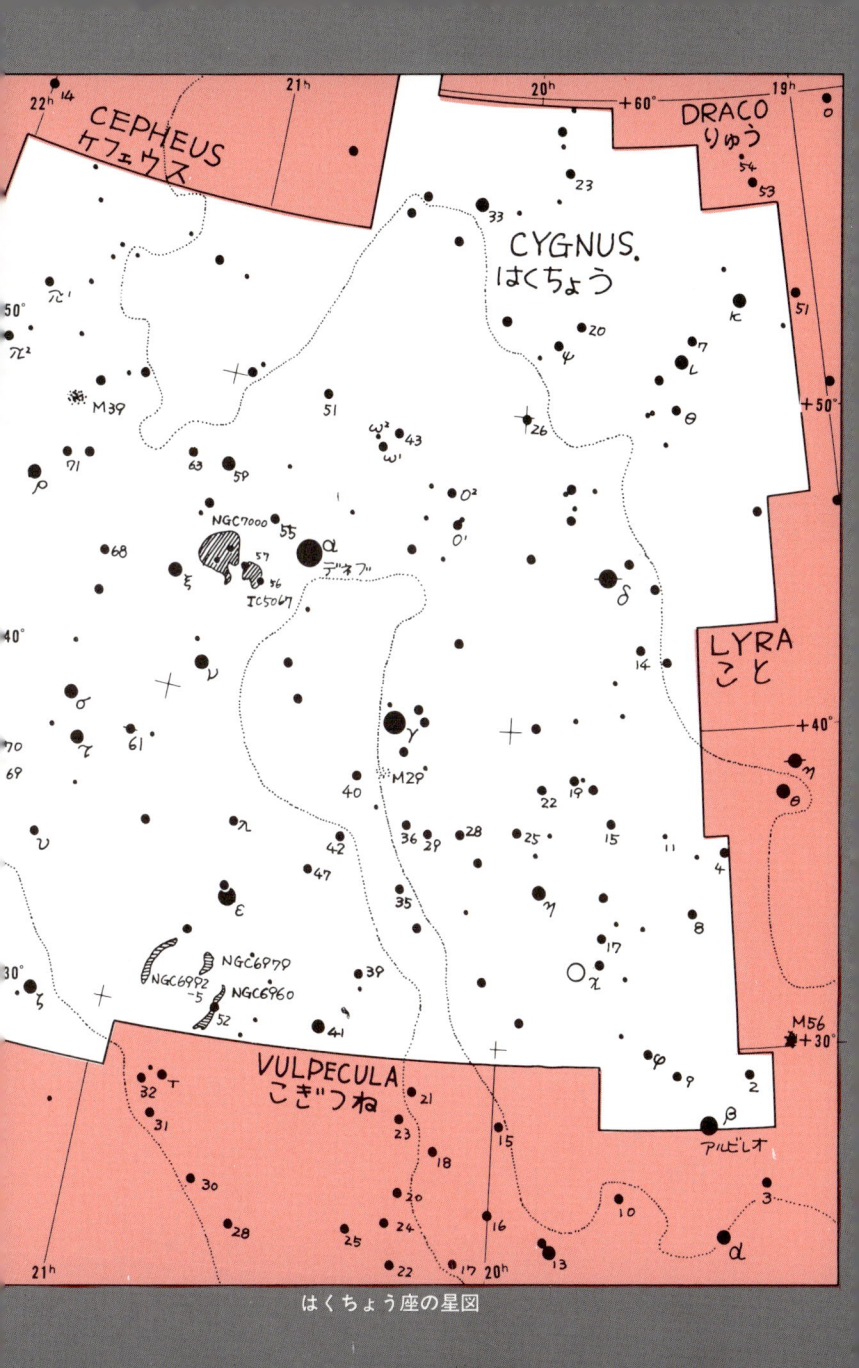

はくちょう座の星図

はくちょう座のみつけかた

　はくちょう座は，夏の銀河の上を翼を十字にひろげてとんでいる．
　天の川を南からさかのぼると，銀河の中に1等星がぽつん．ハクチョウのしっぽに輝くデネブがある．
　このデネブと，こと座のベガと，わし座のアルタイルを結んだ有名な夏の大三角形は，銀河のみえない都会の空でも簡単にみつかる．くちばしの3等星はすこしばかりさがしづらいが，オリヒメ（ベガ）とヒコボシ（アルタイル）のまん中，すこしデネブよりに目をこらすとみつかるだろう．
　デネブは七夕の二人にえんりょして，三角星中もっとも暗い．

はくちょう座の日周運動

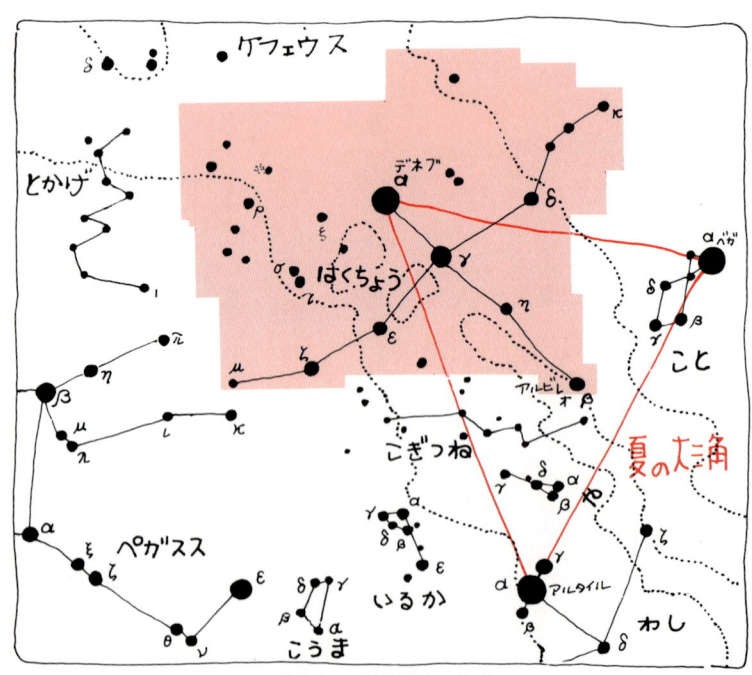

はくちょう座周辺の星座

はくちょう座を見るには（表対照）

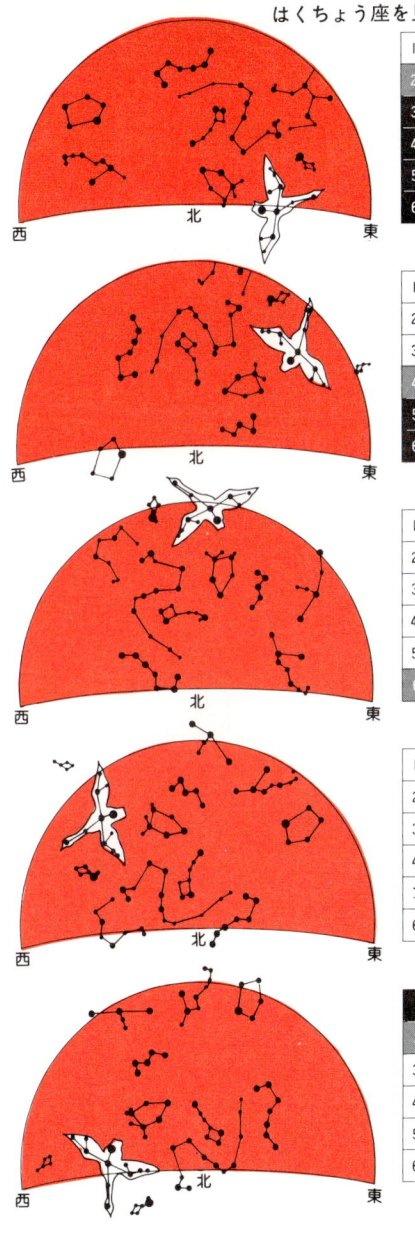

1月1日ごろ	8時	7月1日ごろ	20時
2月1日ごろ	6時	8月1日ごろ	18時
3月1日ごろ	4時	9月1日ごろ	16時
4月1日ごろ	2時	10月1日ごろ	14時
5月1日ごろ	0時	11月1日ごろ	12時
6月1日ごろ	22時	12月1日ごろ	10時

■は夜，▨は薄明，□は昼．

1月1日ごろ	11時	7月1日ごろ	23時
2月1日ごろ	9時	8月1日ごろ	21時
3月1日ごろ	7時	9月1日ごろ	19時
4月1日ごろ	5時	10月1日ごろ	17時
5月1日ごろ	3時	11月1日ごろ	15時
6月1日ごろ	1時	12月1日ごろ	13時

1月1日ごろ	14時	7月1日ごろ	2時
2月1日ごろ	12時	8月1日ごろ	0時
3月1日ごろ	10時	9月1日ごろ	22時
4月1日ごろ	8時	10月1日ごろ	20時
5月1日ごろ	6時	11月1日ごろ	18時
6月1日ごろ	4時	12月1日ごろ	16時

1月1日ごろ	17時	7月1日ごろ	5時
2月1日ごろ	15時	8月1日ごろ	3時
3月1日ごろ	13時	9月1日ごろ	1時
4月1日ごろ	11時	10月1日ごろ	23時
5月1日ごろ	9時	11月1日ごろ	21時
6月1日ごろ	7時	12月1日ごろ	19時

1月1日ごろ	20時	7月1日ごろ	8時
2月1日ごろ	18時	8月1日ごろ	6時
3月1日ごろ	16時	9月1日ごろ	4時
4月1日ごろ	14時	10月1日ごろ	2時
5月1日ごろ	12時	11月1日ごろ	0時
6月1日ごろ	10時	12月1日ごろ	22時

東経137°，北緯35°

はくちょう座の歴史

　大きく翼をひろげた鳥の姿を想像したのは，古代フェニキアの時代にまでさかのぼる．

　ワシになったり，メンドリといわれたりもしたが，最後にハクチョウが生きのこったわけだ．

　もちろん，プトレマイオス48星座のひとつ．

バルチウス星図の「はくちょう座」

フラムスチード星図の「はくちょう座」

はくちょう座の星と名前

＊α アルファ
デネブ (しっぽ)

動物の星座がたくさんあるので，デネブと呼ばれる星は，ほかにもいくつかある．

ただし，数あるデネブのなかで，1等星のデネブはこのハクチョウのしっぽだけだ．いうなればデネブの王様である．

夏の三角星中もっとも暗いが，銀河の中で白色に輝く美しい星だ．

デネブはデンブ（おしり）と似ていて，なんとなくイメージがあうところがおもしろい．子どもたちにはオシリじゃなくて，オナラの"デネブー"として人気がある．

< 1.3等　A2型 >

＊β ベータ
アルビレオ (くちばし？ 口？ 頭？)

アルビレオ，なんとやさしい，チャーミングな名前だろうか，まるで清純な初恋のひとの名を呼ぶようにこころよい．

アルビレオの原意が不明というのも，神秘のベールにつつまれたあこがれの人の名にふさわしい．

明るい夏の銀河のなかの3等星だから，川の流れに呑みこまれはしないかとおもわせるほど可憐だ．

見失ったら，オリヒメとヒコボシのまん中の，ほんの少しデネブよりをさがすといい．

アルビレオは，もっとも美しい呼名と，もっとも色の美しい二重星として知られている．

残念ながら，美しい重星を楽しむには天体望遠鏡の助けが必要だ．

オレンジ (K1型) の3等星に，ブルー (B9) の5等星がよりそっているようすは，美しいその呼名にふさわしい．

< 3.2等 － 5.4等
　K1型 － B9型 >

＊γ ガンマ
サディル (胸)

十字星の中心に輝くので，はくちょう座の"ヘソ"といったほうがふさわしい2等星．

< 2.3等　F8型 >

＊ε エプシロン
ギエナー (つばさ)

γを中心に，このεとδが大きくひろげた翼をあらわす．

< 2.6等　K0型 >

オシリのデネブーです

はくちょう座の伝説

● レダと白鳥の恋

ギリシャのスパルタの国王テュンダレオス Tyndareos は、レダ Leda という美しい娘を妻にむかえた。

さて、この美しいレダの魅力が、なんと大神ゼウスの心までもとりこにしてしまい、めんどうなことになった。

ゼウスは、テュンダレオス王が戦いにでた留守をねらって、白鳥に変身して彼女をたずねた。

レダは、気品のある美しい白鳥がすっかり気にいって、恋人のようにかわいがった。

レダと白鳥(レオナルド・ダビンチ画)

その夜、テュンダレオス王は、無事戦いをおえて彼女のもとにかえってきた。二人はひさしぶりの再会を楽しんだ。

やがて、レダは大きな白鳥の卵を二つ生みおとした。

ひとつの卵からは、双子の男の子が生まれ、もうひとつの卵からは、双子の女の子が生まれた。

双子の兄弟はカストルとポリュデウケス(ポルックス)、姉妹はヘレネとクリュタイムネストだが、ポリュデウケスとヘレネは、大神ゼウスの子として、カストルとクリュタイムネストは王の子として生まれた。

神の子と、人間の子が双子に生まれたという不思議な運命をせおって一生をおくるのだが、カストルとポルックスはのちに天にのぼって星になった(ふたご座)。

ところで、ゼウスの白鳥も、夏の天の川で星になった。今夜はどこの国のレダをねらっているのやら…。
(ギリシャ)

● ファエトンの冒険

ファエトン Phaëthon は、太陽の神ヘリオス Helios と、美女で名高いクリュメネ Klymene のあいだに生まれた勝気な男の子だった。

彼は成人してから、はじめて自分の父が太陽の神であることを知らされた。

ファエトンは、父を誇りにおもった。そして、父ヘリオスに会うために、世界のもっとも東の国へむけて旅立った。

ヘリオスは、毎朝この地から、四頭だての戦車にのって天に昇り、人々に光と希望をふりまいた。荒れ狂う馬を御しながら快速でとばし、夕方には、西方の黄金の宮殿で一息い

れ，夜のうちに，黄金の舟にのってオケアノス川をくだり，東の国へかえるという，とてもいそがしい日課であった．だから子どもとゆっくり顔をあわせることもなかったのだ．

ヘリオスは，立派に成長した息子が，自分をたずねてきたことを，ことのほか喜んだ．そして，つい嬉しさのあまり，『おまえの願いならなんでもきいてやろう』と約束してしまった．

ファエトンは『一度でいいから，父上の戦車にのせてほしい』とねがった．自分の父がヘリオスであることを，みんなに知らせたいからだというのだ．

日輪の車が危険なことを知っているヘリオスは，まずいことになったと思った．しかし，息子との約束は守らなければいけない．くれぐれも気をつけるようにいいきかせて，しかたなく息子の願いを承知した．

あくる朝，曙（あけぼの）の女神エオス Eos の先導で，彼の戦車はいきおいよく天にかけあがった．

地上のすべてが，みるみるうちに小さくなっていくようすが，彼を有頂天にさせた．

地上のすべての人々が，彼を尊敬し，恐れているかのように感じられたからだ．

しかし，得意の絶頂にあるファエトンの姿がみられたのは，ほんのわずかな時間だった．彼のたずなさばきには，ヘリオスの荒馬をのりこなすほどの力がなかったからだ．

戦車は，きめられたいつもの道をはずれて，天空をでたらめに走りだした．はさみをふりあげた大サソリ（さそり座）をみると，馬はますますあれた．

戦車が地上すれすれをはしったとき，地上のすべてを焼きはらい，緑の大地は砂漠にかわり，人々のはだはまっ黒になった．

大神ゼウスは，この非常事態をお

ファエトン（パエトーン）の墜落（ルドン画の一部）

さめるために雷電で戦車をうちおとした．戦車も，ファエトンも燃えながら，エリダヌス川（エリダヌス座）に落ちた．

ファエトンの姉たちは，悲しみのあまり川岸でポプラの木になった．

親友だったリグリア王キュクノスKyknosは，いつまでも川の中のファエトンの姿をさがしたが，いつのまにか白鳥になった．

アポロンは，この白鳥に美しい歌声をあたえたという．

星になったキュクノス（はくちょう座）は，いまもなお，天の川の上をとび，親友ファエトンの姿をさがしている．
（ギリシャ）

恋にやぶれた美少年キュクノス

キュクノスKyknosは，白鳥という意味をもつが，いくつかの伝説がある．

＊

キュクノスは，アポロンとテュリアThyriaとの間にうまれた美少年だった．

女性はだれもがキュクノスにあこがれていいよったが，彼はそれをすべてことわってしまった．

最後に残った一人は，ピュリオスPhyliosという気だてのやさしい娘だった．

しかし，おもいあがった彼は，彼女にもつらくあたった．つぎからつぎへと無理難題をいいつけ，彼女がこまるのをむしろ楽しむふうであった．

可れんなピュリオスがいじめられるのをみて，同情したヘルクレスは彼女の仕事をてつだってくれた．

ピュリオスは，キュクノスの難題をみなかたずけると，彼のことをあきらめてどこともなく姿をかくしてしまった．

ピュリオスがいなくなって，キュクノスは，はじめて自分が彼女を深く愛していたことに気がついた．

彼は，いままでのおもいあがりを恥じたが，失恋の痛手にたえられず，とうとう，湖に身を投じて死んでしまった．

父アポロンは，このあわれな息子を天にあげて白鳥にした．
（ギリシャ）

はくちょう座の見どころガイド

＊北天一の美星 アルビレオ

はくちょうのくちばしに輝くアルビレオ（β）が美しい二重星であることは有名すぎるほど有名.

小望遠鏡で十分楽しめる重星だがあなたの双眼鏡ではどうだろう？

35″離れて並んでいるのだから,数字上では倍率が2倍以上あればいいし,口径もオペラグラス程度で十分なのだが,実際にはなかなかむずかしい.挑戦してみてほしい.

K1型の3.2等星とB9型の5.4等星のカップルは,トパーズイエローとサファイアブルー,あるいは,カリフォルニヤオレンジとハワイアンブルーに輝く.この美しいカップルを,なんとか一度あなたにみせたいとおもうのだが……

＜重星 3.2等-5.4等 K1型-B9型 angular distance 34″.6＞

＊肉眼でもみえる 北アメリカ大星雲

だれもが一度は天体写真でお目にかかる有名な散光星雲が,ハクチョウのオシリのすぐよこにある.

オシリ（デネブ）とξにはさまれた,ややξよりにぼんやり明るいか

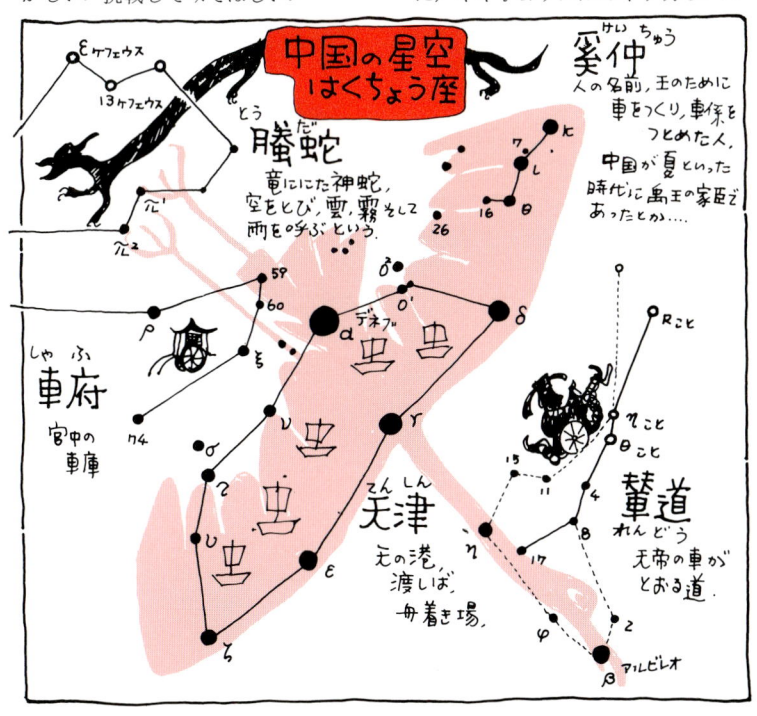

中国の星空 はくちょう座

騰蛇（とうだ） — 竜ににた神蛇,空をとび,雲,霧そして雨を呼ぶという.

奚仲（けいちゅう） — 人の名前,王のために車をつくり,車係をつとめた人,中国が夏といった時代に帝王の家臣であったとか…

車府（しゃふ） — 宮中の車庫

天津（てんしん） — 天の港,渡し場,舟着き場

輦道（れんどう） — 天帝の車がとおる道

たまりがみえる．月もなく，澄みきった降るような星がみえる夜にかぎるのだが，月よりもすこし大きい部分が明るく感じられる．"いわれてみるとあれがそうかな"といった程度だが，たしかにあなたはNGC 7000の生の姿をみたのだ．

天体写真では北アメリカ大陸そっくりな形がみごとだ．よくみるとフロリダ半島もあるし，メキシコ湾もある．

肉眼で認められるのだから，双眼鏡ならもっとはっきりするだろうとおもうが不思議にそうはいかない．バックの天の川の星がいっぱいみえて淡いかたまりはその中にとけこんでしまうからだ．迫力のある北アメリカ星雲 North America Nebula は大望遠鏡をつかって長時間露出したカラー写真にかぎる．

<NGC7000 散光星雲 1.3等
視直径 120'×100'　2600光年>

北アメリカ星雲（すぐ上にデネブ）

ネームがある．銀河のコールサックの中味は星の原料で一杯，といったところだ．

※銀河の石炭袋？

北アメリカ星雲をみたその目を，このあたりの銀河全面に向けてみよう．

デネブ（α）からアルビレオ（β）にかけての南側に，ちょうど天の川をたてに二分するように暗い帯が認められるだろう．双眼鏡をつかって天の川をゆっくりながすと，ところどころにそういった暗黒の部分がみつかる．これは星の光をさえぎる星間物質（暗黒星雲）があるためで，その部分に星がないのではない．これ等の暗黒星雲は，ほとんどが水素だが，非常に密度の高い部分ができると，みずからの重力で収縮をはじめ，そこに新しい星が誕生する．

はくちょう座の暗黒部分には，コールサック（石炭袋）というニック

※天女のはごろもをみる
―― 網状星雲 ――

これもまた美しい天体写真でよくお目にかかる星雲である．

天女の羽衣（はごろも）をおもわせるすばらしい姿は写真にまかせて，なんとか，その片鱗をみとどけようというわけだが，εの南，ζの西のあたりに，極く淡いガス雲のループが二つむかいあっているのがみえないだろうか．

肉眼で，双眼鏡で，いろいろためしてみよう．空の条件しだいで，あなたの目の前に天女が薄い羽衣をまとって姿をあらわすだろう．ゆめゆめうたがうことなかれ．

カラー写真でみる網状星雲は更にいくつかのきれっぱしがみられ，全体で大きなリング状になる．それぞ

れを NGC 6992—5, NGC 6960 としているが, いずれも, いまから7万年前に大爆発をした星のなれの果てなのである. NGC 6960 は 52 番星とかさなってみえている.

Cirrus Nebula (巻雲), Veil (ベール), Cygnus Loop Nebulae (ハクチョウの曲線星雲) といった呼名もあるが, 日本ではなぜか網状星雲 (あみじょうせいうん) という. 細かな網状の模様がみられるからだろうが, 全体のイメージには不似合な呼名のようにおもえる.

ところでこの超新星には中心星がない. 写真でみる羽衣のあの美しいピンクの輝きは, 膨張する過程で星間物質と衝突しながら自ら生みだしたエネルギーによるものだ.

<NGC6960 散光星雲
　視直径 70'×6'　2300光年>
<NGC6992-5 散光星雲
　視直径 78'×8'　2300光年>

✳ M39 と M29

M39 は星数は少ないが, 明るい星が集った散開星団だ. デネブ (α) のうしろに, すこし目をこらしたら肉眼で認められるだろう.

双眼鏡ではたくさんの星がみえるので, 散開星団としての雰囲気を十分楽しめるはず.

デネブから ρ をみつけて, その北をさがすといいが, デネブから直接見当をつけるズボラなさがしかたのほうがけっこううまくいくだろう. デネブのうしろあたりをねらって, 双眼鏡を適当にふりまわすだけでつかまえられる.

それにくらべて M29 をつかまえるのはむずかしい.

星図をみると γ のすぐ南 (2°) に 40番星と並んでいて, M39 なんかよりうんと簡単に見つかりそうにおもえるが, 事実はそのまったく逆. 実はこのあたり天の川の中心なので, 双眼鏡の視野の中は微光星の洪水となり, M29 はその中でおぼれて見わけがつけにくいのだ.

いずれにしても星が多くて楽しいところだから見あきることはない.

<M39 散開星団　5.2等
　視直径 32'　825光年>
<M29 散開星団　7.1等
　視直径 7'　4000光年>

11 や座（日本名）
SAGITTA（学名） サギッタ
こぎつね座
VULPECULA ブルペクラ
いるか座
DELPHINUS デルフィヌス

や座 こぎつね座 いるか座 の みりょく

ときには，大星座のかげに埋もれた小星座の発掘を試みてほしい．

小さいながら，それぞれ味わいがあって楽しめる．

なによりいいのは，めだたないことだ．誰の目にもとまるわけではないのだから，その気になってやっとみつけた自分だけの秘密のマスコットになる．

ひこぼしのすぐ近くに"や座"がある．七夕の二人の間に，愛の矢があるのはほほえましくていい．

矢はほんの少し的をはずして"ひこぼし"の上をかすめる．

このままとびつづけると，コギツネの尻尾を射ぬいて，アンドロメダ姫のハートにあたりそうだ．

や座とはくちょう座にはさまれた"こぎつね座"は，なんともつかみどころのない星座だ．

主星αが，やっと4.6等星だから星を結んでキツネの姿をえがくのは無理というものだ．

保護色で，バックの天の川にとけこんだキツネは，息をひそめて獲物をつけねらう．

ねらいはすぐ上のハクチョウか？それとも，すぐ下のイルカなのだろうか？

"いるか座"は，小さな菱形がチャーミングだ．

βからε―κとのびたドルフィンキックのしっぽが，かわいい．すこし頭でっかちのイルカは，スマートな大人のイルカのイメージではなく，いたずらざかりのイルカッ子といった感じ，あるいは，オタマジャクシか，キンギョ，それもデメキンがふさわしい．

天の川の急流をさかのぼる健気な姿に「がんばれっ！」と声をかけてみたくなる．

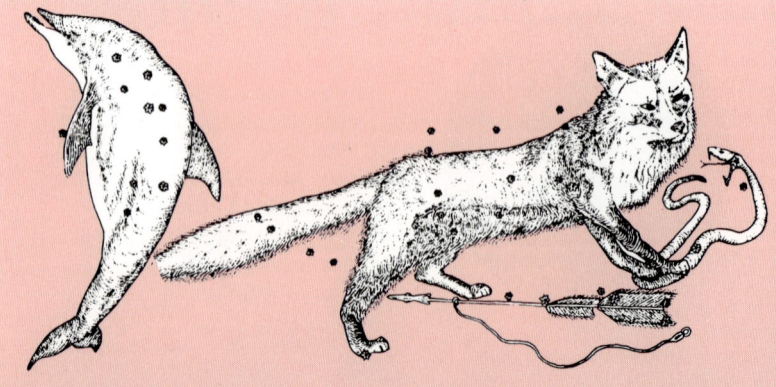

めだたない「こぎつね座」は
息をひそめてえものをねらうコギツネというより
しのび足でえものにちかづく「かまきり座」のほうが
ふさわしい。

「カマキリ座？」

VULPECULA
こぎつね
the Fox

「はくちょう座が「こぎつね座」を
ねらっている」

アルビレオ

キューピッドの
愛の矢

SAGITTA
や
the Arrow

キューピッド（英）
クピド（ローマ）
CUPIDO
エロス Eros（ギリシャ）

おいひめ
ひこぼし

ドルフィンキックで
天の川の急流をさかのぼるイルカ

それとも
かわいい「きんぎょ座」

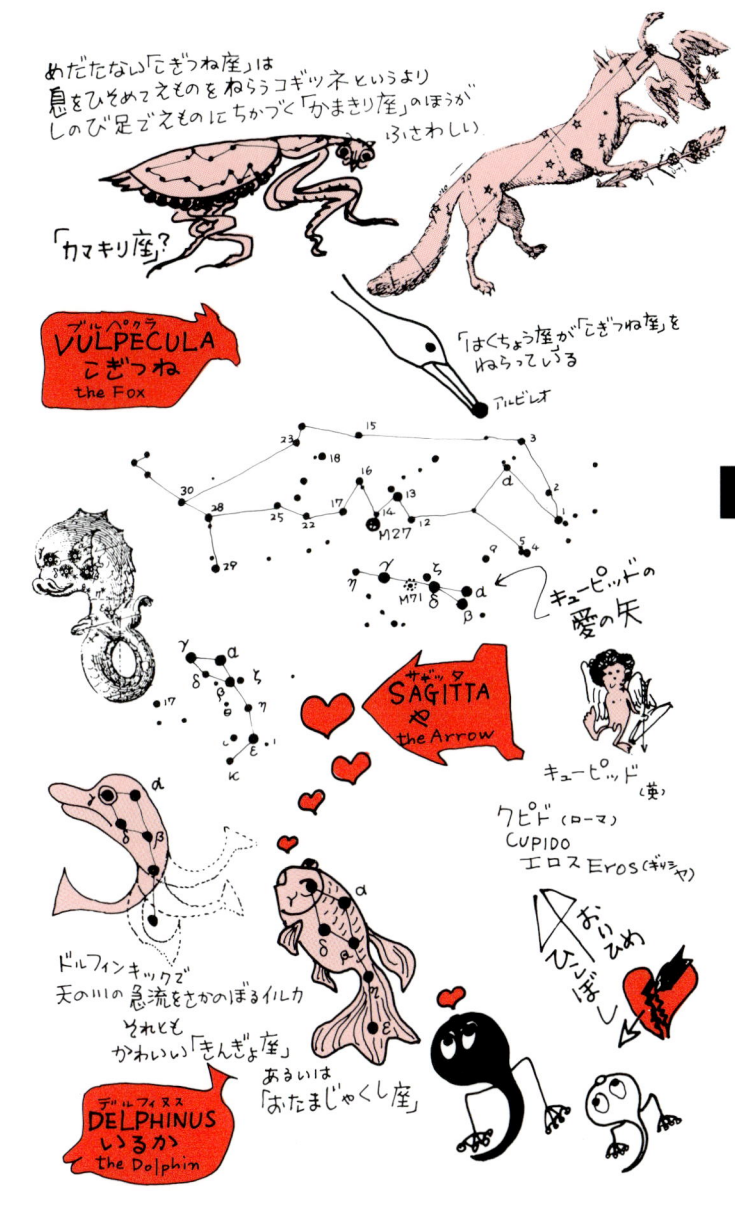

あるいは
「おたまじゃくし座」

DELPHINUS
いるか
the Dolphin

や座・こぎつね座・いるか座の星々

や座・こぎつね座・いるか座の星図

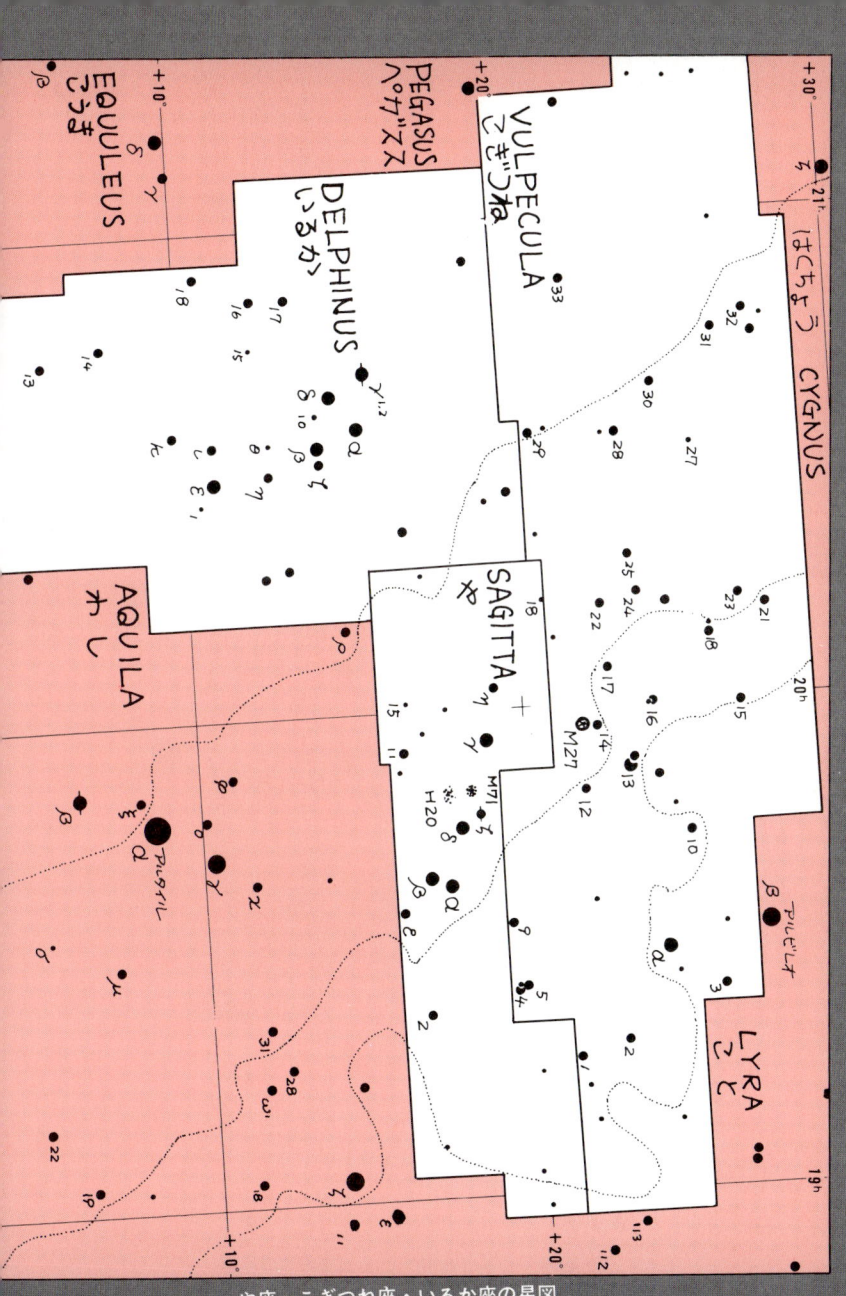

や座・こぎつね座・いるか座の みつけかた

　これらの小星座たちは，夏の三角星をてがかりにさがすことができる．

　や座は，わし座のアルタイルと，はくちょう座のくちばし（β）とのまん中にあるし，や座とはくちょう座のくちばし（β）にはさまれたあたりが，こぎつね座だ．

　矢をつくるα，β，γ，δは，共に4等星だが，まとまりのいい形のせいで意外にさがしやすい．

　こぎつね座にはこれといった星列がなく，コギツネの姿をえがくことはあきらめなければならない．

　いるか座は，すべて4等星以下であること，コンパクトにまとまっていることで，や座と似ている．

　わし座のアルタイルの東北に，小さな菱形がみつかるだろう．すこし目をこらすと，菱形にしっぽがくっついている．

　ちょうど，ワシに追われるイルカといったかっこうだ．

や座・こぎつね座・いるか座の日周運動

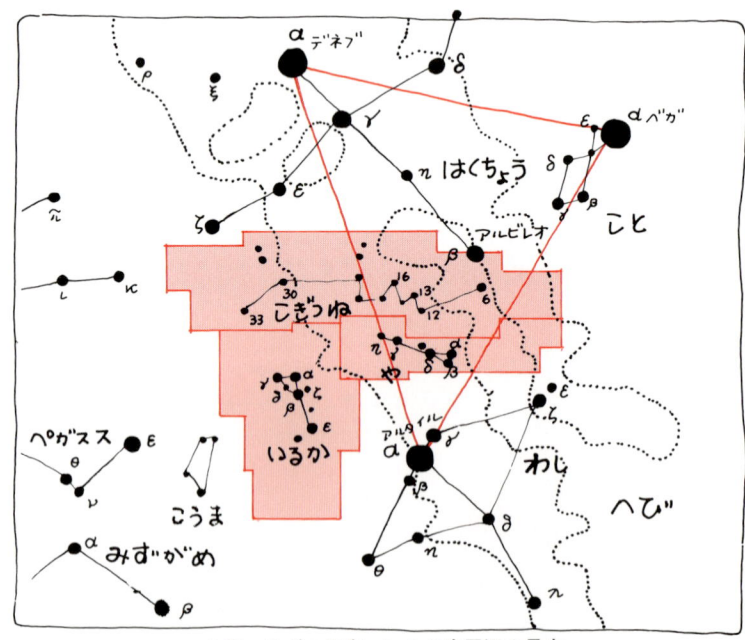

や座・こぎつね座・いるか座周辺の星座

や座・こぎつね座・いるか座を見るには（表対照）

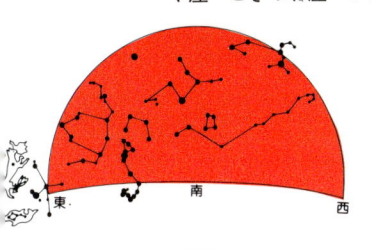

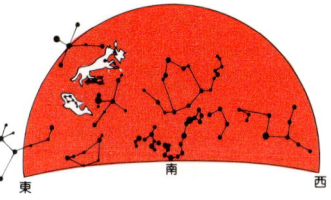

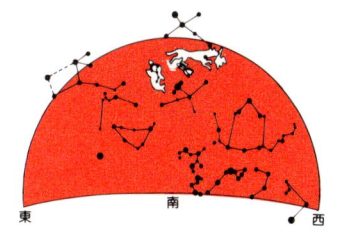

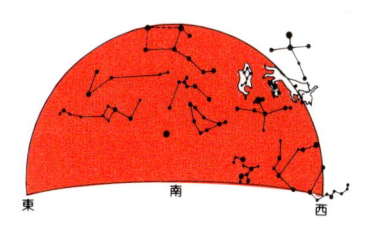

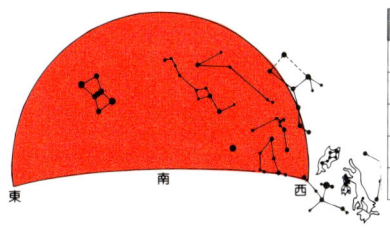

1月1日ごろ	7時	7月1日ごろ	19時
2月1日ごろ	5時	8月1日ごろ	17時
3月1日ごろ	3時	9月1日ごろ	15時
4月1日ごろ	1時	10月1日ごろ	13時
5月1日ごろ	23時	11月1日ごろ	11時
6月1日ごろ	21時	12月1日ごろ	9時

■は夜，▨は薄明，□は昼．

1月1日ごろ	10時	7月1日ごろ	22時
2月1日ごろ	8時	8月1日ごろ	20時
3月1日ごろ	6時	9月1日ごろ	18時
4月1日ごろ	4時	10月1日ごろ	16時
5月1日ごろ	2時	11月1日ごろ	14時
6月1日ごろ	0時	12月1日ごろ	12時

1月1日ごろ	13時	7月1日ごろ	1時
2月1日ごろ	11時	8月1日ごろ	23時
3月1日ごろ	9時	9月1日ごろ	21時
4月1日ごろ	7時	10月1日ごろ	19時
5月1日ごろ	5時	11月1日ごろ	17時
6月1日ごろ	3時	12月1日ごろ	15時

1月1日ごろ	16時	7月1日ごろ	4時
2月1日ごろ	14時	8月1日ごろ	2時
3月1日ごろ	12時	9月1日ごろ	0時
4月1日ごろ	10時	10月1日ごろ	22時
5月1日ごろ	8時	11月1日ごろ	20時
6月1日ごろ	6時	12月1日ごろ	18時

1月1日ごろ	19時	7月1日ごろ	7時
2月1日ごろ	17時	8月1日ごろ	5時
3月1日ごろ	15時	9月1日ごろ	3時
4月1日ごろ	13時	10月1日ごろ	1時
5月1日ごろ	11時	11月1日ごろ	23時
6月1日ごろ	9時	12月1日ごろ	21時

東経137°，北緯35°

や座・こぎつね座・いるか座の歴史

　や座と、いるか座はすでにギリシャ星座の中にみられる古い星座で、プトレマイオスの48星座のひとつ.

　どこからともなく船のまわりにあつまってきて水先案内をつとめるイルカは、昔から人なつっこい不思議な動物ということで印象が強かったのだろう.

　こぎつね座は、ヘベリウスが17世紀末に設定した星座のひとつだ. 当時はガチョウをくわえたキツネがえがかれたが、ガチョウの姿は、いつのまにか消えてしまった.

ヘベリウス星図の「こぎつね座」

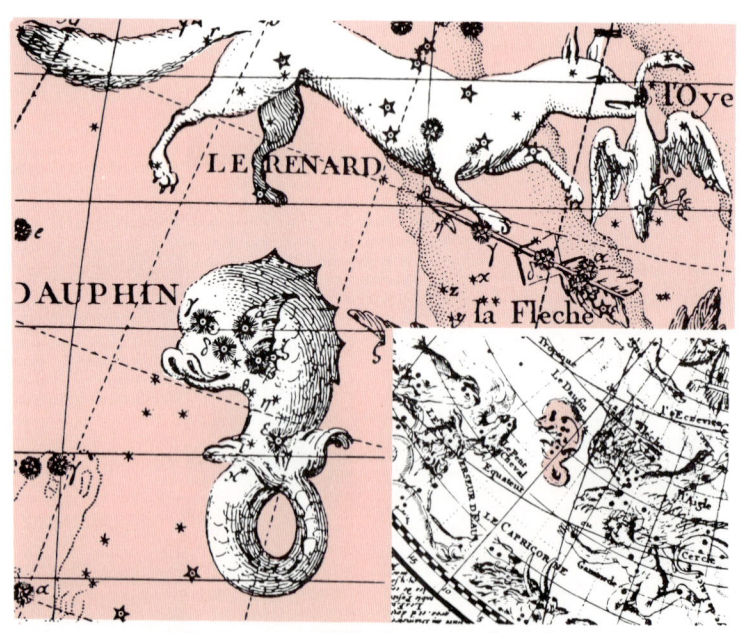

（左）フラムスチード星図の「こぎつね座」「や座」「いるか座」
（右下）ラファイル星図から

や座の 星と名前

✳α アルファ
シャム（矢）

αの固有名というより，星座全体を表現した名前らしい．この星座の中心となる星は，αのほかにβ, λ, δの4星だが，もっとも明るいのはα（4.4等）ではなくγの3.7等で矢じりをあらわしている．

< 4.4等　F8型 >

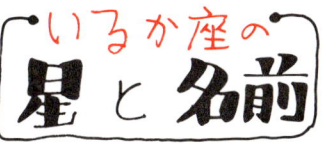

いるか座の 星と名前

✳α アルファ
スアロキン（?）

✳β ベータ
ロタネブ（?）

イタリアのパレルモ天文台長ピアッジ（ピアッツィ Piazzi）が命名したという意味不明の不思議な名前である．

実は助手の名前をラテン語訳した Nicolaus Venator ニコラウス・ベナトールの綴りを逆に並べたものらしい．

なるほど，Sualocin と Rotanev となる．これほどユーモラスで，かつ人をくった，ふざけた名前をもらった星はほかにあるまい．

< 3.9等　B8型 >
< 3.7等　F3型 >

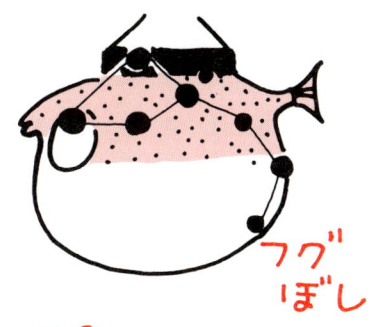

フグぼし

✳ε エプシロン
デネブ（しっぽ）

近くのはくちょう座のデネブのような貫禄も迫力も感じられないが，いかにもイルカのしっぽらしいデネブだ．

< 4.0等　B7型 >

✳α-β-γ-δ
ひし星（菱星）

イルカの頭をあらわすかわいい菱形は，双眼鏡の視野のまん中にすっぽりおさまってしまう．

α, β, δはそれぞれ3.9等，3.7等，4.5等，そして鼻づらにあたるγは4.5等星と5.5等星が約10″はなれて並んでいる二重星．もし口径5cmくらいの望遠鏡があったら，K1型（黄金色）とF6型（青緑色）の色のちがいが楽しめるのだが…．

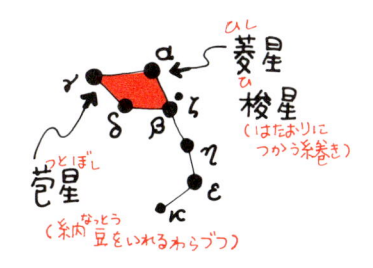

菱星
梭星（はたおりにつかう糸巻き）
苞星（つとぼし）
（納豆をいれるわらづつ）

いるか座の伝説

● 海神ポセイドンのイルカ

海の神ポセイドン Poseidon がかわいがったイルカがいた.

あるとき,ポセイドンは,ナクソス島の海岸で楽しそうに踊る娘たちに出合った.

海の老神ネレウス Nereus の娘たちだった.

ポセイドンは,その中でいちばん可愛いアムフィトリテ Amphitrite の魅力に,すっかりまいってしまった.

ところが,ポセイドンに求婚されたアムフィトリテは,まだ若すぎたので,それをはずかしがって海中深くもぐって,かくれてしまった.

水の神オケアノスが彼女をかくまったので,ポセイドンがいくらさがしても発見できなかった.そこで,ポセイドンはイルカに彼女をさがすよう命令した.イルカはまたたくまに居どころをつきとめた.

ポセイドンのけんめいな説得に,とうとう,アムフィトリテは后になることを承知した.

海の女王の誕生に貢献したイルカは,ポセイドンに大いに感謝され,天で星にしてもらった.

星になったイルカは,海の女王をのせた二輪車をひいて,天の川をつっぱしっている.(ギリシャ)

*

イルカにひかれた二輪車には,わし座三星がちょうどいいところにある.まん中のα(アルタイル)が海の女王で,両側のβ,γが二輪車の両輪というわけだ.

● 詩人アリオンと音楽好きのイルカ

レスボス島に,アリオン Arion という音楽家がいた.

彼は南イタリアのシシリア島の音楽コンクールに参加して,最優秀賞にえらばれた.

たくさんの賞金を手にして,船で国に帰える途中,船乗りたちは彼の賞金に目をつけ,アリオンを殺して奪ってしまおうともくろんだ.

アリオンは,大勢の船乗りたちにとうていかなうわけはないと考え,最後に一度だけ歌わせてほしいと願った.そして,舟べりで一心に琴をひいて歌った.

音色と声のすばらしさは,荒くれ船乗りたちですら聞きほれるほどだった.

歌い終わったアリオンは，琴をかかえたまま海中に身を投じた．どうせ殺されるのなら海に沈んでしまおうと思ったからだ．

するとどうだろう，彼の歌を聞きにあつまったイルカの群れがとりかこみ，その内の一頭が，彼を背中にのせると，一気にちかくのタイナロン岬にはこんでくれた．

アリオンは馬車にのって，船よりもはやくコリントスの国へ帰ることができた．そして，このことを王に知らせた．

やがて，なにくわぬ顔をして帰ってきた船乗りたちがどうなったかはいうまでもないことだ．

イルカは，その手柄で星になって天にのぼった．

*

この話の主人公アリオンは，紀元前625年ごろ，コリントスの王ペリアンドロス Periandros につかえた宮廷詩人であり，音楽家でもあった実在の人物だといわれる．

や座の伝説

● エロスと愛の矢

や座の矢は，ヘルクレスがプロメテウスを助けるとき，ワシを射るのにつかったものだとか，リュウ退治（りゅう座参照）につかった矢だとか，あるいは，愛の神エロス Eros がつかった愛の矢であるともいわれる．

ギリシャ神話のエロスは，はじめから擬人化されていたのではなく，人間の欲望とか力のようなものを象徴していたが，のちに美の女神アフロディテ Aphrodite（ローマ神話のウェヌス，英語でビーナス Venus）の息子で，毎日恋に戯れる美しい若者とされた．

背中に翼をもち，花から花へととびまわったエロスは，不思議なことに，年とともに若がえり，やがて，小さなかわいい子どもの姿となったという．

彼は弓と矢をもっているが，いたずらに放った矢が，ひょっとして胸にあたると，神も人もたちまち恋のとりこになって苦しむという恐しい矢である．

● エロスとプシュケ

エロスは，ローマ神話ではアモル Amor あるいはクピド Cupido，英語のキューピッド Cupid のことだが，役どころはいつも恋の狂言まわしで物語の主役となったのは，プシュケとの恋物語ただひとつしかない．

中国の星空 いるか座

瓠瓜（こか）
ひさご，ひょうたんのこと．成熟したひょうたんの内部をからにして乾燥させた容器で酒や水を入れ

敗瓜（はいか）
熟しすぎて地面に落ちてわれてしまったうり．

この物語は，二世紀ごろ，ローマの詩人アプレイウスが，民話と神話を結びつけて創作した美しい話だ．

*

　昔，ある国の王様に美しい三人の娘がいた．

　なかでも，いちばん末の娘のプシュケ Psyche は，心もやさしく，美しさは国中の人々を魅了した．

　彼女の美しさは，美の女神アフロディテをしのぐとさえいわれた．

　評判を耳にした女神は，この侮辱に腹をたて，息子のエロス（アモル）に『おまえの矢で，あの女を恋に狂わせておやり』と命じた．

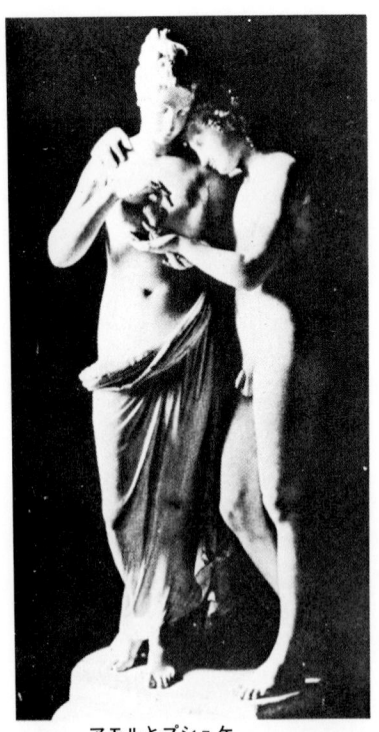

アモルとプシュケ
（カノーバ作・ルーブル美術館）

　ところが，エロスはプシュケを一目みて，あまりの美しさに驚き，うかつにも自分の矢で自分を傷つけてしまった．

　なさけない自分を恥じたエロスは母のもとに帰らず姿をかくしてしまった．

　プシュケに心をうばわれた恋の神エロスは，彼女を自分のものにしたいと願った．そのため，姉たちはそれぞれ幸せな結婚をしたが，プシュケに結婚を申しこむものは誰もいなかった．

　なぜか縁遠い娘のことを心配した王は，神に助けを求めたが，神託は予想外に恐しい内容だった．

　『彼女に喪服をきせて，山の頂上にすわらせておけ，やがて夫になる翼のある蛇が彼女をつれていくであろう』というのだ．両親はしかたなく娘を山に置きざりにした．

　プシュケは，自分の恐しい運命をおもうと，ほほをつたう涙がとまらなかった．と，突然さわやかな風が吹きはじめ，彼女のからだはふんわり宙に浮いた．

　いつのまにか，恐怖も不安もなくなって眠ってしまい，目がさめたとき，彼女は宮殿のベッドにいた．金銀，宝石をちりばめたすばらしいベッドルームだった．

　宮殿の彼女の生活は，すこし奇妙な夢のようものだった．誰も姿をみせないが，いたれりつくせりのもてなしをうけた．

　夫も夜ごとにあらわれたが，やはり姿はみせなかった．しかし，夫のやさしさは，プシュケの心をなごませ，とても蛇の怪物とはおもえなかった．だから彼女も夫の姿をみようとはしなかった．

　何年もたって，プシュケは姉たち

にあいたくなった．

夫はその願いをきいてくれたが，『姉さんになにをいわれても，けっして私の姿をみてはいけない．二人に不幸がやってくるからね』と悲しそうにいった．

プシュケの宮殿に招かれた二人の姉は，幸せそうな妹の生活にひどくジェラシーを感じた．そこで『夫が姿をみせないのは，きっとひどい姿をしているにちがいない．その内に正体を現わして，おまえを襲うだろう．いまのうちに正体をみとどけておくべきだ．約束なんぞ破っておしまい．そして，彼が眠っている内にナイフで刺し殺しておしまい』と，熱心に忠告をして，プシュケの心を動揺させた．

姉たちの帰った夜，彼女の心はとうとう誘惑にまけてしまった．

ランプを近づけて，ねむった夫の顔を見てしまったのだ．その顔はいままでにみた誰よりも美しく魅力的であった．

なんということだ，とあさはかな自分を恥じたのだが遅かった．

目をさました夫は，ふるえながら自分を見おろすプシュケをみると，いきなりとび起きて戸外の暗闇に姿をかくしてしまった．

すぐあとを追ったプシュケに，暗闇の中から悲しそうな夫の声だけが聞こえてきた．

『実は，私は愛の神エロスだ．おまえを愛してしまった．でも，愛は信頼のないところでは生きられない』

自分の不信のせいで愛を失ったプシュケは，一生を信頼のために捧げる決心をした．

女神アフロディテは，息子が愛した相手が，にっくきプシュケだと知ると，彼女を捕えて意地悪な仕事をいくつもいいつけた．

どれも人間業でできる仕事ではなかったが，やさしい彼女に同情した虫や草たちが助けてくれた．

最後に命ぜられた大仕事は，冥府の国（死者の国）の女王ペルセホネから，"美しさ"を箱にいれてもらってくることだった．

箱をもらって帰る途中，プシュケは箱の中の"美しさ"がどんなものなのか，ちょっとだけでいいからみたいと思った．ふたたび彼女は誘惑にまけてしまった．

ところが，箱の中は空っぽで，白い煙が少し出ただけだった．"美しさ"のかわりに"眠り"が閉じこめてあったのだ．

プシュケは，急にめまいがして，

そのまま深い眠りの世界に落ちた．

傷のなおったエロスは，プシュケが忘れられず母の目を盗んで彼女をさがした．

小川の近くの草むらで眠っているプシュケのなんとかわいいことか．エロスはさっそく"眠りの精"をつかまえて，箱に閉じこめた．

目をさましたプシュケは，自分の不信や，心ない好奇心をわびた．そして，『あなたの心の中に，私への愛がまったくなくなったとしても，私はあなたを永遠に愛します』と誓った．

大神ゼウスは，エロスの願いをきいて，プシュケを神の仲間にいれ，二人を結婚させた．母アフロディテもそれを許した．

エロスは愛の神，プシュケは心の神となり，二人の幸せは永遠につづいた．　　　　　　　　　（ローマ）

＊

ギリシャ神話の大神ゼウスが，多くの女性に恋をするのは，エロスが気まぐれに放った恋の矢が，しばしばゼウスを傷つけたからだともいわれる．

エロスの愛の矢は，金と鉛の二種類あって，金の矢にあたったものは強い恋心が生まれ，鉛は愛情を消してしまう．

夏の夜空に放たれた矢は，もちろん金の矢だ．誰のハートを射ぬくつもりなのだろう．ひょっとすると，被害者は"や座"をみつけたあなたかもしれない．

エロスは，のちに幼児の姿をした複数の神々となった．だからいま世界中のどこもかしこもエロスの矢が飛びかっているわけだ．彼の矢を一生さけられる人はいない．いずれはあなたも恋のとりことなるにちがいない．

や座の見どころガイド

M71　口径5cm　×60

★コウモリ星団？
M71

双眼鏡では淡い星雲状にしかみえないが，ζの近くの9番星と並んでいるのでさがしやすい．更に0.5°下（南）には散開星団H20（光度9.6等）がある．

M71は比較的まばらな球状星団なので，昔は"密集した散開星団"とされていた．みかけではどちらともとれるコウモリ星団である．

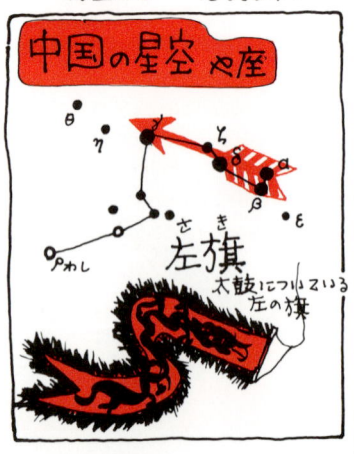

＜球状星団　9.0等
視直径6'　18000年＞

中国の星空　や座

左旗

太鼓についている左の旗

こぎつね座の見どころガイド

※ 鉄亜鈴のようなM27

　こぎつね座の最大のみものは，亜鈴状星雲の呼名で有名な惑星状星雲M27である．

　こぎつね座自身はまったくめだたない星座だが，M27は惑星状星雲の中ではめずらしく明るい．小望遠鏡の対象として十分の明るさをもっている．したがって，双眼鏡でも小さな光のシミとして認めることは可能だろう．

　や座の矢じり（γ）の北約3°に，Wをさかさまにした W 字形に 12—13—14—16—17 が並んでいて，M27 はその中心にある14番星の鼻先（0.5°南）にある．

　天体写真でみられるように，まん中のすこしくびれた形をみるためには天体望遠鏡の力をかりなければいけない．しかし，小望遠鏡でこれほどはっきり形がみとめられる惑星状星雲はほかにない．

　まん中のくびれた形がボディビルにつかう鉄亜鈴に似ていることが，この星雲を Dumbbell Nebula（あれい状星雲）と呼ばせたのだろう．

　感じかたは人さまざまだ．

　"うち出の小づち"だとか，"カイコのマユだま"だとか，"まくら"だとか，"木の葉"のようだとか……．

　惑星状星雲というのは，みかけが点像でなく，惑星のように円形盤がみえるからだが，実は惑星とはまったく縁もゆかりもなく，中心星から

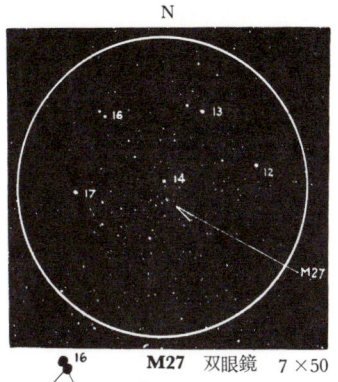

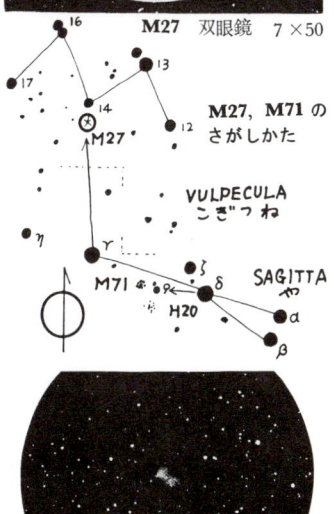

M27 双眼鏡　7×50

M27, M71 の さがしかた

VULPECULA
こぎつね

SAGITTA
や

M27　口径10cm　×100

爆発的に放出されたガスのボールをみているのだ．

　M27は13.4等という暗い中心星があって，いま半径0.5光年くらいに膨張したところだが，ひろがりかたが中心対称ではなくすこしいびつにひろがっている．

〈惑星状星雲　7.6等
視直径 8′×4′　　975光年〉

12 わし座（日本名）
AQUILA（学名）アクイラ
たて座（日本名）
SCUTUM（学名）スクツム

わし座・たて座のみりょく

わし座は，主星アルタイルを中心に並んだ三星がめじるしになる．

両側のβとγは，4等星と3等星だから，中央のαの1等星にくらべて，かなり暗くてかわいい．

三人兄弟というより，母親か父親と手をつなぐ子どもたちといったふうにみえる．

両側の二星を翼にみたてると，翼をひろげたワシになるが，わし座のワシはもっと大きい．

アルタイルを，鋭いワシの眼光にみたて，βをくちばし，γは頭，γ―ζ―δ―θ―β―α―γと結んだ大きな菱形を，ひろげた翼にみたてると，δ―λのしっぽをぶらさげた奴凧のよ

うなワシができる.

しゃっちょこばった奴凧風のワシは,中世のヨーロッパでつかわれた絞章のデザインにも似たいかめしいワシになる.

さて,このワシのワッペン,天の赤道にはりついて,南の空に舞い上る.

夏の銀河の中に,小さなたて座がある.ここは銀河の中の銀河.

なにしろ,銀河の中でも,もっとも美しいところを小さく切りとって生まれたのだから.

夏の銀河にめをこらすと,いて座の上に,銀河のなかでもいちじるしく明るいかたまりがみつかる.この天の川のかたまりは"スモール・スタークラウド(小さな星雲)"とか,"Gem of the Milky Way(天の川の宝石)"と呼ばれる.

わし座のしっぽ(λ)の西どなりにあるβは4.5等星,その南西の主星αも4等星と暗く,星の配列は明るいバックに溶けこんで意味がなくなってしまう.

たて座は,もっとも美しい銀河を観賞させるための額縁である.

双眼鏡をむけると,びっしり微光星を敷きつめた銀河の景観にであうだろう.

さて,この小さな楯は,なにを,だれから守ろうというのだろうか?

幻の星座シリーズ

アンティノウス座
ANTINOUS

わし座の南の一部に,ローマ帝国の第14代皇帝ハドリアヌスが,132年に設定した星座だ.

アンティノウスはハドリアヌスにつかえた美少年である.

この星座,天文学者に星座として認められたのは,16世紀ごろからで,1627年に発行された有名なケプラーの星図には,独立星座として認められている.

消えかけたアンティノウスが16世紀に息をふきかえしたのは,16世紀から19世紀にかけて,天文学者の間におこった,星座の新設ブームのおかげだろう.

ブームの去った19世紀後半,この星座もブームと共に消えてしまった.1843年に発行されたドイツのアルゲランダーの著書では姿をみせない.

←メルカトール星図から
←ラファイエル星図から

わし座・たて座の星々

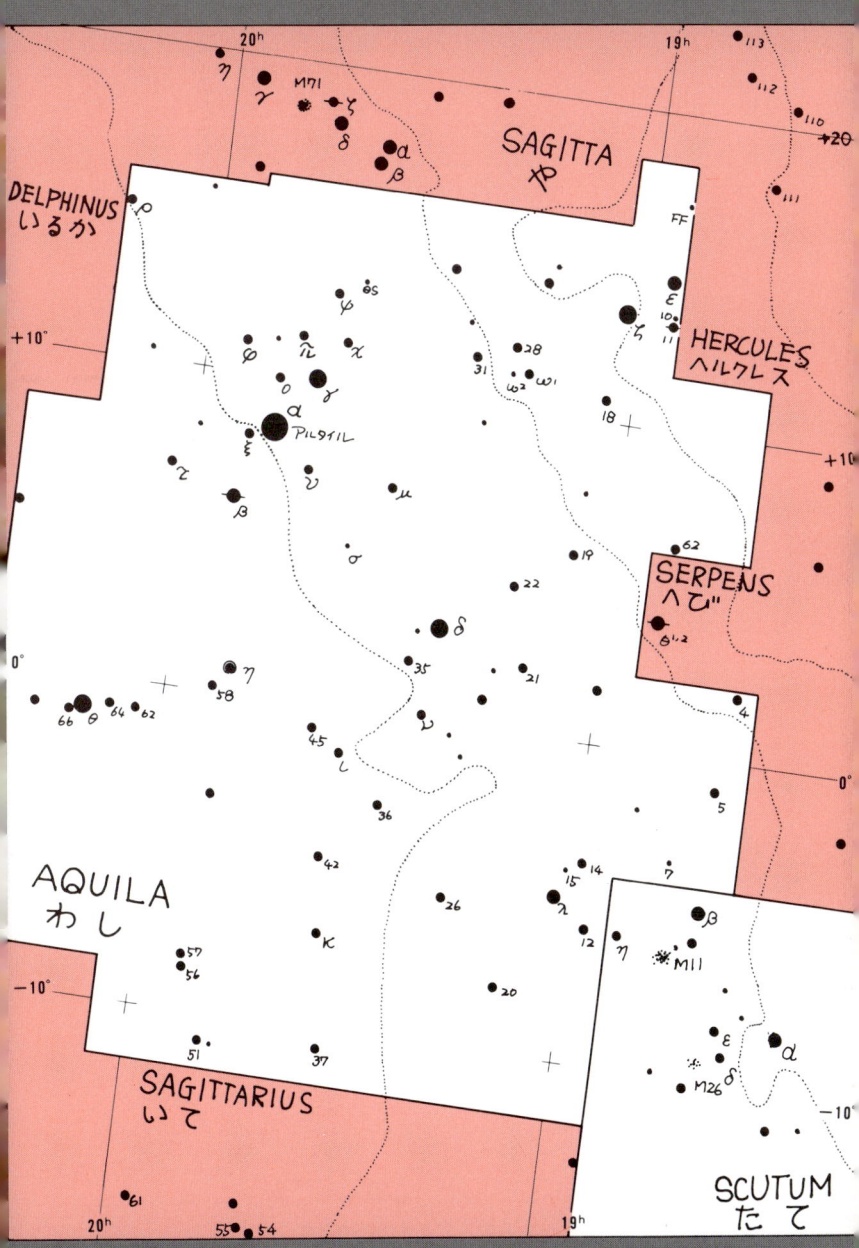

わし座・たて座の星図

わし座 たて座 の みつけかた

わし座をみつけるのは簡単だ.
赤道上にあるので, ま東からのぼり, ま西に沈む.
めじるしは, アルタイルを中心にした"わし座三星"だが, まず, アルタイル, ベガ, デネブと結ぶ夏の大三角星をみつけることだ.
9月の宵に, 南からあおいで最初にみつけた一等星が, わし座のアルタイルだ.
アルタイルは三角星中2番目に明るい.
たて座は, 夏の銀河のよくみえる夜なら, いて座の上の小さな明るい銀河のかたまりをみつければいい.
銀河のみえないよごれた空では, たて座もいっしょに消えてしまう.
わし座の星がたどれたら, ワシのシッポのλの先(西)に, たて座がある. 双眼鏡の視野にすっぽりはまってしまうほどのかわいい星座だ.
星図の上で α―β―δ―γ と結ぶと, 細長い菱形の楯(たて)がえがけるが, 実際の空では, 暗くて肉眼では認めづらい.

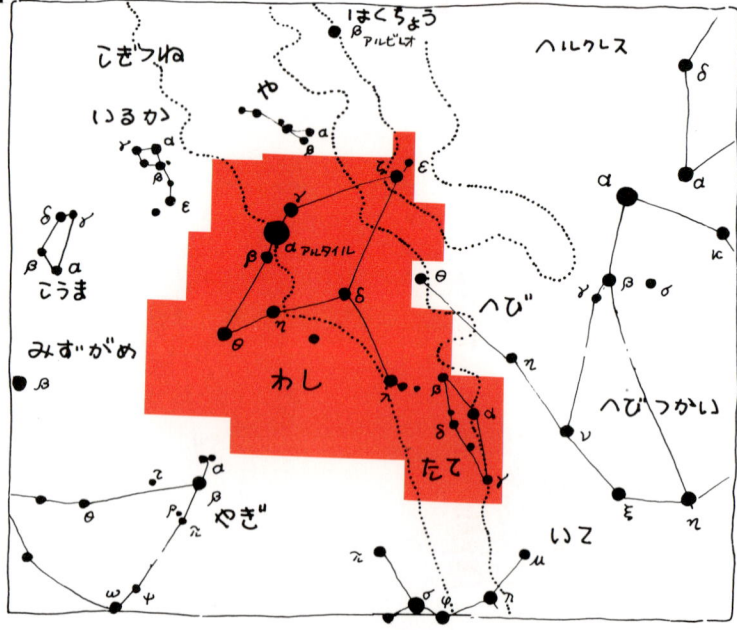

わし座・たて座の日周運動

わし座・たて座周辺の星座

わし座・たて座を見るには（表対照）

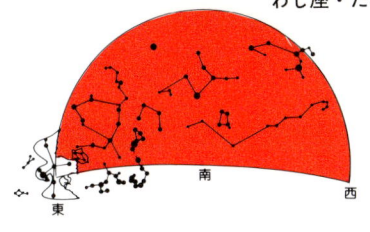

1月1日ごろ	8時	7月1日ごろ	20時
2月1日ごろ	6時	8月1日ごろ	18時
3月1日ごろ	4時	9月1日ごろ	16時
4月1日ごろ	2時	10月1日ごろ	14時
5月1日ごろ	0時	11月1日ごろ	12時
6月1日ごろ	22時	12月1日ごろ	10時

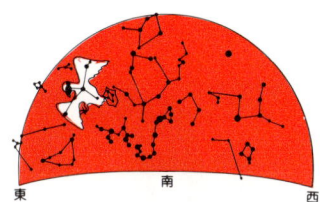

■は夜，■は薄明，□は昼．

1月1日ごろ	11時	7月1日ごろ	23時
2月1日ごろ	9時	8月1日ごろ	21時
3月1日ごろ	7時	9月1日ごろ	19時
4月1日ごろ	5時	10月1日ごろ	17時
5月1日ごろ	3時	11月1日ごろ	15時
6月1日ごろ	1時	12月1日ごろ	13時

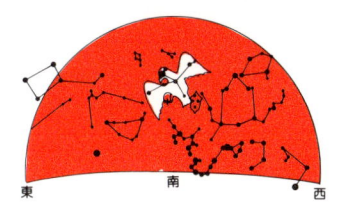

1月1日ごろ	14時	7月1日ごろ	2時
2月1日ごろ	12時	8月1日ごろ	0時
3月1日ごろ	10時	9月1日ごろ	22時
4月1日ごろ	8時	10月1日ごろ	20時
5月1日ごろ	6時	11月1日ごろ	18時
6月1日ごろ	4時	12月1日ごろ	16時

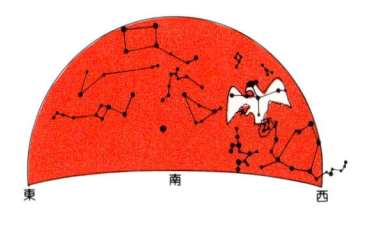

1月1日ごろ	17時	7月1日ごろ	5時
2月1日ごろ	15時	8月1日ごろ	3時
3月1日ごろ	13時	9月1日ごろ	1時
4月1日ごろ	11時	10月1日ごろ	23時
5月1日ごろ	9時	11月1日ごろ	21時
6月1日ごろ	7時	12月1日ごろ	19時

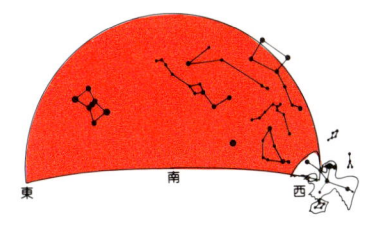

1月1日ごろ	20時	7月1日ごろ	8時
2月1日ごろ	18時	8月1日ごろ	6時
3月1日ごろ	16時	9月1日ごろ	4時
4月1日ごろ	14時	10月1日ごろ	2時
5月1日ごろ	12時	11月1日ごろ	0時
6月1日ごろ	10時	12月1日ごろ	22時

東経137°，北緯35°

「ケプラー星図にえがかれた「わし座」
下は美少年「アンティノウス座」かわいい少年がかかれている

ボーデ星図の「わし座」

シッカルドの星図にえがかれた「わし座」

たて座は天の川のもっとも美しいところをきりとった星座

天の川のもっとも美しいところをあなたにささげます

AQUILA わし the Eagle

M11はみごとな散開星団

天の川をとぶ「ワシの親子」にみえるワシとタテ……かわいいたて座はわし座のしっぽのあとを追う

「こわし座」と呼びたい.

SCUTUM たて the Shield ← よこにしてみるわし顔つき

わし座の歴史

　大神ゼウスの化身だとか、使い鳥だとかいわれるが、紀元前3000年ごろのバビロニアの星座の中で、ワシをだいた人？神？の姿がみられるのが原形だと考えられる。

　プトレマイオス48星座のひとつ。

　アルタイルを中心にした"わし座三星"を、翼をひろげたワシにみたてたのだろう。

　いまの"わし座"は、もっと大きく形がふやけてしまった。どっちかといえば、アラビアンナイトに登場する怪鳥ロックといったところである。

　たて座は、17世紀末にドイツの天文学者ヘベリウス Hevelius によって新設された。

　ポーランド王ソビエスキーの活躍を記念してつくられた星座で、"ソビエスキーの楯 Scutum Sobieskii"と名付けられたが、のちにソビエスキーが消えて"たて座"となった。

　16世紀から17世紀にかけて、いままでの古い星座間のすきまを埋めようと新星座がつぎつぎと生まれた。たて座もそのひとつだ。

ヘベリウス星図の「わし座」

フラムスチード星図の「わし座」

わし座の星と名前

✳ α アルファ
アルタイル（とぶワシ）

翼をひろげて空を飛ぶ姿にみたてたアラビア名だが、こと座の主星αのアラビア名ベガ（落ちるワシ）と対照させたものだろう。

中国の七夕伝説では、あまりにも有名な"牽牛星"、日本では"ひこぼし"で、やはり、こと座のベガの"織女、おりひめぼし"と対照させているのがおもしろい。

< 0.9等　A7型 >

✳ β ベータ
アルシャイン（ワシ）

飛ぶワシの翼に輝くが、七夕伝説では、ひこぼしの子どもの一人。

< 3.9等　G8型 >

✳ γ ガンマ
タラゼド（襲うワシ）

γ–α–βのわし座3星を、翼をひろげて獲物を襲うワシにみたてたのだ。なぜかγのほうが上位のβより明るく、わし座光度番付の第2位。

中国ではγ、α、βを右将軍、大将軍、左将軍。

< 2.8等　K3型 >

✳ ε エプシロン・ζ ゼータ
デネブ（しっぽ）

しっぽと名付けられた星は多いがわし座のデネブは、はくちょう座のデネブのようにはっきりしない。

ワシの姿をえがくとき、θを目、ηを頭、α–δ–λを翼とすると、εとζがしっぽになるのだが、私にはαを頭、β–θ–δ–ζ–γを翼として、λをデネブとしたほうがワシらしくみえる。

< ε　4.2等　K0型 >
< ζ　3.0等　B9型 >

わし座の伝説

● 美少年とワシ

わし座の星座絵には,すぐ下(南)に少年がえがかれて,まるで少年をさらうワシといったふうにみえるものがある.

実は,昔ここに少年をえがいた小さな星座があったのだ.アンティノウス Antinous 座と呼ばれ,いまのわし座三星のすぐ南にあった.

アンティノウスは,ローマ帝国の皇帝ハドリアヌス Hadrianus がたいへんかわいがった美少年だったが,年老いた皇帝の寿命をのばすために,みずからの命をナイル川に投じて皇帝にささげたといわれる.

皇帝は自分が愛した少年の名を,星座にして空に残したという.いまから1800年以上も昔,紀元2世紀のことだ.

しかし,こうして一個人の私的な理由で生まれたこの星座は,一般にはあまり歓迎されず,結局,アンティノウスの運命のようにはかなく消えてしまった.

現在ワシがつかむ少年はアンティノウスではなく,大神ゼウスが愛した美少年ガニメデスの姿とみるべきだろう.ゼウスは気に入ったガニメデスを自分の近くにおきたくて,みずからワシに化けて少年をさらったといわれる.

● 天女と牛飼い
― 七夕物語 ―

銀河の西側は天人の世界だった.
織女は天帝の孫娘であった.
彼女は,ほかの六人の天女たちと毎日熱心にはたをおった.彼女たちは不思議な糸をつかって幾重にも重なってたなびく美しい雲を織った.

織りあがった雲は,天帝がまとうためのもので,時刻と共に,そして季節とともに微妙に色が変化するすばらしい衣裳だ.

銀河の東側には人間の世界があった.

そこに牛郎という牛飼いがいた.
彼は父母に早く死にわかれ,いつも兄嫁にいじめられてくらした.彼が自立するとき,たった一頭の老いぼれた牛をもらっただけだった.

牛郎は,老いぼれ牛と共にいっしょうけんめい働いた.なんとか暮しがたち,小さいながらも家をもつこともできた.しかし,家の中には口をきく相手がだれもいないさびしい

美少年ガニメデスをさらうワシ

日々だった．

ところがある日，老いぼれ牛が突然口をきいた．

『いま天の織女が，ほかの天女たちと，銀河へ水あびにでかけたところだ．おまえは，すきをみて織女のぬいだ着ものをかくしてしまえ．織女はきっとおまえの嫁になるだろう』

牛郎は半信半疑だったが，とにかく牛のいうように銀河へでかけた．そして，あしの繁みに身をひそめて待った．

やがて，楽しい話声が聞こえ，牛がいったとおり織女たちがやってきた．衣をぬぎすてるとてんでに清流にとびこんだ．彼女たちのまぶしいばかりの美しい裸身に，しばらく息をすることすら忘れてしまった．

ふと我にかえった牛郎は，あわてて繁みからとびだし，岸辺の草の上にある織女の衣をとりあげた．

びっくりした天女たちは，それぞれ自分の衣をまとうと悲鳴をあげて逃げ去ったが，織女は銀河の中にとりのこされてしまった．

牛郎は『どうか私の妻になってください．そうしてくれたらかならずこの衣はあなたにかえします』と，何度も熱心にたのんだ．

織女の心は，男らしく，まじめな若者にすこしひかれた．彼女は長い髪の毛ではずかしそうに胸をかくしながら小さくうなずいた．織女はとうとう彼の妻になった．

二人はいい夫婦だった．

彼は田畑を耕し，彼女は熱心に織物をした．仲むつまじい幸せな毎日であった．やがて，男の子が生まれつづいて女の子も生まれた．二人は死ぬまで添いとげられるものと信じていた．

しかし，このことは天に知れてしまった．天帝と王母は，とんでもないことだと激怒して，ただちに連れもどして処罰するように命じた．

満月の夜，天の使いたちにつれられて，織女は天にのぼった．

牛郎と子どもたちは，母との別れを悲しんだ．

牛郎は，二つの竹のかごに子どもたちをいれてかつぎ，夜を徹して妻のあとを追った．

銀河をわたって，妻をとりかえそうと決心したのだ．

ところが，銀河はいつのまにか姿を消していた．ふと見上げると，いつのまにか高い天上を流れているではないか．王母が天に引きあげさせたのだ．

天人の世界と人間の世界をつなぐ道はまったく閉ざされ，人間が天人の世界にちかづくことは，もはや不可能となった．

牛郎は天をあおいで，泣き叫ぶ子どもたちと共に泣いた．

がっくりした親子が家にかえると牛がまた口をきいた．

『牛郎や，わしはもう死ぬ，わしが死んだら，皮をはいでからだにまとうんだ．きっと天に昇ることができるだろうよ』

いい終ると，老牛はどたりと倒れて，そのまま息をひきとった．

いわれたとおり，牛の皮をはいで

身にまとうと，なんと，からだの力がすっかり抜けて，ふわりと宙に浮いてしまうのだ．

彼はふたたび子どもたちをかごに入れて，天にのぼることにした．妹のほうが軽いので，二つのかごのバランスをとるために，そこにあった古いひしゃくを妹のかごに入れてかついだ．

星の間をぬって，親子は銀河へやってきた．河の向う岸で織女が待っている．子どもたちはよろこびの声をあげた．

しかし，それはつかの間のことだった．

王母が銀河のせきを切ったのだ．いままでの浅くて澄んだ天の川は，水量豊富な濁流にかわった．

親子は途方にくれた．

突然，妹が涙をぬぐっていった．

『お父さま，私のかごにひしゃくがあるでしょ，あれで川の水をくみ乾しましょう．お母さまのところへいきたい』

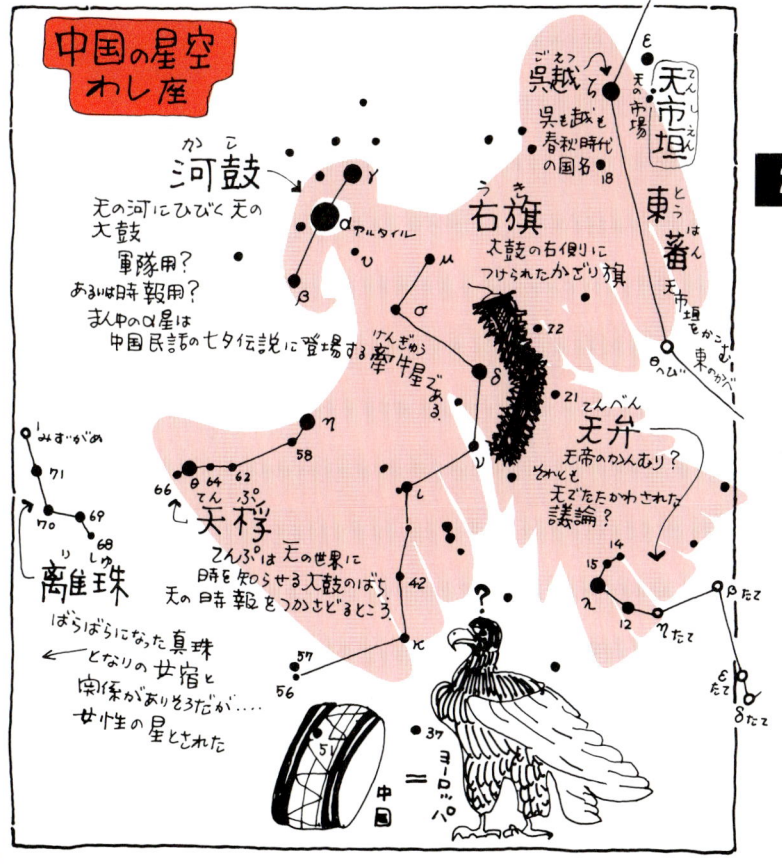

中国の星空
わし座

河鼓
天の河にひびく天の大鼓
軍隊用？
あるいは時報用？
まん中のα星は
中国民話の七夕伝説に登場する牽牛星である

アルタイル

右旗
太鼓の右側につけられたかざり旗

呉越
呉も越も春秋時代の国名

天の市場

天市垣

東蕃
天市垣をかこむ東のかき

天弁
天帝のかんむり？
それとも
天でたたかわされた議論？

天桴
てんぷは天の世界に時を知らせる大鼓のばち
天の時報をつかさどるところ

離珠
ばらばらになった真珠
となりの女宿と関係がありそうだが…
女性の星とされた

中国 = ヨーロッパ

『そうか，そうだ，みんなでくみ乾そう』

牛郎は，小さなひしゃくで天の川の水がくみ乾せるわけがないとおもったが，彼自身そうする以外に方法は考えられなかった．

牛郎は毎日休まずひしゃくで水をくみだした．二人の子どもも父を手伝った．

母は対岸で，それを見守り立ち続けた．

この親子の愛情の強さに，きびしい天帝も王母も，さすがに心を動かされた．

牛郎と織女と子どもたちは，毎年七月七日の夜に一度だけあうことを許された．その夜は，かささぎのかけ橋の上で，思うぞんぶん語りあうことができるのだ．

織女は牛郎にあえると思っただけで，涙があふれてしまう．七夕がちかづくと彼女の涙が，しとしととほそい雨になって地上をぬらす夜が多くなる． (日本)

わし座のアルタイル (α) は，牛郎が星になった"けん牛星"，両側のγとβが子どもたちだ．

ちかくにある"いるか座"の小さな菱形は，織女が投げた"はたおりの梭（ひ，横糸をとおす舟形をした付属品)"だともいわれる．おそらく恋文を結びつけて投げたのだろう．

ところで，この菱形に柄をつけると，親子で天の川の水を汲みだした"こわれかけのひしゃく"にみえる．

つかいすぎて，すこしひしゃげた形が，いじらしい牛郎親子の気もちを感じさせて悲しい．

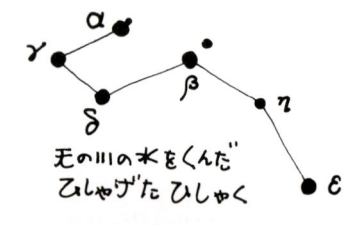

天の川の水をくんだひしゃげたひしゃく

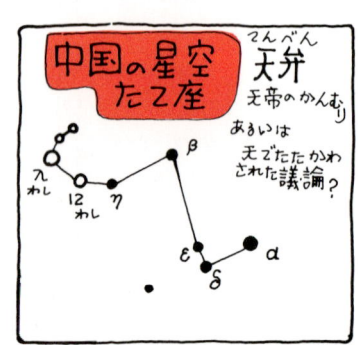

中国の星空 たこ座

天弁 天帝のかんむり あるいは 天でたたかわされた議論？

たて座の見どころガイド

* 野ガモ星団 M11

Wild Duck（野ガモ）と呼ばれる M11 は大型の散開星団で，その全体の形が扇形にみえるところから，このニックネームがついたのだろう．

双眼鏡では小さな星雲状の光斑として認められる．

わし座三星から λ をさがして τ→12→η→M11 とたどればいい．η の右（西）約 2° のところにある．

このあたり天の川の中でもにぎやかなところなので，おい茂る葦の間に見えがくれする野ガモをさがすようなものだ．

天体望遠鏡でみる M11 は，散開星団というより球状星団のように密集している．一見二枚目風のととのった顔をして実は三枚目星団，といったところだろうか．

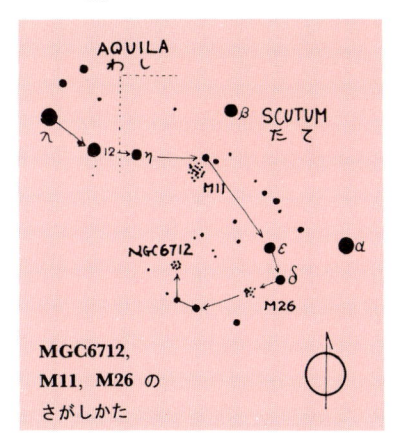

＜M11 散開星団 6.3等
視直径 12′～30′ 5500光年＞

MGC6712, M11, M26 の さがしかた

* M26 は子ガモ？

大型星団 M11 の下（南）に小型星団 M26 がある．双眼鏡でみつけるのがちょっとむずかしいほど小さな小さな淡い光点である．親ガモの下に子ガモをさがすわけだが，葦にうもれた小さな子ガモを見つけるのは容易ではない．

天体望遠鏡でみた M26 は，中央に明るい星が 4 つ，西洋凧のようにあつまっているのがかわいらしい．まさに子ガモである．

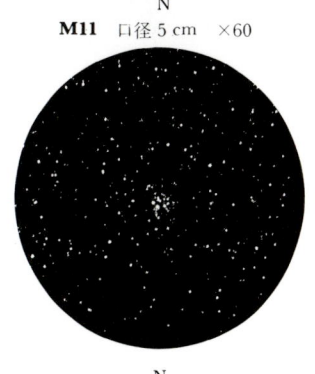

＜M26 散開星団 8.3等
視直径 9′ 4900光年＞

N
M11 口径 5 cm ×60

N
M26 口径 5 cm ×40

あとがき

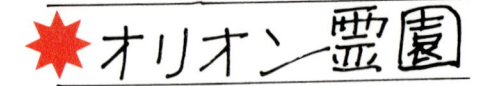

★オリオン霊園

　"日本一星の好きな人"という野尻評にたいして「星は好きなだけでなく，実感することが大事です」という言葉がかえってきた．
　いい言葉だ．
　"この道はいつかきた道"見知らぬ土地で，ふとそんな気がすることがある．実は本人はきていない．しかし，きたことがあるような気がする．それは自分の母親か，あるいは，それ以前の，いやもっともっと何千年も昔の自分の祖先の体験が，ふと自分の中に蘇るのかも知れない．同じように，古代の人々の星に対する実感もまた，現代の我々の中に，蘇ることがあるにちがいない．
　野尻先生が昔を調べたのは，そうした実感を掘りおこしたかったからなのだろう．
　「このごろ霊園って言葉がはやってるけど，ぼくにはオリオン霊園ってのが空にあって，ちゃーんとできてて，これは誰も入れないんでぼくだけなんですよ(笑)アマゾンの女の兵隊がいて，門の前に立ってるんですよ．槍と盾をもって番をしてますからね(笑)…」
　野尻抱影さんは"日本一長く星の実感をもち続けた人"と評すべきだった．
　先生は1977年10月30日，93歳のとき，オリオン霊園にむかって旅立たれた．
　いまごろは，まわりにアマゾンの女兵たちをはべらせて，楽しい星の話で彼女たちをケラケラ笑わせ，悦にいっておられるにちがいない．うらやましいかぎりである．
　さて，私はどこの霊園をえらぼうか？

　（参考：オリオン座のγ星（ガンマ）の固有名ベラトリックスは，ギリシャ神話の女人国アマゾンの女兵士のこと．夏のオリオン座は，明け方，東の空にのぼる．）

夏の星座博物館《新装版》

Yamada Takashi の Astro Compact Books ②

2005年 6月20日　初版第1刷

著　者　山田　卓
発行者　上條　宰
発行所　株式会社地人書館
　　　　162-0835 東京都新宿区中町15
　　　　電話　03-3235-4422　　FAX 03-3235-8984
　　　　郵便振替口座　00160-6-1532
　　　　e-mail chijinshokan@nifty.com
　　　　URL http://www.chijinshokan.co.jp
印刷所　ワーク印刷
製本所　イマヰ製本

Ⓒ K. Yamada 2005. Printed in Japan.
ISBN4-8052-0761-2 C3044

JCLS <㈱日本著作出版権管理システム委託出版物>
本書の無断複写は著作権法上での例外を除き禁じられています。複写される場合は、その都度事前に㈱日本著作出版権管理システム（電話03-3817-5670、FAX03-3815-8199）の許諾を得てください。

秋のよい空

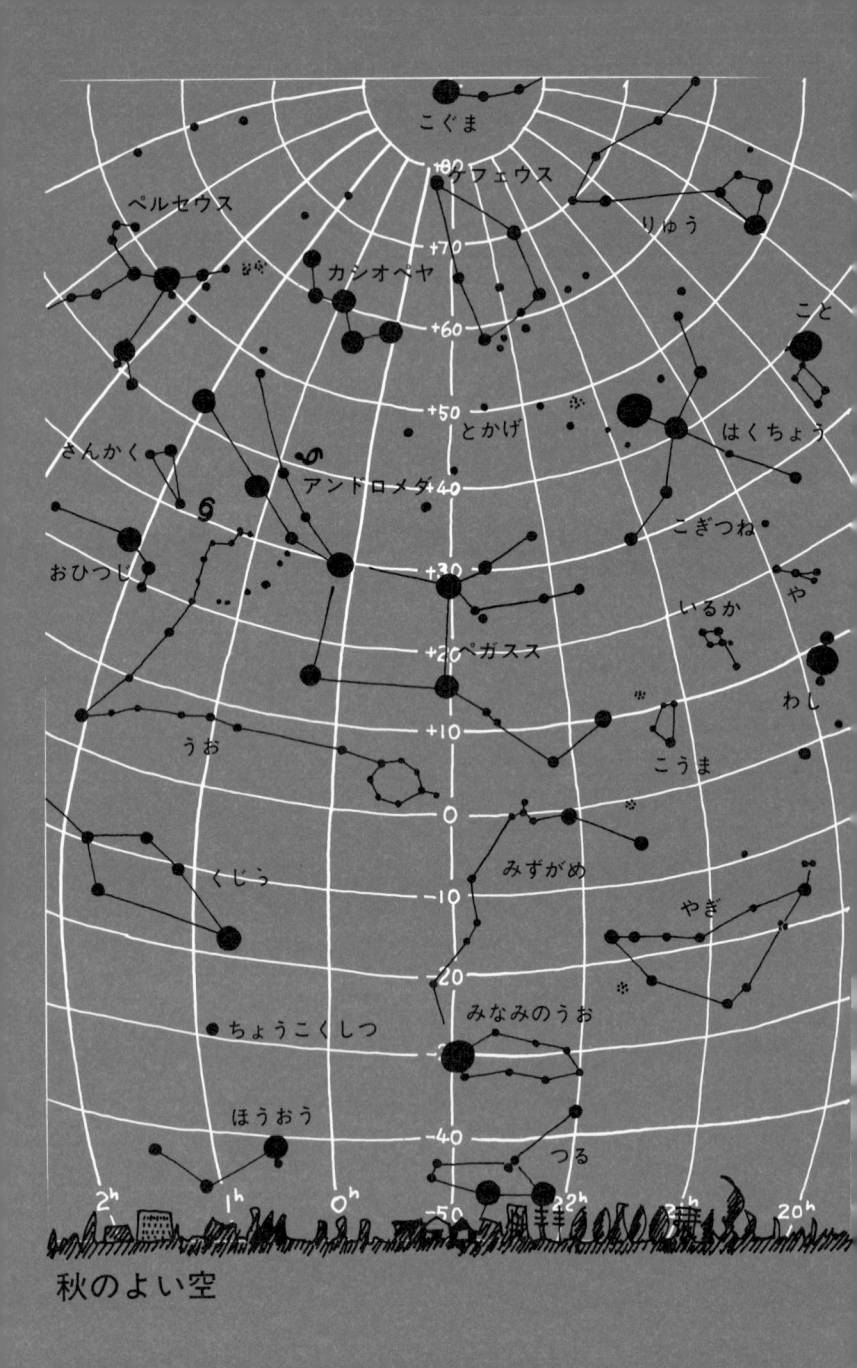